通信工程制图及AutoCAD 2023

主　编　王　馨
副主编　杨晓英　唐建新

西南交通大学出版社
·成　都·

图书在版编目（CIP）数据

通信工程制图及 AutoCAD2023 / 王馨主编. -- 成都 : 西南交通大学出版社, 2024. 8. -- ISBN 978-7-5643-9903-0

Ⅰ. TN91

中国国家版本馆 CIP 数据核字第 2024CC1194 号

Tongxin Gongcheng Zhitu ji AutoCAD 2023

通信工程制图及 AutoCAD 2023

策划编辑 / 张　波

主编 / 王　馨

责任编辑 / 何明飞

封面设计 / 曹天擎

西南交通大学出版社出版发行

（四川省成都市金牛区二环路北一段 111 号西南交通大学创新大厦 21 楼　610031）

营销部电话：028-87600564　　028-87600533

网址：http://www.xnjdcbs.com

印刷：成都中永印务有限责任公司

成品尺寸　185 mm × 260 mm

印张　15　　字数　376 千

版次　2024 年 8 月第 1 版　　印次　2024 年 8 月第 1 次

书号　ISBN 978-7-5643-9903-0

定价　42.00 元

课件咨询电话：028-81435775

前言

PREFACE

随着通信技术的飞速发展，特别是 LTE（长期演进技术）、5G、云计算等新技术发展迅猛，网络建设进程不断推进，市场对通信工程勘察、工程设计类人才的需求逐步增加，这就要求相关技术人员需具备工程设计、制图、施工、维护和工程项目管理等综合技能。作为培养高技能应用型人才的高职教育，秉承“以服务为宗旨、以就业为导向，培养具有本专业综合职业能力的、在通信建设和服务一线工作的高等技术应用型人才”的指导思想，要保质保量地向通信建设部门输送合格人才。因此，在高职院校的通信类专业开设通信工程制图课程是很有必要的。

本书依据通信类高职教育的人才培养目标，从高等职业院校的教学特点及学生学情出发，以最新版本的计算机辅助绘图软件 AutoCAD 2023 在通信工程制图过程中的具体应用为主要内容，本着宽基础、重应用的宗旨，力求做到讲、练、学三位一体。同时，结合通信工程制图规范和行业标准，以及通信工程勘测、设计制图等实际工作流程，按照岗位所需的知识和技能要求进行编写，并采用“模块化”形式组织内容，注重工程应用，突出“工学结合”特色，由浅入深，突出了易懂、实用、全面的特点，使读者在掌握绘图设计的基础上学会通信工程设计的方法和技巧。同时，全书以实用为原则，严格参照信息产业部颁发的相关通信行业标准和文件，采用理论教学和实践相结合的方式，每个模块都有专题实训内容，采用实际工程案例，由简单到复杂，由单一到综合，由非标准化到标准化，激发学生的学习兴趣，培养学生的动手能力。

本书共分为 6 个模块，模块 1 为通信工程制图基础知识，主要介绍工程制图的整体要求、统一规定及常用图例；模块 2 为 AutoCAD 2023 软件设置，主要介绍软件的安装、卸载，如何在软件中设置绘图环境、操作环境以及草图设置的方法；模块 3 为 AutoCAD 2023 绘图命令介绍，主要介绍软件绘图命令的使用、图案填充、图块、文字的创建及编辑；模块 4 为 AutoCAD 2023 编辑命令的使用，主要介绍尺寸标注的设置及使用、图层的应用等；模块 5 为图形显示与输出打印，主要介绍图形的显示、图纸布局设置、打印设置等；模块 6 为通信工程设计与制图，主要介绍通信工程设计基础、通信工程项目分类及图纸绘制等；最后在附录中给出了几种典型工程的CAD图纸范例，如PTN设备通信系统图、机房平面布置图、电源平面布置图、新建FTTH工程光电缆路由图等，结合绘图规范使学生读懂各类工程的通信工程施工图纸，并能进行绘制。

本书由甘肃交通职业技术学院王馨编写并统稿，甘肃交通职业技术学院杨晓英以及兰州理工大学计算机与通信学院唐建新参与部分模块的编写并提供专业技术指导。本书在编写过程中得到了部分设计、施工单位及有关技术人员的大力支持和帮助，也得到了甘肃交通职业技术学院信息工程系领导和各位同仁的大力支持，还得到了西南交通大学出版社的关心和支持，在此表示诚挚的感谢。

本书可作为高职高专通信类专业教材，也可作为通信工程制图相关人员的培训与参考用书，尤其适合初学者使用和参考。建议教学总学时为60学时，其中理论讲授30学时，校内实训操作30学时。

由于编者水平有限，书中难免存在疏漏和不足之处，恳请广大读者批评指正。

编　者

2024年4月

CONTENTS 目录

模块 1 通信工程制图基础

教学重难点

理解并掌握通信工程制图的总体要求和统一规定。

认识并了解通信工程常用图例。

1.1 通信工程制图概述

图纸是表现设计者意图和要求的主要依据。通信工程图纸是通过对施工现场进行勘察和资料收集之后，用图形符号、文字符号、文字说明及标注来表达具体工程性质的一种图纸。通信工程图纸是指导工程施工的主要依据之一，是进行投标报价、工程结算，以及编制工程施工计划、物资采购计划、资金分配计划、劳动力组织计划等的依据。

图纸作为工程技术界的共同语言，如果语言不符合规范，表达不符合要求，就无法在相关工作人员之间进行交流，也不能被工程领域接受并采用。为了便于技术交流和指导施工，图纸必须遵循统一的规定。因此，要对图纸进行精准绘制，同时为了方便施工人员识读，要采用规格统一、画法一致、图面清晰，符合施工、存档和生产维护的要求，严格依据我国通信行业标准 YD/T 5015—2015《通信工程制图与图形符号规定》的相关规范文件制图。

通信工程制图就是将图形符号、文字符号按照不同的专业要求绘制到同一个平面上，使工程施工人员通过识读图纸能够了解工程规模、工程内容，统计出工程量及编制工程概预算。只有绘制出精准的通信工程图纸，才对施工具有正确的指导意义。因此，通信工程制图人员必须掌握正确的制图方法。

为了保障图纸质量及图纸识读的准确性，设计出的每一张图纸、图纸中的每一个数据、符号都应符合国家标准，所以在图纸设计过程中，设计者要了解并熟悉相关国家标准。不同专业领域的制图规范是不同的，国家标准《技术制图》（GB/T 14689—2008、GB/T 14690—1993、GB/T 14691—1993、GB/T 16675.2—2012）是一项基础技术标准，在内容上具有统一性和通用性，包含了机械、电气、建筑等各个技术行业；《机械制图》（GB/T 4457.4—2002）是机械专业制图标准；《电气制图》（GB/T 6988—1997）是电气专业制图标准。所有标准和规范对图纸内容、格式和表达方法都做了统一规定，工程技术人员都要严格遵守。因此对于通信行业来说，要求依据以下国家及行业标准绘制图形符号及编制通信工程图纸：

GB/T 4728.1 ~ 13　　《电气通用图形符号》
GB/T 6988.1 ~ 7　　《电气制图》
GB/T 50104—2010　　《建筑制图标准》
GB/T 7929—1995　　《1∶500　1∶1000　1∶2000 地形图图式》
GB 7159—1987　　《电气技术中的文字符号制定通则》
GB 7356—1987　　《电气系统说明书用简图的编制》
YD/T 5015—1995　　《电气工程制图与图形符号》

1.2　通信工程制图的整体要求

通信工程制图的整体要求如下：

（1）工程制图应根据表述对象的性质、论述的目的与内容，选取适宜的图纸及表达手段，以便完整地表述主题内容。当几种手段均可达到目的时，应采用较为简单的方式。例如，对系统进行描述时，若既可用框图进行表达，也可用电路图进行表述，则应选择框图；若单线表示法和多线表示法均能对图纸进行明确表达时，则应采用单线表示法；若多种画法均可表达图纸目的时，应宜简不宜繁。

（2）图面应布局合理、排列均匀、轮廓清晰且便于识别。

（3）图纸中应选用合适的图线宽度，避免图中的线条过粗或过细。标准通信工程制图图形符号的线条除有意加粗外，一般都是粗细统一的，在同一图纸中要避免使用过多过杂的线型及线宽，确保图纸清晰美观。但是，不同大小的图纸中可使用不同的线型和线宽，大图的线条可相对加粗，方便识图。

（4）应正确使用国标和行业标准规定的图形符号。派生新的符号时，应符合国标图形符号的派生规律，并在合适的地方加以说明。

（5）在保证图面布局紧凑和使用方便的前提条件下，应选择合适的图纸幅面，使原图大小适中。

（6）应准确地按规定标注各种必要的技术数据和注释，并按规定进行书写和打印。

（7）工程图纸应按规定设置图衔，并按规定的责任范围签字，各种图纸应按规定顺序编号。

（8）总平面图、机房平面布置图、移动通信基站天线位置及馈线走向图应设置指北针。

（9）对于线路工程，设计图纸应按照从左往右的顺序制图，并设置指北针；线路图纸分段按“起点至终点、分歧点至终点”的原则划分。

1.3　通信工程制图的统一规定

1.3.1　图纸尺寸

（1）工程设计图纸幅面和图框大小应符合国家标准 GB/T 6988.2—1997《电气制图—般规则》中“第 1 部分：一般要求”的规定，一般应采用 A0、A1、A2、A3、A4 及其加长的图纸幅面，在实际的通信工程项目设计中，一般采用 A4 图纸幅面。图纸的幅面和图框尺寸应符合表 1.3.1 的规定和图 1.3.1 的格式。

表 1.3.1　幅面和图框尺寸

单位：mm

幅面代号	A0	A1	A2	A3	A4
图框尺寸（$B \times L$）	841×1 189	594×841	420×594	297×420	210×297
非装订侧边框距	10			5	
装订侧边框距	25				

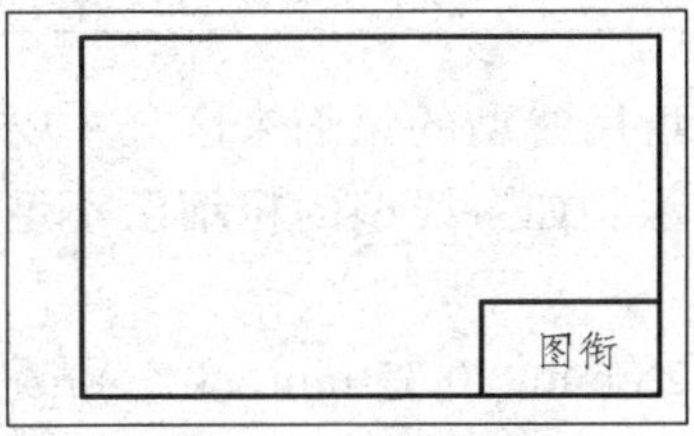

图 1.3.1　图框样式

当标准幅面不能满足需求时，可按照 GB/T 14689—2008《技术制图　图纸幅面和格式》的规定对幅面进行加大，具体尺寸见表 1.3.2。A0、A2、A4 幅面的加长应按照 A0 幅面短边的 1/8 的倍数增加；A1、A3 幅面的加长应按照 A0 幅面长边的 1/4 的倍数增加；A0 及 A1 幅面可以同时向两边加长。也可在不影响整体视图效果的情况下，将工程图分割成若干张图纸来绘制。这种方式在通信线路工程图的绘制中经常被采用。

表 1.3.2　加大幅面图纸的代号和尺寸

单位：mm

代号	尺寸
A3×3	420×891
A3×4	420×1 189
A4×3	297×630
A4×4	297×841
A4×5	297×1 051

（2）应根据所表述对象的规模大小、复杂程度、所要表达的详细程度、有无图衔及注释的数量来选择较小的合适幅面。

1.3.2　图线类型及应用

（1）在绘制图纸的过程中，常用的线型主要有 4 种，根据不同的需要和情况可选择不同的线型，具体线型及其一般用途见表 1.3.3。

表 1.3.3　图线类型及其用途

图线名称	图线型式	一般用途
实线	————————	基本线条：图纸主要内容用线、可见轮廓线
虚线	------------------	辅助线条：机械连接线、屏蔽线、不可见轮廓线、计划扩展内容用线
点画线	—·—·—·—·—·—·—	图框线：表示分界线、结构图框线、功能图框线、分级图框线
双点画线	——··——··——··——	辅助图框线：表示更多的功能组合或从某种图框中区分不属于它的功能部件

图纸中的常用线型是实线，可用线型的粗细来区分主要用线和次要用线。主要用线用粗实线表示，次要用线用细实线表示。如果线型的粗细已不足以满足需要，则可用不同颜色的线条加以区分。

（2）图线宽度一般可选用 0.25 mm、0.35 mm、0.5 mm、0.7 mm、1.0 mm、1.4 mm。

（3）通常宜选用两种宽度的图线，粗线宽度为细线宽度的 2 倍，主要图线采用粗线，次要图线采用细线。对复杂的图纸也可采用粗、中、细三种线宽，线的宽度按 2 的倍数依次递增，但线宽种类也不宜过多。

（4）使用图线绘图时，应使图形的比例和配线协调恰当，重点突出，主次分明，在同一张图纸上，按不同比例绘制的图样及同类图形的图线粗细应保持一致。

（5）细实线为最常用的线条，在以细实线为主的图纸上，粗实线主要用于主回线路、图纸的图框及需要突出的线路、设备、电路等处。指引线、尺寸线以及标注线应使用细实线。

（6）当需要区分新安装的设备时，则用粗实线表示新建，细实线表示原有设施，细虚线表示规划预留部分，"×"号表示电信改造工程需要拆除的设备及线路。

（7）平行线之间的最小间距不宜小于粗线宽度的 2 倍，且不能小于 0.7 mm。

（8）在使用不同线型及线宽表示仍不能满足需求时，可以通过使用不同颜色加以区分。

1.3.3　图纸比例

对于不同类型的工程图纸，可以采用不同的比例来进行绘制，具体方法如下：

（1）对于通信管道图、建筑平面图、平面布置图、设备加固图以及零部件加工图等图纸，一般要求按比例绘制；而通信线路工程图、方案示意图以及系统原理框图等可以不按比例绘制，但应按工作顺序、线路走向、信息流向等进行排列。

（2）对于平面布置图和区域规划性质的工程图纸，可选比例为 1∶10、1∶20、1∶50、1∶100、1∶200、1∶500、1∶1 000、1∶2 000、1∶5 000、1∶10 000、1∶50 000 等，应根据相关规范要求和工程实际情况选用合适的比例。

（3）对于设备加固图及零部件加工图等图纸，推荐的比例为 1∶2、1∶4 等。

（4）应根据图纸表达的内容深度和选用的图幅大小，选择合适的比例，并在图衔的相应栏目处标注。

（5）对于通信线路工程、通信管道工程类的图纸，为了更方便地表达周围环境情况，可采用沿线路方向按一种比例绘制，而周围环境的横向距离采用另外的比例，也可以示意性绘制。

1.3.4 尺寸标注

（1）一个完整的尺寸标注应由尺寸数字、尺寸界线、尺寸线及其终端等组成。

（2）图纸中的尺寸数字，一般应注写在尺寸线的上方或左侧，也允许注写在尺寸线的中断处，但同一张图样上注法尽量一致。

尺寸数字应顺着尺寸线方向写并符合视图方向，数字高度方向与尺寸线垂直，并不得被任何图线通过。当无法避免时，应将图线断开，在断开处填写数字。在不引起误解的情况下，对非水平方向的尺寸，可把数字水平标注在尺寸线的中断处，角度的数字应写在水平方向，也可注写在尺寸线的中断处。

（3）工程图纸中的尺寸单位。在通信线路工程图中一般以米（m）为单位，其他工程图中均以毫米（mm）为单位，且无须另行说明。若采用其他单位时，应在尺寸数字后加注计量单位的文字符号。

（4）尺寸界线用细实线绘制，由图形的轮廓线、轴线或对称中心线引出，也可利用轮廓线、轴线或对称中心线作尺寸界线，且尺寸界线一般应与尺寸线垂直。

（5）尺寸线的终端可以采用箭头或斜线等多种形式，但同一张图中只能采用一种尺寸线终端形式，不得混用。

1.3.5 字体及写法

（1）图纸中书写的文字（包括汉字、字母、数字、代号等）均应字体工整、笔画清晰、排列整齐、间隔均匀。其书写位置应根据图面妥善安排，文字多时宜放在图纸的下面或右侧，不能出现线压字或字压线的情况，否则会影响图纸质量。

文字内容从左向右横向书写，标点符号占一个汉字位置。中文书写时，应采用国家正式颁布的简化汉字，字体宜采用长仿宋体。

文字的字高，应从 3.5、5、7、10、14、20（mm）中选用。如果需要书写更大的字，其高度应按 $\sqrt{2}$ 的比值递增。图样及说明中的汉字，宜采用长仿宋字体。大标题、图册封面、地形图等的汉字，也可以书写成其他字体。

（2）图纸中的“技术要求”“说明”或“注”等字样，应写在具体文字内容的左上方，并且用比文字内容大一号的字体书写。当具体文字内容多于一项时，应按下列顺序号进行排列：

1、2、3…

（1）、（2）、（3）…

①、②、③…

（3）图纸中所涉及表征数量的数字，均应采用阿拉伯数字表示，且计量单位应使用国家颁布的法定计量单位。

1.3.6 图 衔

通信工程图纸常用的图衔种类有通信各专业常用图衔、机械零件设计图衔和机械装配设计图衔。对于工程图纸来说，如果一张图纸不足以表达，可分多张图纸绘制，第一张图纸采用标准图衔（见图 1.3.2），其余各张使用简易图衔（见图 1.3.3）。

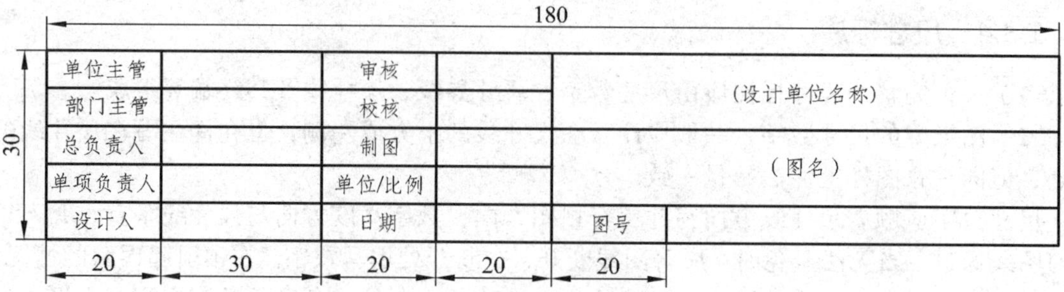

图 1.3.2　常用标准图衔

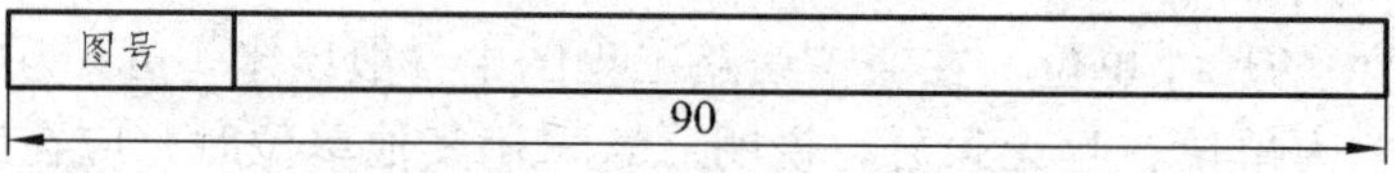

图 1.3.3　简易图衔

通信工程图纸中图衔是必不可少的要素之一，一般在图纸右下角的位置。常用标准图衔大小为 30 mm × 180 mm（高 × 长）的长方形，主要包括图名、图号、设计单位名称、单位主管、部门主管、总负责人、单项负责人、设计人、审核、校核、制图、比例等内容。图衔的外框要采用和图框线条粗细一致的粗线。

1.3.7　图纸编号设置

设计图纸的编号应编排得尽量简洁，且符合以下要求：

（1）设计图纸编号的组成应包括工程计划号、设计阶段代号、专业代号以及图纸编号四部分，如图 1.3.4 所示。

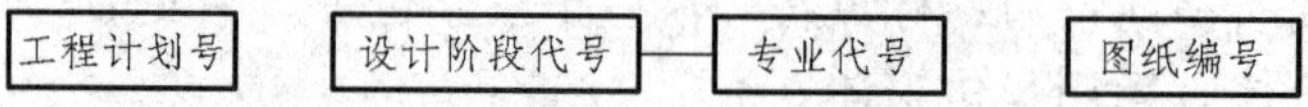

图 1.3.4　常用设计图纸编号构成

同工程计划号、同设计阶段、同专业而多册出版的图纸，为避免重复编号，可按图 1.3.5 所示的规则进行编排。

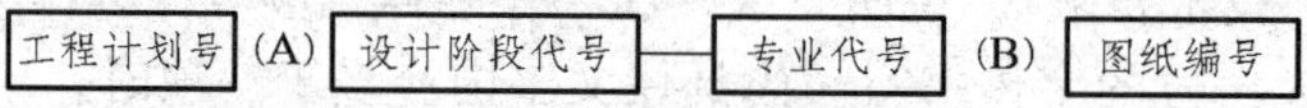

图 1.3.5　同工程计划号、设计阶段、同专业图纸编号

工程计划号应由设计单位根据工程建设方的任务委托和工程设计管理办法，统一给定设计代号。

设计阶段代号见表 1.3.4。

表 1.3.4　设计阶段代号

设计阶段	代号	设计阶段	代号	设计阶段	代号
可行性研究	Y	初步设计	C	技术设计	J
规划设计	G	方案设计	F	设计投标书	T
勘察报告	K	初设阶段的技术规范书	CJ	修改设计	在原代号后加 X
咨询	ZX	施工图设计、一阶段设计	S		

常用专业代号见表 1.3.5。

表 1.3.5 常用专业代号

名称	代号	名称	代号
长途光缆线路	CXG	市话电缆线路	SXD
水底电缆	SL	市话光缆线路	SXG
水底光缆	SG	数字终端	SZ
海底光缆	HGL	通信管道	GD
光传输设备	GS	移动通信	YD
无线接入	WJ	交换	JH
无线发射设备	WF	自动控制	ZK
数据通信	SC	计费系统	JF
网管系统	WG	微波通信	WB
卫星通信	WD	铁塔	TT
同步网	TBW	信令网	XLW
通信电源	DY	电源监控	DJK

说明：

（1）总说明附的总图和工艺图纸代号一律用 YZ，总说明中引用的单项设计图纸不变，土建类图纸代号一律用 FZ。

（2）单项工程土建要求在专业代号后加 F。

（3）（A）用于区分大型工程中分省、分业务区时的编制号，可以是拼音字母的字头或数字 1、2、3 等。

（4）（B）是用来对同一单项工程中不同的设计进行分册，一般用站名的拼音字头、数字或相应汉字表示。

每个设计单位都有一套自己的完整规范，但都是在上述国家通信行业制图标准对设计图纸的编号方法规定的基础上制定的，目的就是规范工程管理，配合项目管理系统实施，不断改进和完善设计图纸编号方法。

1.3.8 注释及技术数据

在图纸中，有些内容含义不方便用图进行表达，这时就可以在图纸中添加注释。如果有多个注释或者注释是大段的文字时，可以把注释放置在边框附近，并按顺序排列。注释可以放置在需要说明的对象旁边，也可以通过引线指向距离较远的标注对象。

标注和技术数据应放置在图形符号的旁边，若数据较少，可以在矩形符号的方框内放置技术数据；若数据较多，则可以使用分式表示或以表格形式列出。

当用分式进行表示时，可采用下面格式：

$$N\frac{A-B}{C-D}F$$

式中，N 代表设备编号，一般在最前方或最上方；A、B、C、D 代表不同的标注内容，可增加也可减少；F 是敷设方式，一般放在最后。

当需要表示工程前后发生变化时，可以采用斜杠方式：（原有数）/（设计数）。

当需要表示工程前后有增加时，可以采用加号方式：（原有数）+（增加数）。

当需要表示工程前后有减少时，可以采用减号方式：（原有数）-（减少数）。

常用的标注方式见表 1.3.6。

表 1.3.6 标注和技术数据

序号	标注方式	说明
1	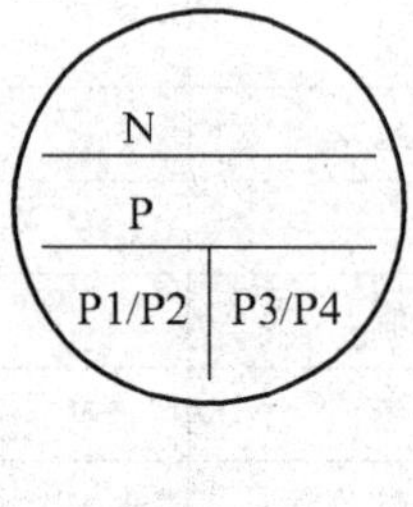	对直接配线区的标注方式。 注：图中的文字符号应以工程数据代替。 N——主干电缆编号； P——主干电缆容量（初设为对数，施设为线序）； P1——现有局号用户数； P2——现有专线用户数，当有不需要局号的专线用户时，再用对数表示； P3——设计局号用户数； P4——设计专线用户数
2	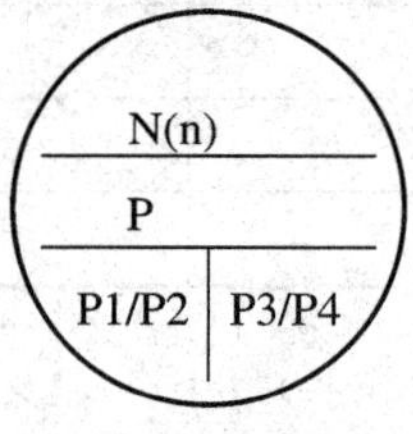	对交接配线区的标注方式。 注：图中的文字符号应以工程数据代替。 N——交接配线区编号； n——交接箱容量； P1，P2，P3，P4——含义同 1 注
3	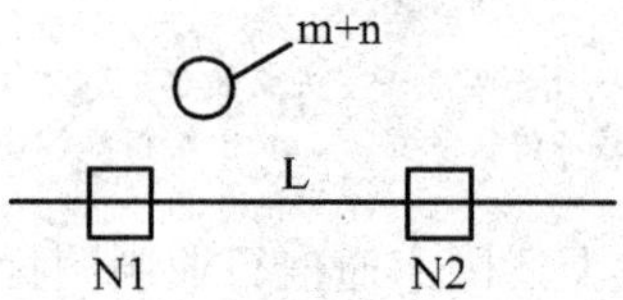	对管道扩容的标注。 m——原有管孔数，可附加管孔材料符号； n——新增管孔数，可附加管孔材料符号； L——管道长度； N1，N2——人孔编号
4	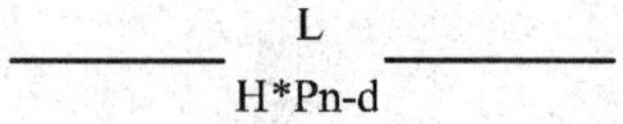	对市话电缆的标注。 L——电缆长度； H*——电缆型号； Pn——电缆百对数； d——电缆芯线线径
5	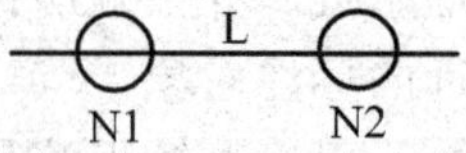	对架空杆路的标注。 L——杆路长度； N1，N2——起止电杆编号 （可加注杆材类别的代号）
6	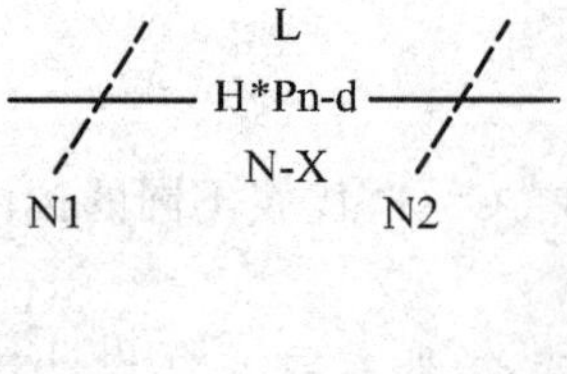	对管道电缆的简化标注。 L——电缆长度； H*——电缆型号； X——线序； Pn——电缆百对数； d——电缆芯线线径； 斜向虚线——人孔的简化画法； N1，N2——起止人孔号； N——主干电缆编号

续表

序号	标注方式	说明
7	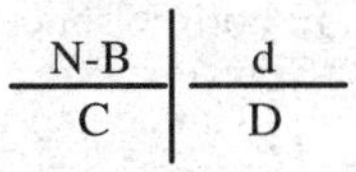	分线盒标注方式。 N——编号； B——容量； C——线序； d——现有用户数； D——设计用户数
8	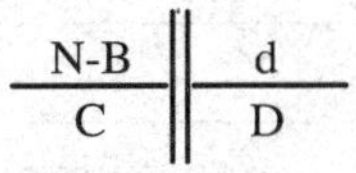	分线箱标注方式。 注：字母含义同 7
9	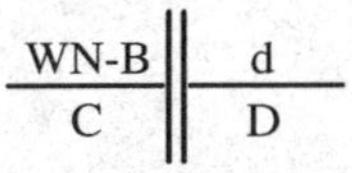	壁龛式分线箱标注方式。 注：字母含义同 7

在对通信工程图纸进行标注时，项目代号应使用符合 GB 5094—1985《电气技术中的项目代号》的规定，文字符号应使用符合 GB 7159—1987《电气技术中的文字符号指定通则》的规定。在设计过程中，由于文件名和图纸编号都有确定的代号，所以在项目代号和文字注释方面可以适当进行简化，推荐的方法如下：

（1）平面布置图中可主要使用位置代号或顺序号加表格说明。

（2）系统原理图中可以使用图形符号或加文字符号来表示，也可以二者混合使用。

（3）接线图应符合 GB/T 6988.3—1997《电气技术用文件的编制 第 3 部分：接线图和接线表》的规定。

对安装方式的标注应符合表 1.3.7。

表 1.3.7　安装方式标注

序号	代号	安装方式	英文说明
1	W	壁装式	Wall mounted type
2	C	吸顶式	Ceiling mounted type
3	R	嵌入式	Recessed type
4	DS	管吊式	Conduit suspension type

对敷设部位的标注应符合表 1.3.8。

表 1.3.8　敷设部位标注

序号	代号	安装方式	英文说明
1	M	钢索敷设	Supported by messenger wire
2	AB	沿梁或跨梁敷设	Along or across beam
3	AC	沿柱或跨柱敷设	Along or across column
4	WS	沿墙面敷设	On wall surface

续表

序号	代号	安装方式	英文说明
5	CE	沿天棚面、顶板面敷设	Along ceiling or slab
6	SCE	吊顶内敷设	In hollow spaces of ceiling
7	BC	暗敷设在梁内	Concealed in beam
8	CLC	暗敷设在柱内	Concealed in column
9	BW	墙内埋设	Burial in wall
10	F	地板或地板下敷设	In floor
11	CC	暗敷设在屋面或顶板内	In ceiling or slab

1.4 通信工程常用图例

通信工程项目种类繁多，用到的工程设备也数不胜数，那么如何在绘图过程中对不同的设备或地形等因素进行区别，方便识读图纸的人能够轻松看懂图纸要表达的含义呢？比如，常用的不同类型的天线、不同类型的管道，包括山脉、铁路、河流、门、窗等如何在图纸上进行表示？这就引入了图例的概念。所谓图例，就是使用大小、颜色、粗细不同的点或线所构成的图形，表达图纸内容的一种形式或方法，它固定标识一种物体，相同行业的工作人员使用相同的图例在图纸中进行表达，不同项目工程常用的图例是不同的。

1.4.1 图例和图形符号

图例作为图纸中的一种标识，方便用户对图纸中的内容进行查找，也能在很大程度上辅助我们识读图纸。不同行业或不同工程项目的图例都具有标识性和唯一性，从业人员都要遵守并使用行业常用图例，以免导致人员误读，造成损失。因此，图例是图纸中非常重要的一部分，不同的实体用不同图例在图纸中进行标注，不仅使图纸看起来一目了然，也使施工图的图面更加统一而整洁。如果没有图例，整套图纸就会显得非常混乱，根据这样的图纸进行施工，也非常容易出问题。

在图纸中除了图例以外，符号也是非常重要的一部分，尤其在各类施工图中，符号标注也是一种指引，让图纸更清晰规范且易懂。要详细标识图纸中某些局部细节时，需另绘局部的详图。对要用详图进行表达的部分，应标注索引符号，并在绘制详图的位置标注详图符号。

当对同一项目有多种图形符号可供使用时，需遵守下列规则：

（1）优先选用“优选形式”。

（2）在满足需要的前提下，宜选择最简单的形式。

（3）在同一册设计中同专业应使用同一种形式。

（4）同一套图纸中或同一工程项目中，施工图纸应采用统一的图例或图形符号来绘制。在特殊情况下，为便于补充信息，或强调图纸中某些方面，可以使用大小不同或粗细不同的图形符号进行特殊表示。

（5）图纸中的图例或图形符号不能出现图压线或线压图的情况。

如果需要给图形符号做引线，一般情况下都是把引线作为示例画上去的。在不改变符号含义的情况下，引线可使用不同的方向，但有时引线位置的不同会改变引线符号的含义，这时就不能随意修改。比如，电阻器和继电器线圈的引线不能从方框的另外两侧引出，应用过程中需要用户自行甄别。

1.4.2 图形符号的派生

在国家规定的通信工程制图标准中，只给出了常用工程的图形符号，但并不是全部，某些不常用的、特定的设备或项目就没有给出相应的图例，这时就需要用户依据图形符号的派生规律进行派生。派生图形符号，也就是创建新的图形符号（在原有符号的基础上进行加工或修改）。具体派生规律如下：

（1）（符号要素）+（限定符号）→（设备的一般符号）。

（2）（一般符号）+（限定符号）→（特定设备的符号）。

（3）利用 2 ~ 3 个简单的符号生成特定设备的符号。

（4）把一般符号进行缩小，可以作为限定符号使用。

对于个别急需的符号，如果派生困难，根据派生规则派生不出来，又找不到合适的图形符号进行表示，可以暂时在框中添加文字以表明具体事物。

在通信工程制图过程中，图例主要参照工业和信息化部发布的《电信工程制图与图形符号规定》（YDT 5015—2018）文件。

本模块小结

通信工程图纸绘制是通信工程设计过程中非常重要的一个组成部分，能够绘制出严谨精确的通信工程图纸，才能对工程施工起到指导意义。因此，本模块主要介绍通信工程制图的总体要求和统一规定，绘图人员要严格遵守国家颁布的法律法规，遵循行业规则，按照统一标准进行通信工程图纸的绘制，规范通信工程图纸绘制，提高设计质量和绘图效率，合理指导项目施工。

拓展与实训

一、选择题

1. 下面图纸中可以不用比例绘制的是（　　）。

A. 建筑平面图　　B. 系统框图

C. 设备加固图　　D. 平面布置图

2. 长途光缆线路的专业代号为（　　）。

A. SG　　B. CXG

C. GS　　D. SXD

3. 用于表示可行性研究阶段的设计代号是（　　）。

A. Y　　B. K

C. G　　D. J

4. 下面哪种图线宽度不是国标所规定的（　　）。

A. 0.25 mm　　B. 0.7 mm

C. 1.0 mm　　D. 1.5 mm

二、判断题

1. 在绘制图纸过程中，为了区分原有设备和新增设备，可以用粗线表示原有设备，细线表示新建设备。（　　）

2. 尺寸标注中的尺寸数字，一般应写在尺寸线的上方、左侧或尺寸线上。（　　）

3. 图纸中如果有“技术要求”“说明”或“注”等字样，应写在具体文字内容的左上方，并使用比文字内容大一号的字体书写。（　　）

三、简答题

1. 简述通信工程制图的概念。

2. 绘制通信工程图纸要遵守哪些统一规定？

模块 2　通信工程制图软件 AutoCAD 2023 认识

教学重点

AutoCAD 2023 界面设置。
草图设置中各绘图工具的应用。

教学难点

AutoCAD 2023 绘图环境及操作环境设置。
CAD 坐标系统的应用。

2.1　AutoCAD 2023 简介

2.1.1　AutoCAD 2023 发展概况

计算机辅助设计（Computer Aided Design，CAD）是利用计算机绘制和生产工程图纸的一种现代化技术。目前，用计算机绘图代替手工绘图已成为必然趋势，计算机绘图已广泛应用于各行业及领域，如机械、通信、电子、建筑、电气、园林设计、地理、气象、航海、广告等。随着计算机技术的迅猛发展，CAD 软件也由原来的绘制二维平面图向三维立体图发展，形成了功能更加强大和完善的家族。

AutoCAD 是美国知名软件厂商 Autodesk 公司开发的计算机绘图软件，它集二维绘图、三维设计、参数设置及数据库管理等功能于一体。该公司在 1982 年 12 月推出 AutoCAD 第 1 版后，又陆续推出了 R12、R13、R14、AutoCAD 2000、AutoCAD 2006、AutoCAD 2007、AutoCAD 2008、AutoCAD 2010、AutoCAD 2011 等，直至 AutoCAD 2023 版。随着版本的不断升级，软件的功能也越来越强大，不仅延续了之前的优点，又强化了界面设计，软件的操作和应用也在向智能化和多元化发展，体系结构更为开放，因此该软件在众多行业领域中得到广泛应用。本书将介绍 AutoCAD 2023 中文版在通信工程制图中的使用。

2.1.2　AutoCAD 2023 中文版的特点

AutoCAD 2023 中文版主要用于精确的二维和三维绘图、设计和建模，包括实体、曲面、网格对象、文档编制功能等。它包括自动执行任务和提高工作效率的功能，如比较图形、计数、添加对象和创建表。它还附带了 7 个行业专业化工具组合，适用于电气设计、工厂设计、建筑布局图、机械设计、三维贴图、添加扫描图像以及转换光栅图像。AutoCAD 2023 中文版支持用户通过桌面、Web 和移动设备创建、编辑和标注图形。其主要特点如下：

（1）二维绘图：软件具有非常强大的二维绘图工具，包括直线、曲线、多边形、圆弧、文字等，用户可以轻松绘制出各种精确图纸。

（2）三维建模：软件支持 3D 建模功能，用户可以创建立体的物体、实体建模、曲线建模、表面和体积模型，并进行编辑和修饰。

（3）图形参数化：软件支持参数化建模，用户可以自定义参数及约束条件，以便在设计过程中自动调整和更新相关元素。

（4）注释和标注：软件提供了各种注释和标注工具，如尺寸标注、文本注释、表格和图例等，方便用户对图纸中的细节设计进行说明和标记。

（5）图层管理：软件允许用户创建和管理图层，可以按照不同的组织结构和显示要求对设计元素进行分层和相关设置管理。

（6）文件交换和共享：软件具备高级的数据管理及支持与其他 CAD 软件进行文件交换的功能，包括数据库链接、数据链接、视图控制等，并提供多种文件格式的导入和导出功能，方便与团队或合作伙伴处理大量复杂的数据和信息、共享设计数据。

（7）自定义和扩展：软件允许用户自定义工作环境和界面布局，用户可以根据自己的需求及喜好去设置和调整，达到最佳使用效果；还支持插件和应用程序的扩展，以满足个性化和特定行业需求。

2.1.3 AutoCAD 2023 新增功能

随着版本的不断迭代，AutoCAD 2023 较之前的版本，也增加了一些新的功能，使用户能够更加轻松快速地绘制出需要的图纸，具体新增功能如下：

1）标记导入和标记辅助

快速发送反馈并将反馈整合到用户的设计中。在不修改现有图形的情况下，可直接从打印的图纸或 PDF 导入反馈，并自动将更改添加到图形。

2）我的见解

通过“我的见解”中的提示和相关功能，在适合的时间和环境中获取到有价值的信息，帮助用户更快地完成项目。

3）AutoCAD Web API

现在 AutoCAD Web 应用中提供了 AutoCAD LISP API，方便用户随时随地使用 AutoCAD，并通过 AutoCAD Web 应用的浏览器或移动应用创建、编辑、查看 CAD 图纸，享受跨设备使用 CAD 的互联式设计体验。无论是在作业现场、在旅途中，还是在其他任何地方，都可以创建自己的自定义项。

4）图纸集管理器

比以往更快地打开或分享图纸集。使用 Autodesk 远程服务平台，将图形的受控副本发送给团队成员，或打开从团队成员那里接收到的图纸集，进行查看或编辑变得更加快速、安全。同时还具有浮动窗口功能，在 AutoCAD 的同一实例中，还可并排显示或在多个显示器上显示图形窗口。

5）计　数

使用菜单或“COUNT”命令自动计算选定区域或整个图形中的块或对象数，以便从任意位置查看或编辑。

总之，AutoCAD 2023 是一款功能强大、使用灵活且非常专业的绘图软件，具有丰富的功能和应用工具，可以帮助用户实现二维及三维空间下的图纸设计、绘图和分析。AutoCAD 2023 广泛应用于通信、建筑、航空、机械、电子等领域，是当前工程师设计绘图的重要工具。

2.2　AutoCAD 2023 的安装及卸载

2.2.1　AutoCAD 2023 的安装

可以到官网下载 AutoCAD 2023 简体中文版。AutoCAD 2023 只有 64 位版（自 AutoCAD 2020 开始再没有 32 位版），所以安装前需要确定计算机是否适合安装 AutoCAD 2023 版，具体系统要求见表 2.2.1。

表 2.2.1　AutoCAD 2023 对计算机的要求

操作系统	64 位 Microsoft®Windows®11 和 Windows10。有关支持信息，请参见 Autodesk 的产品支持生命周期
处理器	基本要求：2.5 ~ 2.9 GHz 处理器 建议：3 GHz 以上处理器
内存	基本要求：8 GB 建议：16 GB
显示器分辨率	传统显示器：1 920 × 1 080 真彩色显示器 高分辨率和 4K 显示器：在 Windows 10（配支持的显卡）上支持高达 3 840 × 2 160 的分辨率
显卡	基本要求：1 GB GPU，具有 29 GB/s 带宽，与 DirectX 11 兼容 建议：4 GB GPU，具有 106 GB/s 带宽，与 DirectX 12 兼容
磁盘空间	10.0 GB
网络	请参见 Autodesk Network License Manager for Windows.
指针设备	Microsoft 鼠标兼容的指针设备
.NET Framework	.NET Framework 版本 4.8 或更高版本

在官网上下载好 AutoCAD 2023 中文版压缩包后，打开并解压到该文件。在解压后的文件夹中找到安装程序，双击执行安装，同意 AutoCAD 2023 中文版安装使用条款，根据自己的要求完成软件安装。

2.2.2　AutoCAD 2023 的卸载

点击开始菜单，选择“设置”，在弹出的 Windows 设置界面里选择“应用”，如图 2.2.1 所示。

图 2.2.1　Windows 设置界面

然后在“应用和功能”界面找到要卸载的软件（见图 2.2.2），单击下面的“卸载”，即可把软件从计算机中清除。

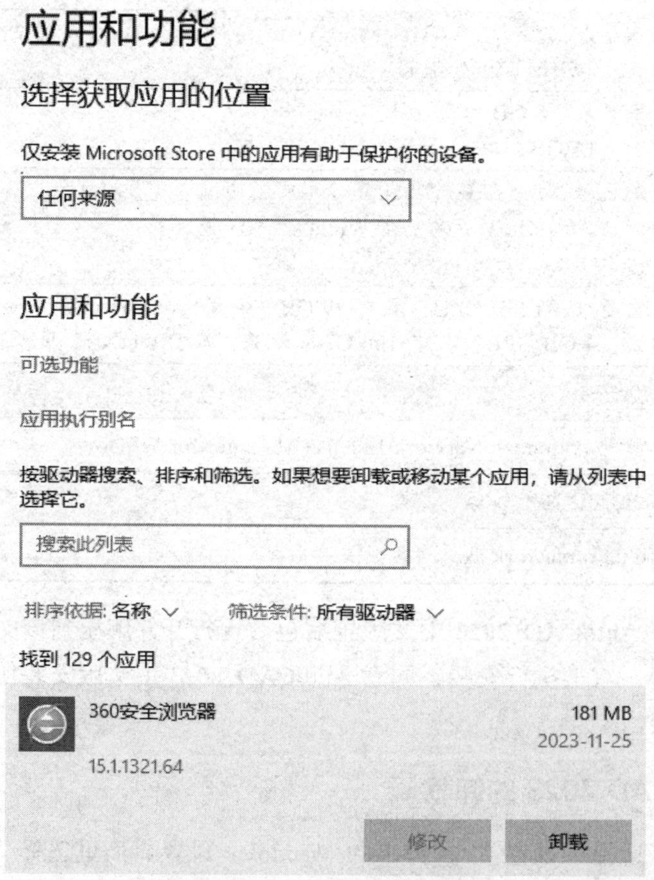

图 2.2.2　应用和功能界面

2.3 AutoCAD 2023 用户界面介绍

随着 AutoCAD 版本的更新，不同版本的软件操作界面会有所不同，但功能区设置及结构变化不大，都是由标题栏、快速访问工具栏、菜单栏、功能区、绘图区、命令栏、状态栏、快速访问工具栏等组成，如图 2.3.1 组成。

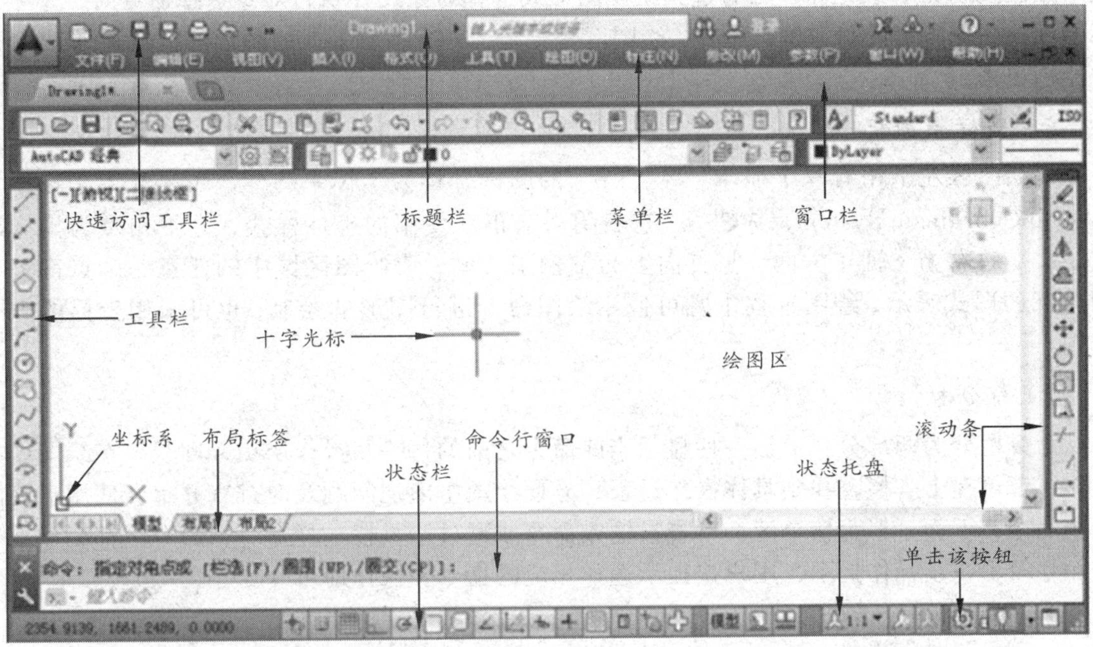

图 2.3.1 AutoCAD 2023 中文版操作界面

1）标题栏

在用户操作界面的最上方中间位置显示的“Drawing1.dwg”即为标题栏，表示当前正在运行编辑的图形文件名称。“Drawing1.dwg”是启动 CAD 软件时创建并打开的图纸集，系统自动为其分配的文件名，用户可在绘图完成后对图纸进行另存，并重命名图纸名称。

2）快速访问工具栏

用户界面的左上角是快速访问工具栏，主要包括“新建”“打开”“保存”“另存为”“打印”“放弃”“重做”等常用工具，也可单击后面的按钮，在弹出的下拉菜单中选择需要的或常用的工具。

3）菜单栏

AutoCAD 2023 的经典操作界面中菜单栏包含 13 个菜单，有“文件”“编辑”“视图”“插入”“格式”“工具”“绘图”“标注”“修改”“参数”“窗口”“帮助”和“Express”，它们几乎包含了该软件的所有命令。每个选项卡都有自己的下拉菜单，用户可根据自己的需要在相应的下拉列表中选择对应的功能。

4）功能区

AutoCAD 软件启动之后，系统默认功能区显示“默认”“插入”“注释”“参数化”“视图”

“管理”“输出”“附件模块”“协作”等选项卡。每个选项卡都有自己的功能区，用户只需选择选项卡并单击，相应的功能区即显示出来，供用户选择使用。

5）绘图区

功能区下方的空白区域为绘图区，是用户绘制、编辑、显示图形的主要区域。鼠标指针在绘图区显示为十字光标，可通过其绘制图形或选择对象，在执行对象选择命令时，十字光标会变成一个方形的拾取框。另外，绘图区是无限大的，不管多大的图形都可以在 AutoCAD 中绘制出来。

6）坐标系图标

在绘图区左下角有一个显示“X”“Y”的图标，称为坐标系图标，也是世界坐标系统（World Coordinate System，WCS）。它表明当前正在使用的坐标样式，左下角点为坐标原点，水平向右为 x 轴正方向，竖直向上为 y 轴正方向，而绘图区域中的任意一个点都可以用坐标的形式表示。绘图过程中既可使用绘图命令进行图形的绘制，也可采用坐标的方式绘图。

7）命令栏

命令栏分为两部分：上面一栏显示当前命令之前的每一步操作历史，即只要在绘图区有操作，都可在上一栏查找到具体操作过程，方便绘图中出现问题及时排查并重新使用正确的绘图命令；下面一栏为命令区，可直接输入命令或通过工具栏选择命令，命令区都会显示当前命令及下一步操作提示，用户按提示选择相应的指令并操作即可。

8）状态栏

在命令区下方还有一行状态栏，也即界面最下方。状态栏左侧显示了当前所用绘图模型，也可以单击旁边的布局 1、布局 2 切换绘图模型。状态栏右侧显示的是一些特殊状态按钮，如栅格、捕捉模式、极轴捕捉、正交、极轴追踪、对象捕捉、注释、注释比例、切换工作空间、全屏显示等特殊功能。绘图过程中需要使用哪个状态直接点击开启，并进行相应设置即可。

2.4 AutoCAD 2023 绘图环境设置

2.4.1 绘图区基本设置

在启动 AutoCAD 软件后，系统会自动进入默认的模型空间，这是一个无限大的区域。要在这个无限大的区域内进行绘图，可按照图形实际尺寸进行绘制，也可采用相应比例进行绘制。

作图前可以先选择自己习惯使用的工作空间，在状态栏的最右侧，有图形，即“切换工作空间”按钮，单击该按钮弹出下拉列表，选择需要使用的模型空间。AutoCAD 2023 系统自带 4 种模型空间，分别是草图与注释、三维基础、三维建模、AutoCAD 经典。其中，草图与注释和 AutoCAD 经典模式是绘制二维图纸的模型空间，三维基础和三维建模是绘制三维图纸的模型空间。在通信工程制图中，我们绘制的一般都是二维图纸，因此可选择草图与注释或 AutoCAD 经典，两种模式只是功能区的显示方式及位置有所不同，如图 2.4.1 所示，包含的功能都是相同的。本书重点介绍 AutoCAD 经典模型空间下软件的应用。

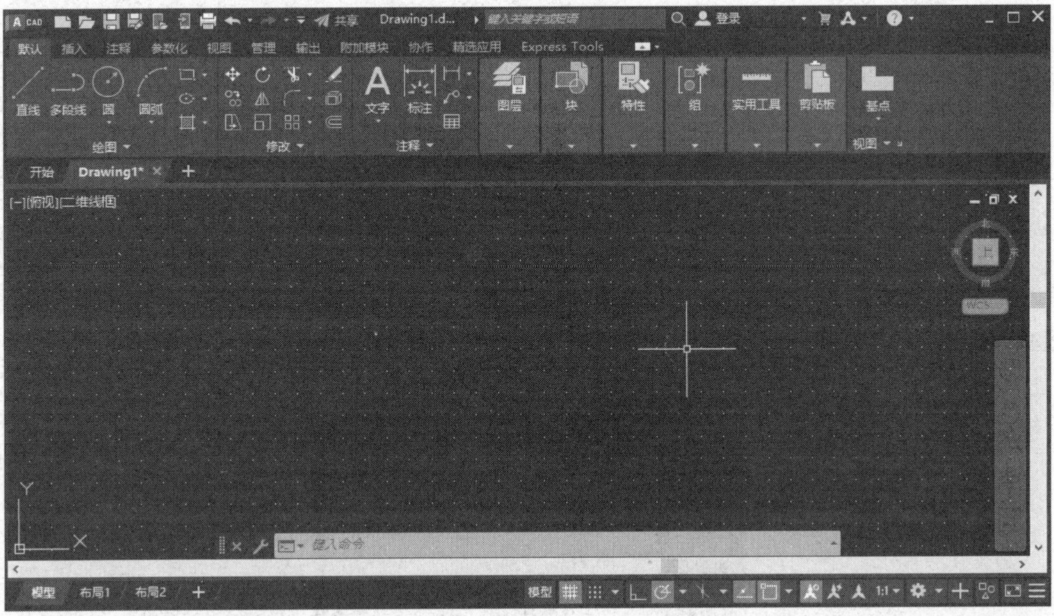

（a）二维草图与注释

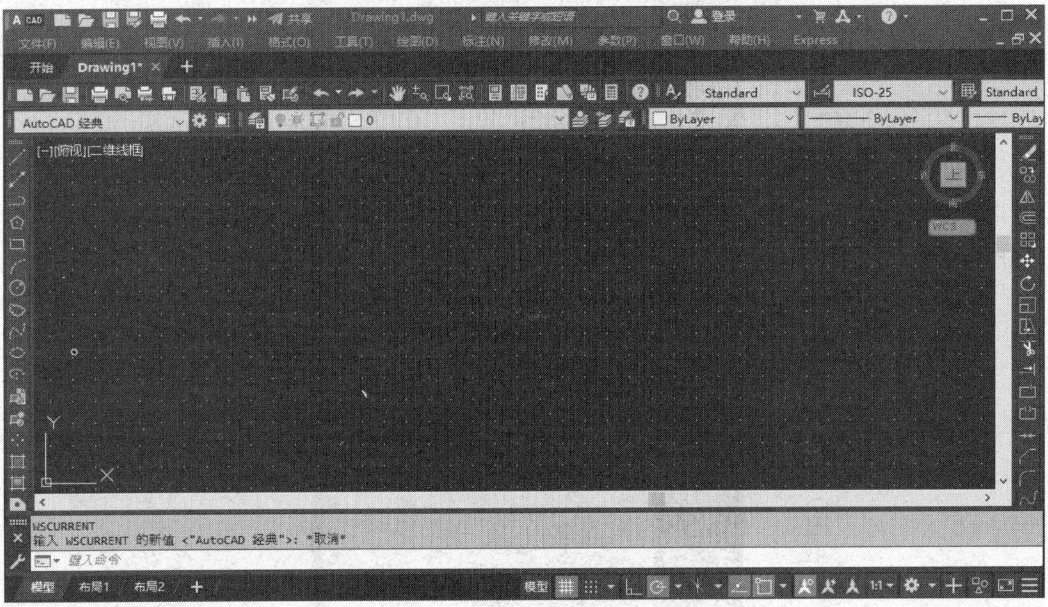

（b）经典模型空间

图 2.4.1　AutoCAD 2023 经典模型空间

2.4.2　设置绘图系统

不同计算机的显示器、输入输出设备的类型不同，用户喜欢的界面颜色布局也不同，虽然使用 AutoCAD 2023 的系统默认配置可以绘图，但为了满足不同用户和设备的需求，提高作图效率，用户可以先对软件进行设置。

1）设置绘图区颜色

AutoCAD 默认情况下绘图区是白色背景、黑色线条，用户可以根据自己的习惯修改绘图区颜色。

单击菜单栏中的“工具”选项卡，在下拉列表中选择“选项”（见图 2.4.2）即弹出对应窗口。在窗口中选择“显示”，单击“窗口元素”中的“颜色”按钮（见图 2.4.3），打开“图形窗口颜色”对话框，在“上下文”一栏中选择二维模型空间，“界面元素”一栏选择“统一背景”，“颜色”一栏选择需要的颜色，单击下面的“应用并关闭”即可改变绘图区颜色，如图 2.4.4 所示。

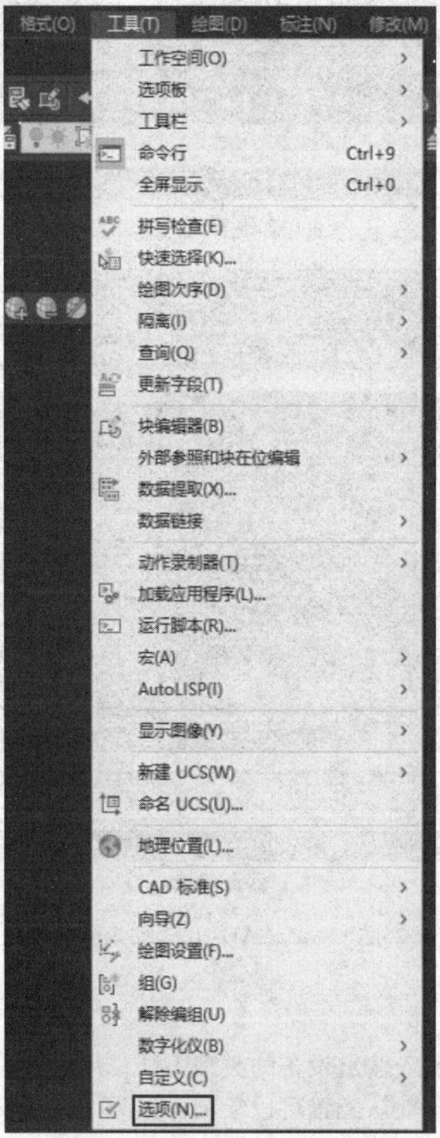

图 2.4.2 “工具”选项卡

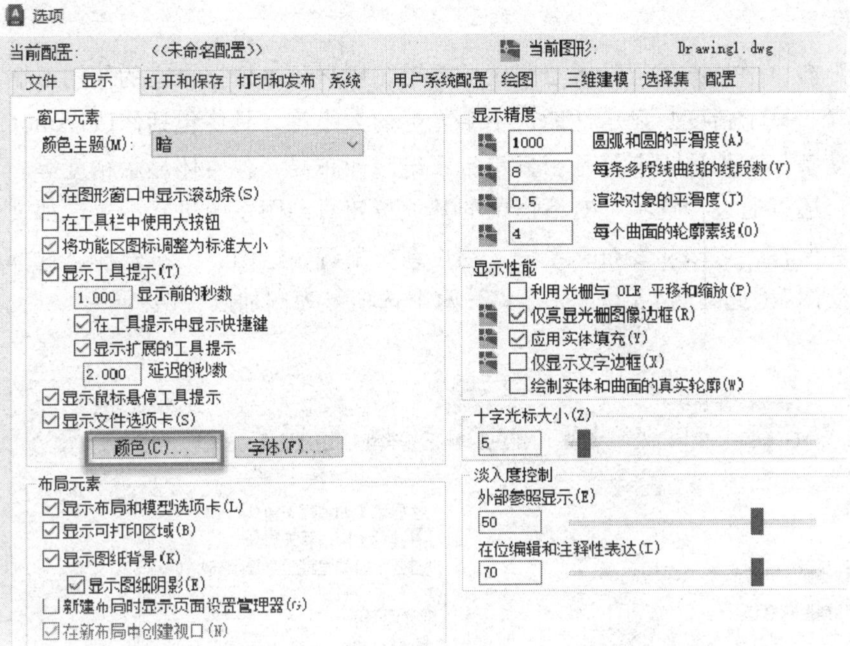

图 2.4.3 选项窗口

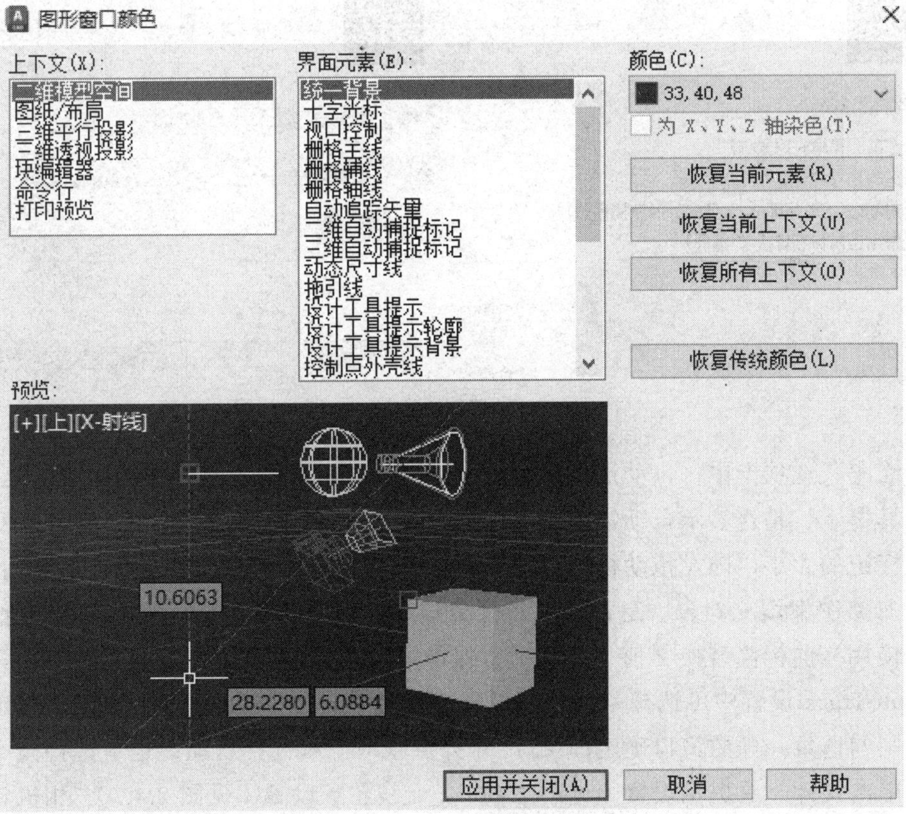

图 2.4.4 显示窗口

2）其他设置

在“选项”窗口中，不仅可设置绘图区域颜色，用户还可根据自己的使用习惯更改窗口元素、布局元素、显示精度、显示性能、十字光标的大小等，具体包括修改 AutoCAD 系统外观，设定滚动条、文件选项卡等是否显示，系统版面布局，各实体显示精度等。

除此之外，还可通过“选项”对话框中的其他按钮对绘图系统进行配置，如文件、打开和保存、打印和保存、打印和发布、系统、用户系统配置、绘图、三维建模、选择集、配置等。下面以“绘图”（见图 2.4.5）、“选择集”两个选项卡为例加以说明。

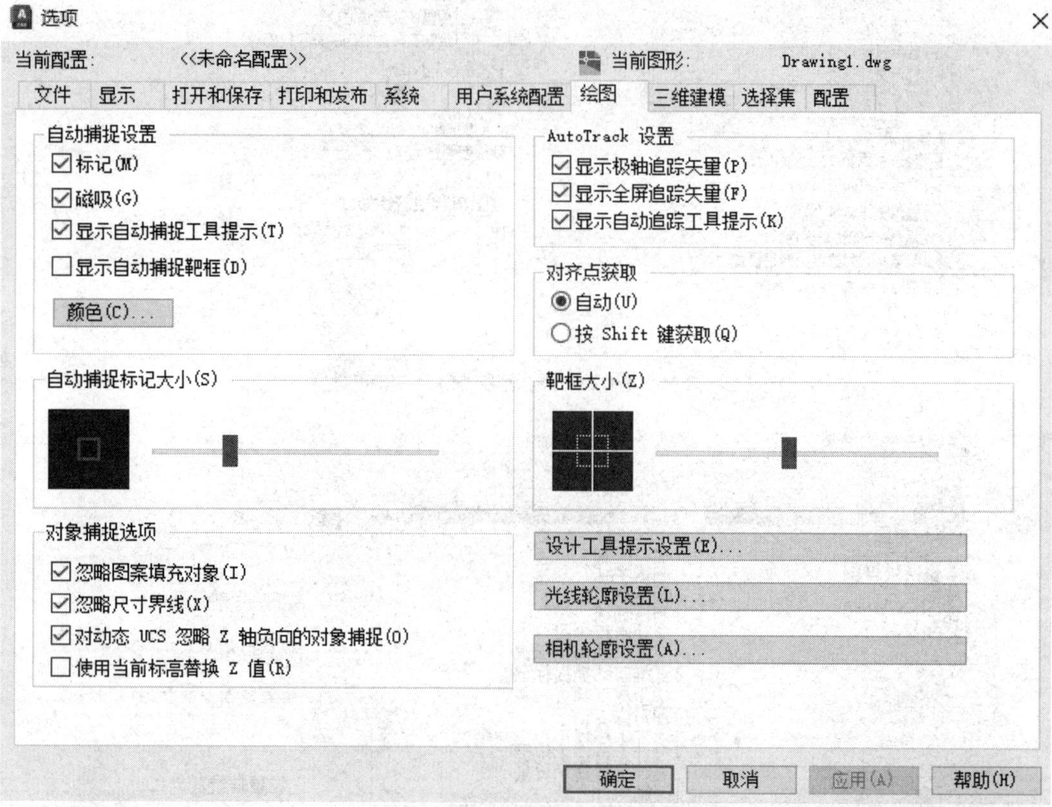

图 2.4.5 “绘图”选项卡

在“绘图”选项卡中，自动捕捉设置里可选择标记的颜色、是否使用磁吸、是否显示自动捕捉工具提示、是否显示自动捕捉靶框。通过拖动自动捕捉标记大小下面的滚动条可调整自动捕捉标记的大小，向左拖动标记会越来越小，向右拖动会越来越大。在对象捕捉选项可选择是否忽略图案填充对象、是否忽略尺寸界线、是否对动态 UCS 忽略 *Z* 轴负向的对象捕捉、是否使用当前标高替换 *Z* 值，是的话直接单击每一项前面的窗口进行选中即可忽略。

在 AutoTrack 设置中可选择是否显示极轴追踪矢量、全屏追踪矢量、自动追踪工具提示，需要显示则勾选每一项的窗口确定即可。“对齐点获取”可选择自动，也可选择按 Shift 键获取。还可单击设计工具提示设置（见图 2.4.6）、光线轮廓设置（见图 2.4.7）、相机轮廓设置，在弹出的窗口中进行对应设置即可。

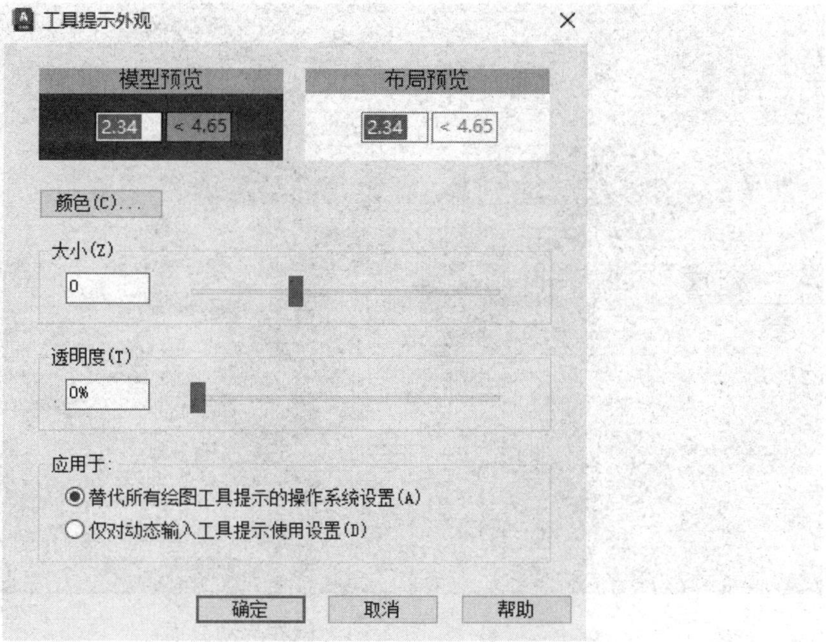

图 2.4.6　设计工具提示设置

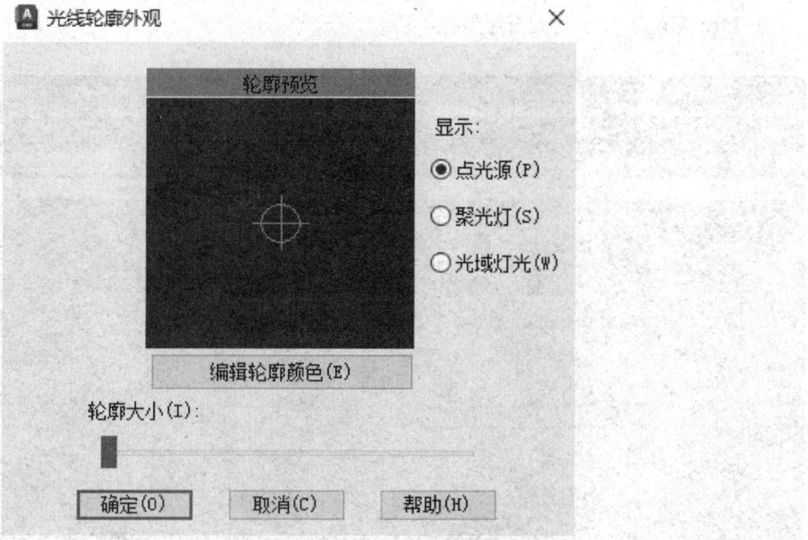

图 2.4.7　光线轮廓设置

2.5　文件管理

下面主要介绍文件管理的基本操作方法，包括新建文件、打开已有文件、保存文件、删除文件等。

1）新建文件

当启动 AutoCAD 2023 时，系统界面窗口会显示打开、新建、最近使用的项目等，如图 2.5.1 所示。

图 2.5.1　软件启动界面

根据需要单击“新建”，将会进入系统自动创建的名为 Drawing1 的文件（见图 2.5.2），用户可在 Drawing1 中进行图纸的绘制。

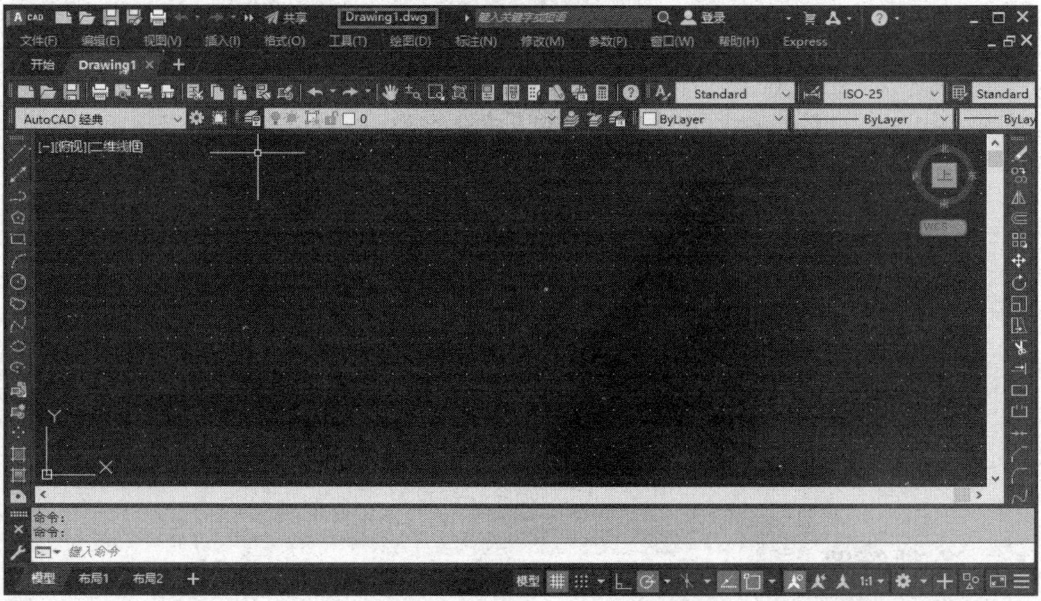

图 2.5.2　新建的 Drawing1 图纸

新建图纸的方法有很多，以上是其中一种，还可通过其他方法进行图纸的新建：

（1）在命令行输入“NEW”（命令行进行命令输入时，不区分大小写）。

（2）单击功能区左上角的“文件”选项卡，在下拉菜单中选择“新建”。

（3）单击界面左上角的“快捷访问工具栏”里的“新建”按钮。

（4）单击“开始”选项卡中的“新建”按钮。

（5）使用快捷键“Ctrl+N”。

AutoCAD 2023 最常用的模板文件有两个：acad.dwt 和 acadiso.dwt（见图 2.5.3），前一个是英制的，后一个是公制的。

图 2.5.3 “选择样板”对话框

2）打开已有图纸

如需要打开已有图纸，则在 AutoCAD 2023 进入启动界面后，单击“打开”，选择要查看或绘制的图纸即可。除此以外，还可通过以下方法打开已有图纸：

（1）在命令行输入“OPEN”命令。

（2）单击界面左上角快捷访问工具栏的“打开”按钮，选择已有文件。

（3）单击菜单栏中的“文件”，在下拉列表中选择“打开”命令。

（4）单击标准工具栏中的“打开”按钮。

（5）使用快捷键：“Ctrl+O”。

执行上述任意一种操作，系统会自动打开“选择文件”对话框，在“文件类型”的下拉列表中可选择.dwg、.dwt、.dxf、.dws 文件格式。高版本的 AutoCAD 可以打开低版本的.dwg 文件，低版本的 AutoCAD 无法打开高版本的.dwg 文件。.dws 是包含标准图层、标注样式、线型和文字样式的样板文件；.dxf 是用文本形式存储的图形文件，可被其他程序读取，许多第三方应用软件都支持.dxf 文件格式。

如果用户在自己的计算机上绘制图纸，可以不用考虑版本，直接设置文件名即可；如果要把图纸发给其他人查看，就需要考虑对方使用的 AutoCAD 版本来选择保存为哪一版本。

3）保存文件

用户在绘图过程中或绘图结束都可以随时对文件进行保存，保存的方法也有很多：

（1）在命令行直接输入“QSAVE”或“SAVE”均可。

（2）单击菜单栏中的“文件”选项卡，在下拉列表中选择“保存”命令。

（3）单击界面左上角快捷访问工具栏的“保存”按钮。

（4）按快捷键：“Ctrl+S”。

执行上述任意一种操作都可保存文件，若文件已命名，系统则自动保存文件；若文件未命名，则会自动弹出“图片另存为”对话框，如图 2.5.4 所示，用户可重新对文件命名并保存。然后在“保存于”下拉列表框中指定文件的保存路径，在“文件类型”下拉列表中选择文件要保存的类型。

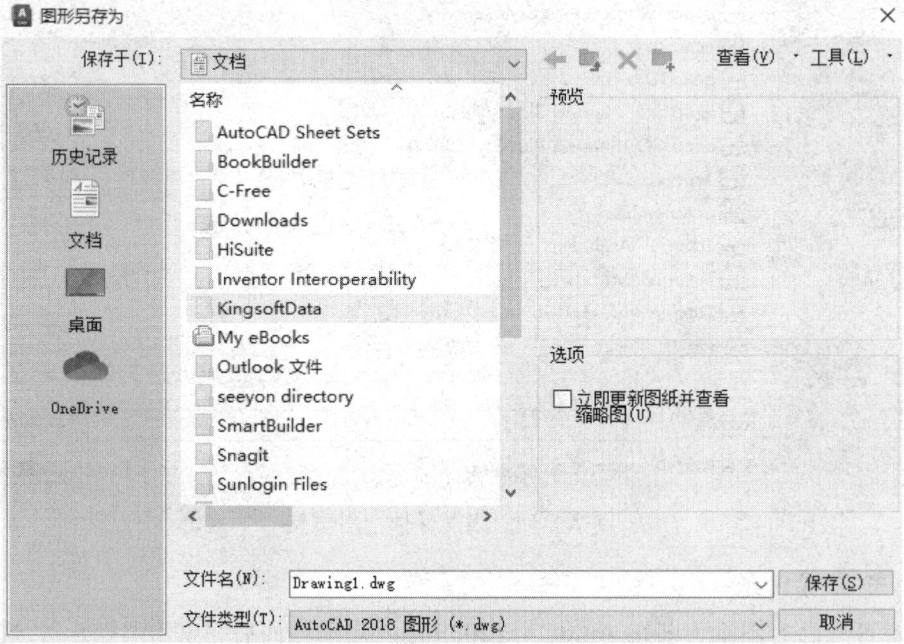

图 2.5.4 “图形另存为”对话框

为了让使用低版本软件的用户能正常打开 AutoCAD 文件，可以在保存时将文件保存成低版本。

4）删除文件

常用的删除方法有 4 种，使用快捷键、工具栏、菜单栏都可以，具体方法如下：

（1）在命令行直接输入“ERASE”，回车，然后选择要删除的对象，按 Enter 键确定即可删除。

（2）选中需要删除的图元，直接按键盘上的 Delete 键。

（3）单击菜单栏的“修改”选项卡，在下拉列表中选择“删除”，根据命令区提示选择要删除的对象。

（4）在绘图区右侧的编辑工具栏中，选择进行单击，命令区即开始执行删除命令，选择要删除的对象即可。

2.6 草图设置

在绘图过程中，除了常用的绘图命令、编辑命令外，还可采用一些特殊功能进行精准绘图，即 AutoCAD 2023 界面右下角的特殊功能区，主要包括栅格和捕捉、正交模式、对象捕捉追踪、对象捕捉模式、动态输入等。

1）栅　格

单击，图标显示为淡蓝色的时候，说明栅格显示已开启（见图 2.6.1），图标为深灰色时，说明栅格显示关闭（见图 2.6.2）；或使用“GRIDMODE”系统变量来打开或关闭栅格模式。

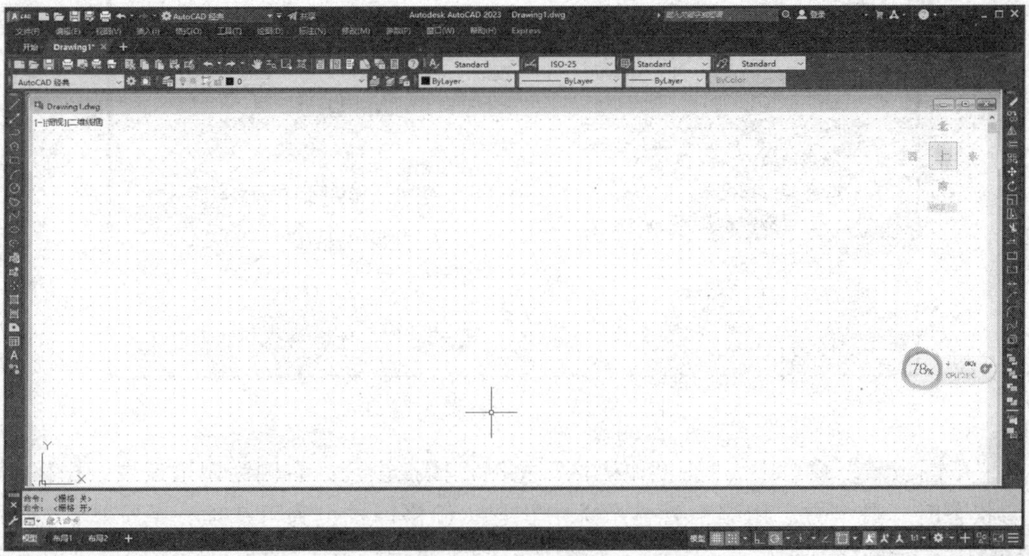

图 2.6.1　栅格显示

图 2.6.2　栅格关闭

所谓栅格显示，是在无限的作图区域中设置固定间隔，这些间隔以点阵或方格的样子呈现出来，以方便绘制尺寸较小的对象，或对大尺寸图纸进行一定比例的绘制，且便于查看。在栅格显示的图标上单击鼠标右键，选择设置，即可弹出“草图设置”窗口，如图 2.6.3 所示。

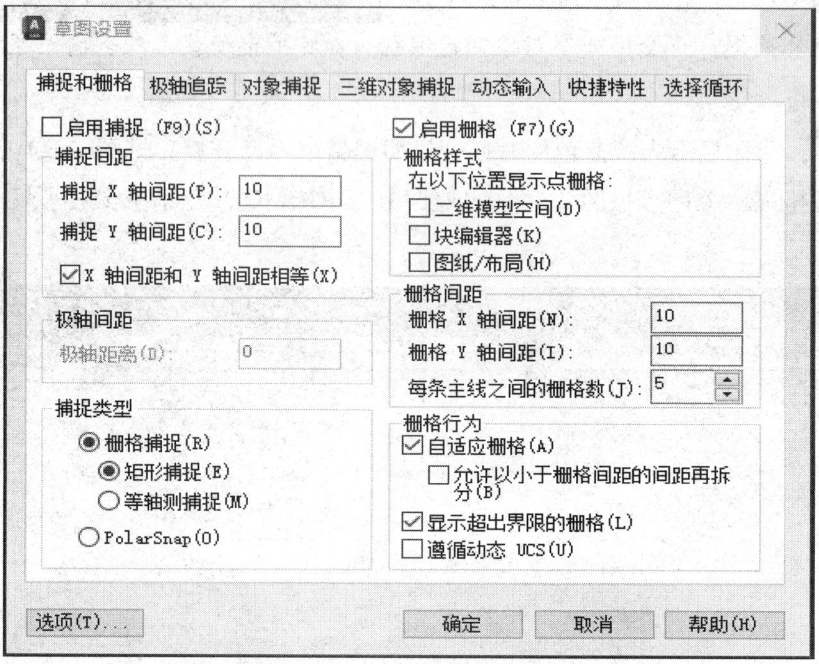

图 2.6.3 “草图设置”窗口

在“草图设置”窗口中，“捕捉和栅格”左侧是捕捉设置，右侧为栅格设置，栅格显示处于开启状态时，最上方启用栅格处显示选中状态，栅格样式也为可选项，系统默认绘图空间以方格样式显示栅格，这里可选择在二维模型空间、块编辑器、图纸/布局等位置显示点栅格，需要哪个位置显示为点阵栅格，选择即可。

系统默认栅格之间的行列间距均为 10 mm，即 x 轴方向上的栅格间距、y 轴方向上的栅格间距都是 10 mm，且每条主线之间的栅格数为 5。要指定主栅格线相对于次栅格线的频率，可在窗口中直接修改并输入需要的行列间距及主线之间的栅格数。

在“栅格行为”一栏可选择自适应栅格、显示超出界限的栅格、遵循动态 UCS，用户可根据自己的使用习惯进行选择。

其中，自适应栅格指缩小图纸时，限制栅格密度；还可选择“允许以小于栅格间距的间距再拆分”，即图纸放大时，生成更多间距更小的栅格线，主栅格线的频率确定这些栅格线的频率。

显示超出界线的栅格，指显示超过“LIMITS”命令指定区域的栅格，即在设置图纸大小以外的区域显示栅格。

跟随动态 UCS 指更改栅格平面以跟随动态 UCS 的 xy 平面。

全部设置好后单击右下角“确定”即可。

用户不仅可以通过右击“栅格显示”的图标对栅格进行设置，也可在菜单栏选择“工具”，在下拉列表中单击“绘图设置”也可弹出“草图设置”窗口，操作同上。

2）捕　捉

捕捉模式主要功能是捕捉某些特殊的点，在右下角特殊功能区单击后面的倒三角，选择捕捉设置，即可弹出“草图设置”窗口。

在窗口的“捕捉和栅格”一栏左侧即可选择启用捕捉，设置捕捉间距，控制捕捉位置的不可见矩形栅格，以限制光标仅在指定的“X”和“Y”间隔内移动。系统默认捕捉的行列间距和栅格行列间距相同，均为 10 mm。此时，绘图区的十字光标只能在栅格点上进行移动，即自动捕捉到栅格点，栅格点以外的坐标值点是捕捉不到的。

捕捉的行列间距可以相同也可不同，在“X 轴间距和 Y 轴间距相等”这一项前进行勾选，则行列间距相同；取消勾选即可分别设置捕捉“X”轴间距和“Y”轴间距，且捕捉间距和栅格间距可以不同，如图 2.6.4 所示。

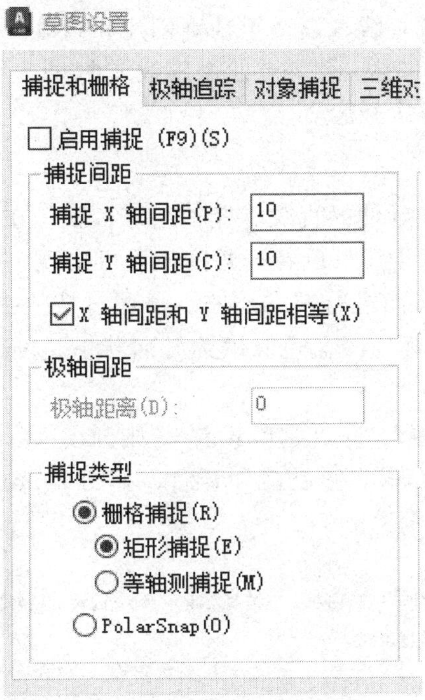

图 2.6.4　“捕捉”选项卡

极轴间距可控制“PolarSnap”增量距离；当选定“捕捉类型和样式”下的“PolarSnap”时，设定捕捉增量距离，如果该值为 0，则“PolarSnap”距离采用“捕捉 *X* 轴间距”的值。“极轴距离”设置与极坐标追踪和/或对象捕捉追踪结合使用。如果两个追踪功能都未启用，则“极轴距离”设置无效。

捕捉类型可选择“栅格捕捉”“矩形捕捉”“等轴测捕捉”及“PolarSnap”几种。

“栅格捕捉”设定栅格捕捉类型。如果指定点，光标将沿垂直或水平栅格点进行捕捉。

“矩形捕捉”将捕捉样式设定为标准“矩形”捕捉模式。当捕捉类型设定为“栅格”并且打开“捕捉”模式时，光标将捕捉矩形捕捉栅格。

“等轴测捕捉”将捕捉样式设定为“等轴测”捕捉模式。当捕捉类型设定为“栅格”并且打开“捕捉”模式时，光标将捕捉等轴测捕捉栅格。

"PolarSnap"将捕捉类型设定为"PolarSnap"。如果启用了"捕捉"模式并在极轴追踪打开的情况下指定点，光标将沿在"极轴追踪"选项卡上相对于极轴追踪起点设置的极轴对齐角度进行捕捉。

通过捕捉和栅格间距的设置，用户可以精准捕捉到栅格点或与栅格点相关的点以方便绘图。

3）正交模式

在捕捉模式旁边有个直角标，单击图标颜色为淡蓝色时即开启了正交模式（见图 2.6.5），再次单击此图标，颜色变为深灰色则该模式关闭；或使用快捷键 F8 来开启或关闭正交模式。

使用正交功能可将光标限制在水平或垂直方向上移动，即在绘图时只能绘制出直角或直线，以便于精确创建和修改对象，避免出现倾斜或斜线的错误。若需要绘制斜线或曲线，可以关闭正交模式，需要时再次开启。

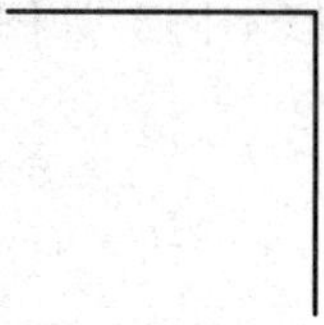

图 2.6.5 "正交模式"的使用

4）极轴追踪

所谓极轴，指向一边无线延伸的直线。极轴追踪，就是在 AutoCAD 中作图时可以沿某一角度追踪的功能，即在某一设置好的特殊角度位置可出现一条向一边无限延伸的虚线，帮助用户识别要追踪的角度，从而进行精准绘图。可通过按快捷键 F10 进行开启或关闭，或者单击极轴追踪图标，图标为淡蓝色时即为开启状态，再次单击图标变为深灰色则为关闭状态。

在图标处单击鼠标右键选择"正在追踪设置"，则弹出"草图设置"窗口，在"极轴追踪"选项卡中可勾选"启用极轴追踪"，该功能即开启，如图 2.6.6 所示。

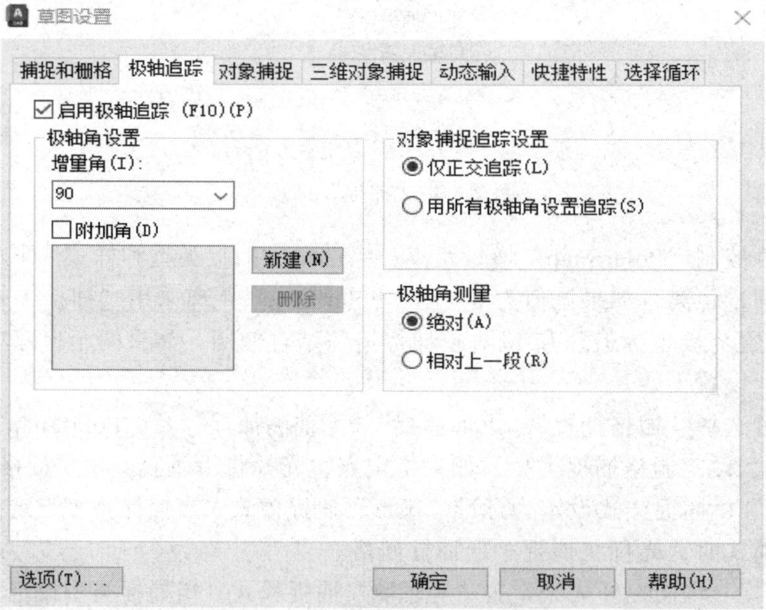

图 2.6.6 "极轴追踪"设置页面

极轴角设置即设定极轴追踪的对齐角度，分为增量角和附加角两种。

增量角的设置用来确定极轴追踪对齐路径的极轴角增量，可以输入任何角度，也可以从列表中选择“90”“45”“30”“22.5”“18”“15”“10”或“5”这些常用角度。增量角一旦设置好，作图时则会在增量角，以及所设增量角的整数倍的位置均出现极轴。如图 2.6.7 所示，增量角设置为 15°，任选一点为线段起点，那么在 0°、15°、30°、45°、60°、75°等 15°的整数倍角度都会有极轴显示。

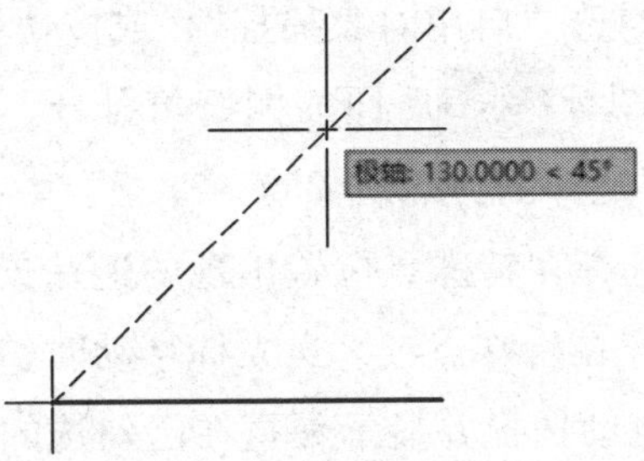

图 2.6.7　增量角极轴显示

附加角，指极轴追踪时使用的列表中的附加角度。如果选定“附加角”，角度列表将列出可用的附加角度。要添加新的角度，请单击“新建”。要删除现有的角度，请单击“删除”。附加角和增量角的不同在于，附加角一旦设置，则只在附加角的角度位置出现极轴，不会在它的整数倍的位置有极轴出现，且最多可以添加 10 个附加极轴追踪对齐角度。

对象捕捉追踪设置可设定对象捕捉追踪选项，主要包括“仅按正交方式追踪”和“用所有极轴角设置追踪”，如图 2.6.8 所示。若勾选“仅按正交方式追踪”，当对象捕捉追踪打开时，仅显示已获得的对象捕捉点的正交（水平/垂直）对象捕捉追踪路径；若勾选“用所有极轴角设置追踪”，将极轴追踪设置应用于对象捕捉追踪。使用对象捕捉追踪时，光标将从获取的对象捕捉点起沿极轴对齐角度进行追踪。单击状态栏上的“极轴”和“对象捕捉追踪”也可以打开和关闭极轴追踪和对象捕捉追踪。

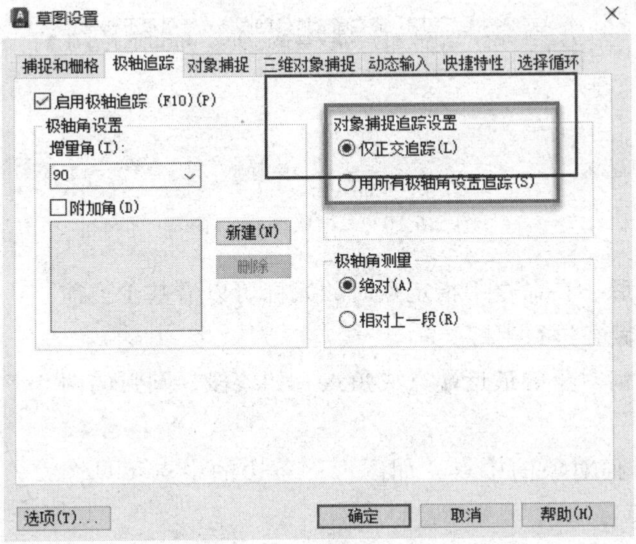

图 2.6.8　对象捕捉追踪设置

“极轴角测量”设定测量极轴追踪对齐角度的基准，有“绝对”和“相对上一段”两个选项。“绝对”是根据当前用户坐标系（UCS）确定极轴追踪角度；“相对上一段”是根据上一个绘制线段确定极轴追踪角度。

5）对象捕捉

在“草图设置”窗口中可勾选“启用对象捕捉”，或按快捷键 F3 进行启用，也可在状态栏单击图标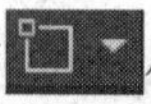后面的倒三角符号，即弹出如图 2.6.9 和图 2.6.10 所示的可选择的特殊对象点。

对象捕捉模式开启后，可选择在特殊点位置出现的追踪矢量，即在命令执行期间将十字光标悬停在特殊点上。当光标移动时，即会出现追踪矢量。绘图过程中，会自动捕捉并显示矢量在已勾选的对象点上，精准指定确切位置，如端点、中点、圆心、节点、象限点、交点、垂足、切点等。

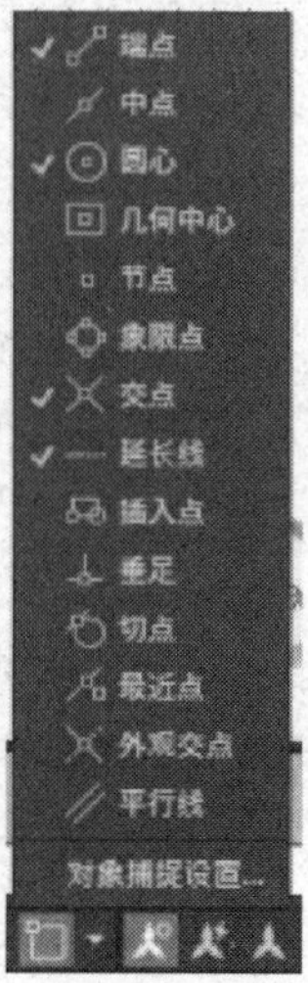

图 2.6.9 “状态栏”对象捕捉设置

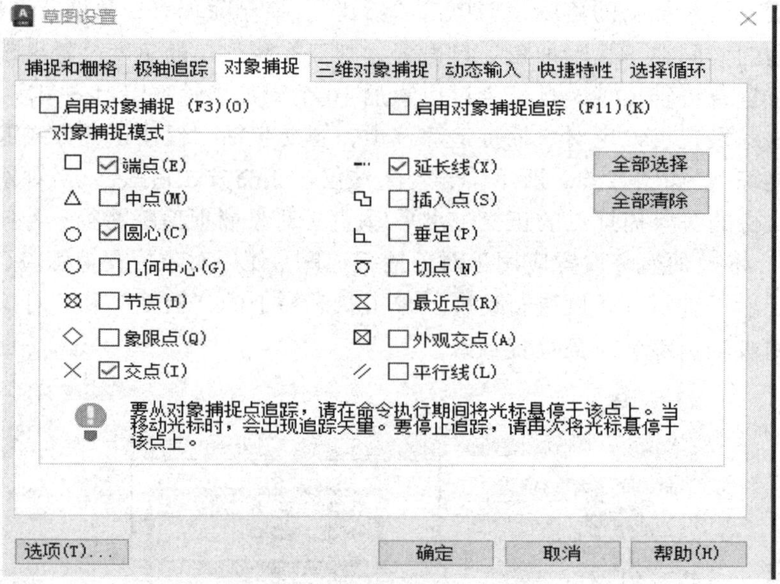

图 2.6.10 “对象捕捉”窗口

启用对象捕捉追踪，在命令中指定点时，光标可以沿基于当前对象捕捉模式的对齐路径进行追踪。

端点：捕捉到几何对象的最近端点或角点，如线段、圆弧的两端，图形的顶点等。

中点：捕捉到几何对象的中点，如图形一条边的中点（见图 2.6.11）或圆弧的中点等。

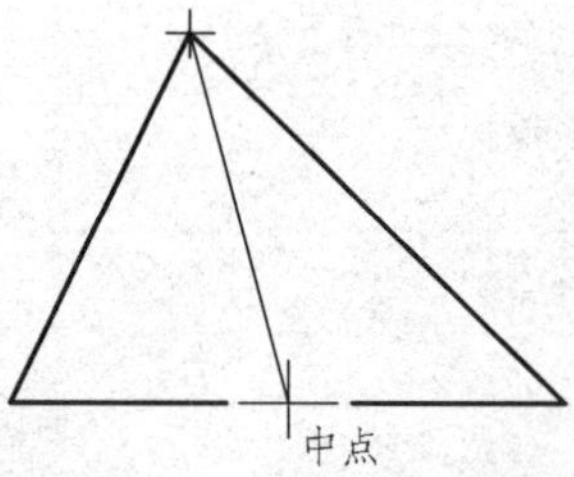

图 2.6.11 “中点”捕捉

中心点：捕捉到圆弧、圆、椭圆、椭圆弧的中心点。

几何中心：捕捉到任意闭合多段线和样条曲线的中心。

节点：捕捉到点对象、标注定义点或标注文字原点。

象限：捕捉到圆弧、圆、椭圆或椭圆弧的象限点。

交点：捕捉到几何对象的交点，延伸交点仅可在执行命令的过程用作替代，而不可用作执行对象捕捉。

延长线：当光标经过对象的端点时，显示临时延长线或圆弧，以便用户在延长线或圆弧上指定点（在透视视图中进行操作时，不能沿圆弧或椭圆弧的延伸线进行追踪）。

插入点：捕捉到对象（如属性、块或文字）的插入点。

垂足：捕捉到垂直于选定几何对象的点，如图 2.6.12 所示。当正在绘制的对象需要捕捉多个垂足时，将自动打开“递延垂足”捕捉模式。可以使用对象（如直线、圆弧、圆、多段线、射线、参照线、多行或三维实体的边）作为绘制垂直线的基础对象。可以用“递延垂足”在这些对象之间绘制垂直线。当光标经过“递延垂足”捕捉点时，将显示 AutoSnap 工具提示和标记。

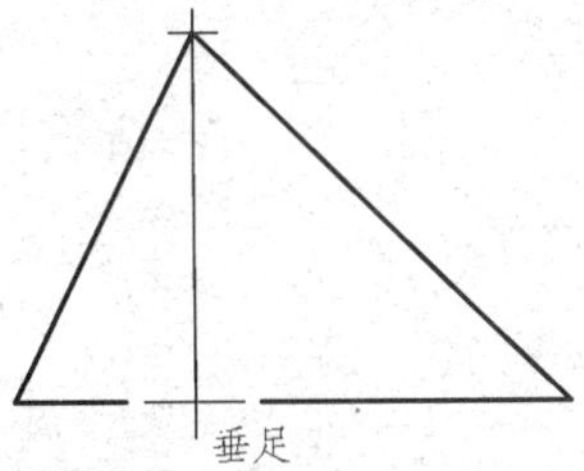

图 2.6.12 “垂足”捕捉

切点：捕捉到圆弧、圆、椭圆、椭圆弧、多段线圆弧或样条曲线的切点。当正在绘制的对象需要捕捉多个垂足时，将自动打开“递延垂足”捕捉模式。可以使用它来绘制与圆弧、多段线圆弧或圆相切的直线或构造线。当光标经过“递延切点”捕捉点时，将显示标记和 AutoSnap 工具提示。当用自选项结合“切点”捕捉模式来绘制除开始于圆弧或圆的直线以外的对象时，第一个绘制的点是与在绘图区域最后选定的点相关的圆弧或圆的切点。

最近点：捕捉到对象（如圆弧、圆、椭圆、椭圆弧、直线、点、多段线、射线、样条曲线或构造线）的最近点。

外观交点：捕捉在三维空间中不相交但在当前视图中看起来可能相交的两个对象的视觉交点。“延伸外观交点”捕捉到对象的假想交点，如果这两个对象沿它们的自然方向延伸，这些对象看起来是相交的。“外观交点”和“延伸外观交点”不能和三维实体的边或角点一起使用。如果执行对象捕捉的“交点”和“外观交点”处于启用状态，结果可能会有所不同。

平行线：可以通过悬停光标来约束新直线段、多段线段、射线或构造线以使其与标识的现有线性对象平行。指定线性对象的第一点后，指定平行对象捕捉。与在其他对象捕捉模式中不同，用户可以将光标和悬停移至其他线性对象，直到获得角度。然后，将光标移回正在创建的对象。如果对象的路径与上一个线性对象平行，则会显示对齐路径，用户可将其用于创建平行对象。使用平行对象捕捉之前，需关闭“ORTHO”模式。在平行对象捕捉操作期间，会自动关闭对象捕捉追踪和 PolarSnap。使用平行对象捕捉之前，必须指定线性对象的第一点。

全部选择：打开所有执行对象捕捉模式。

全部清除：关闭所有执行对象捕捉模式。

不论何时提示输入点，都可以指定对象捕捉。默认情况下，当光标移到对象的对象捕捉位置时，将显示标记和工具提示。此功能称为 AutoSnap™（自动捕捉），它提供了视觉确认，指示哪个对象捕捉正在使用。

6）三维对象捕捉

三维对象捕捉，即在立体图形中去捕捉某些特殊点，进行精准定位，如图 2.6.13 所示。使用执行对象捕捉设置（也称为对象捕捉），可以在对象上的精确位置指定对象捕捉点。如果多个对象捕捉都处于活动状态，则使用距离靶框中心最近的选定对象捕捉。如果有多个对象捕捉可用，则可以按 Tab 键在它们之间循环。

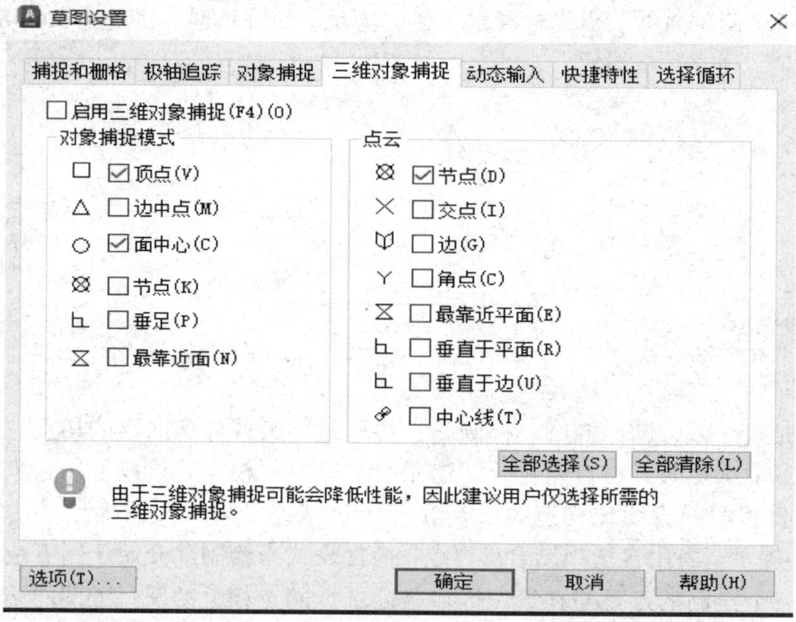

图 2.6.13 “三维对象捕捉”窗口

（1）开启和关闭：在窗口中勾选启用三维对象捕捉，或按快捷键 F4。

（2）对象捕捉模式：列出三维对象捕捉模式。

① 顶点：捕捉到三维对象的最近顶点。

② 边中点：捕捉到面边的中点。

③ 面中心：捕捉到面的中心。

④ 节点：捕捉到样条曲线上的节点。

⑤ 垂足：捕捉到垂直于面的点。

⑥ 最靠近面：捕捉到最靠近三维对象面的点。

（3）点云开启和关闭：在窗口中勾选即打开点云，取消勾选即关闭（其中的多个点云对象捕捉需要 Autodesk ReCap 中的分段数据）。

① 节点：不论点云上的点是否包含来自 ReCap 处理期间的分段数据，都可以捕捉到它。

② 交点：捕捉到使用截面平面对象剖切的点云的推断截面的交点。放大可增加交点的精度。

③ 边：捕捉到两个平面线段之间的边上的点。当检测到边时，AutoCAD 沿该边进行追踪，而不会查找新的边，直到将光标从该边移开。如果在检测到边时长按 Ctrl 键，则 AutoCAD 将沿该边进行追踪，即使将光标从该边移开也是如此。

④ 角点：捕捉到检测到的三条平面线段之间的交点（角点）。

⑤ 最靠近平面：捕捉到平面线段上最近的点，如果线段亮显处于启用状态，在获取点时，将显示平面线段。

⑥ 垂直于平面：捕捉到垂直于平面线段的点，如果线段亮显处于启用状态，在获取点时，将显示平面线段。

⑦ 垂直于边：捕捉到垂直于两条平面线段之间的相交线的点。

⑧ 中心线：捕捉到点云中检测到的圆柱段的中心线。

⑨ 全部选择：打开所有三维对象捕捉模式。

⑩ 全部清除：关闭所有三维对象捕捉模式。

三维中的对象捕捉与在二维中的工作方式类似，不同之处在于在三维中可以投影对象捕捉（可选）。默认情况下，对象捕捉位置的 z 值由对象在三维中的位置确定。但是，如果处理三维模型的平面视图或俯视图上的对象捕捉，恒定的 z 值更有用。

7）动态输入

“动态输入”的启用和关闭可在“草图设置”窗口进行勾选，也可在状态栏单击启用，其界面如图 2.6.14 所示。

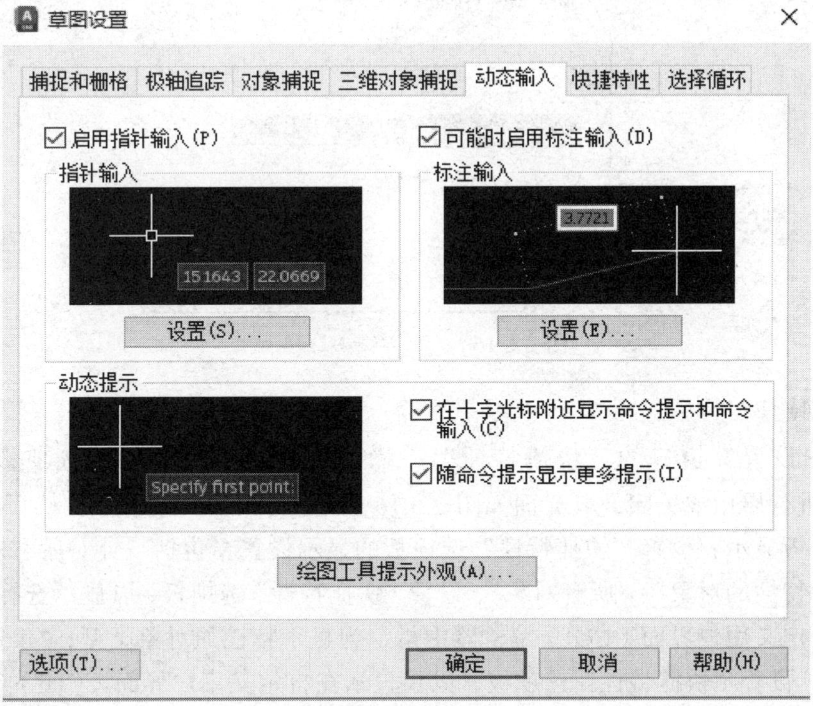

图 2.6.14 “动态输入”窗口

（1）启用指针输入：打开指针输入。如果同时打开指针输入和标注输入，则标注输入在可用时将取代指针输入。

指针输入：工具提示中的十字光标位置的坐标值将显示在光标旁边。命令提示用户输入点时，可以在工具提示（而非命令窗口）中输入坐标值。

预览区域：显示指针输入的样例。

设置：显示“指针输入设置”对话框。

（2）启用标注输入：打开标注输入。标注输入不适用于某些提示输入第二个点的命令。

标注输入：当命令提示用户输入第二个点或距离时，将显示标注和距离值与角度值的工具提示。标注工具提示中的值将随光标移动而更改。可以在工具提示中输入值，而不用在命令行上输入值。

预览区域：显示标注输入的样例。

设置：显示“标注输入设置”对话框。

（3）动态提示：需要时将在光标旁边显示工具提示中的提示，以完成命令。可以在工具提示中输入值，而不用在命令行上输入值。

预览区域：显示动态提示的样例。

在十字光标旁边显示命令提示和命令输入：显示“动态输入”工具提示中的提示。

显示带有命令提示的其他提示：控制是否显示使用 Shift 和 Ctrl 键进行夹点操作的提示。

（4）绘图工具提示外观：显示“工具提示外观”对话框。

动态输入开启后，随着十字光标的移动，用户可直观地看到移动轨迹每一个位置的坐标及相关数据（见图 2.6.15），便于精准绘制图纸。

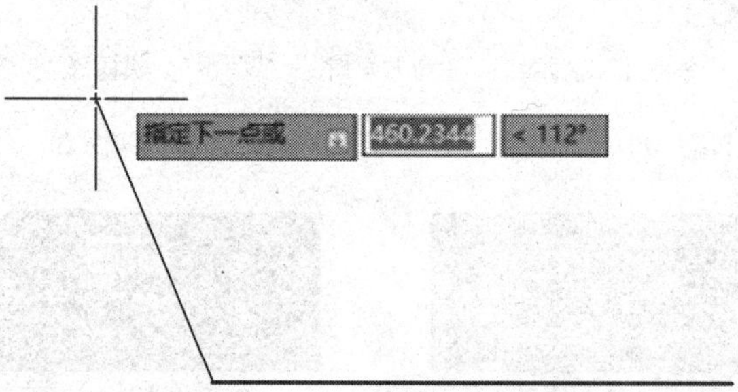

图 2.6.15 “动态输入”应用

8）快捷特性

在“草图设置”窗口的“快捷特性”一栏可选择显示快捷特性选项板或按快捷键 Ctrl+Shift+P 进行启用或关闭，其界面如图 2.6.16 所示。

（1）选项板显示：设置“快捷特性”选项板的显示设置，包括“针对所有对象”和“仅针对具有指定特性的对象”。“所有对象”，设置“快捷特性”选项板，以显示选择的任何对象，而不只是在自定义用户界面（CUI）编辑器中指定为显示特性的对象类型；“仅针对具有指定特性的对象”，设置“快捷特性”选项板，以仅显示在自定义用户界面（CUI）编辑器中指定为显示特性的对象类型。

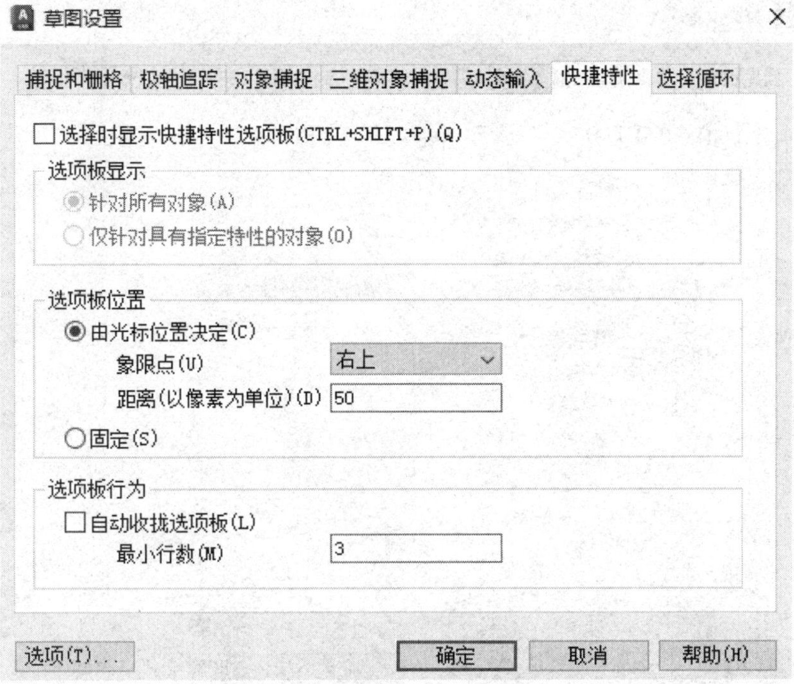

图 2.6.16 “快捷特性”窗口设置

（2）选项板位置：控制在何处显示“快捷特性”选项板。“由光标位置决定”，“快捷特性”选项板将显示在相对于光标的位置：“象限点”，指定相对于光标的四个象限之一，以显示相对于光标位置的“快捷特性”选项板，默认位置为光标的右侧上方；“距离（以像素为单位）”，用光标指定距离（以像素为单位）以显示“快捷特性”选项板，可以指定从 0 ~ 400 的整数值。“固定”，在固定位置显示“快捷特性”选项板，可以通过拖动选项板指定一个新位置。

（3）选项板行为：“自动收拢选项板”，“快捷特性”选项板仅显示指定数量的特性。当光标滚过时，该选项板展开；“最小行数”，设置当“快捷特性”选项板收拢时显示的特性数量，可以指定从 1 ~ 30 的整数值，系统默认最小行数为 3，用户可根据需要自行输入。

9）选择循环

在“草图设置”窗口的选择循环选项卡中可更改设置，以在重叠对象上显示选择对象，其界面如图 2.6.17 所示。“选择循环”允许用户通过按住 Shift+ 空格键来选择重叠的对象，用户可以控制是否显示蓝色光标图标以指示重叠对象，还可以配置“选择”列表框的显示设置。

（1）勾选“允许选择循环”，可控制选择循环功能是否处于启用状态。

（2）显示选择循环列表框：显示“选择”列表框，其中列出了在拾取框光标的当前位置可能选择的所有重叠对象。

由光标位置决定：相对于光标移动列表框。

象限点：指定光标将列表框定位到的象限。

距离（以像素为单位）：指定光标与列表框之间的距离。

固定：列表框不随光标一起移动，仍在原来的位置。若要更改列表框的位置，请单击并拖动。

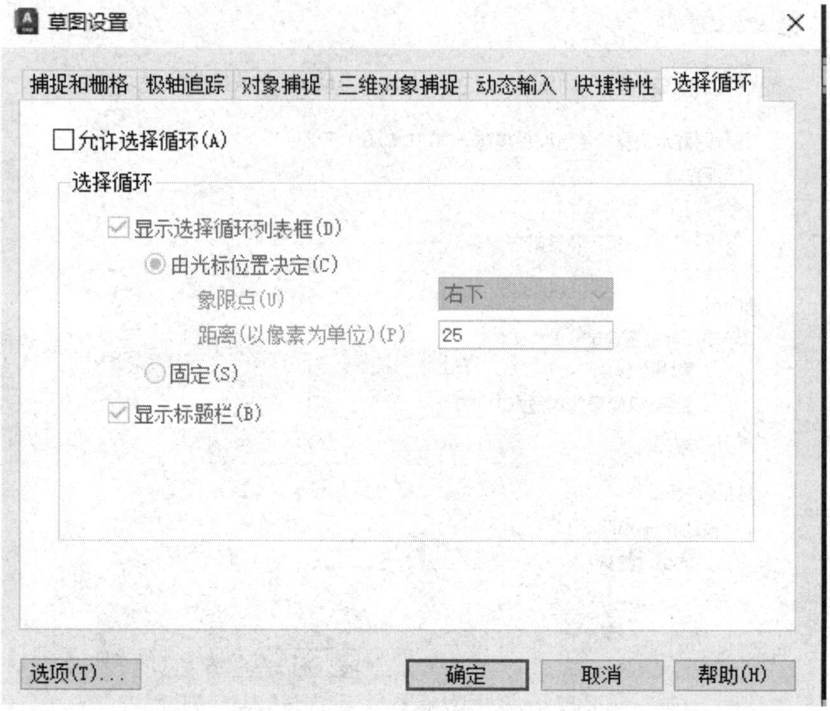

图 2.6.17 “选择循环”窗口

（3）显示标题栏：若要节省屏幕空间，则关闭“选择”列表框中的标题栏。

状态栏及草图设置中的特殊功能均可配合绘图命令进行使用，不同状态下的命令可能存在相互干扰的情况。用户需根据具体需求选择相应的状态进行开启，不需使用的状态可以暂时关闭，方便用户进行精准绘图。

2.7 AutoCAD 坐标系统

AutoCAD 2023 采用两种坐标系：世界坐标系（WCS）和用户坐标系（UCS）。用户刚进入 AutoCAD 2023 操作界面时显示的坐标系统就是世界坐标系，是固定的坐标系统。世界坐标系也是坐标系统中的基准，绘制图形时多数情况下都是在该坐标系统下进行的。世界坐标系是默认的，但可对用户坐标系进行操作。

2.7.1 世界坐标系统

任何一个物体都可以用三维点进行表示，确定了一个点的三维坐标值，这个点的空间位置就定下来了。在早期的 AutoCAD 版本中，一般采用三维笛卡儿坐标系（CCS）表示绘图区域中的点，如 AutoCAD 2007、AutoCAD 2010 等版本。三维笛卡儿坐标系建立了空间点与有序数组之间的联系，也即空间直角坐标系，过一定点作三条互相垂直的数轴，它们均以 O 为原点且一般具有相同的长度单位，这三条轴分别称为 x 轴（横轴）、y 轴（纵轴）、z 轴（竖轴）；统称坐标轴。通常把 x 轴和 y 轴配置在水平面上，而 z 轴则是铅垂线；这样的三条坐标轴就组成了一个空间直角坐标系，点 O 叫作坐标原点。这样就构成了一个笛卡儿坐标系，如图 2.7.1 所示。

在三维笛卡儿坐标系中，有 3 个平面，*xy* 平面，*yz* 平面，*xz* 平面，将三维空间分成了八个部分。当进入 AutoCAD 二维操作界面时，系统默认 *z* 轴值均为 0，这时就构成了二维的直角坐标系，由两个相互垂直且在同一平面内的两个轴 *x* 轴和 *y* 轴形成。二维的笛卡儿坐标系把无限的平面空间分成了 4 个象限（见图 2.7.2），其中坐标原点的坐标值为（0,0），以逆时针方向开始，右上角为第一象限，其坐标值横坐标和纵坐标均为正值；左上角是第二象限，横坐标为负，纵坐标为正；左下角是第三象限，横坐标为负，纵坐标为负；右下角是第四象限，横坐标为正，纵坐标为负。

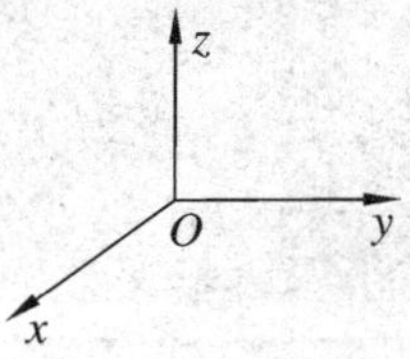

图 2.7.1　三维笛卡儿坐标系统

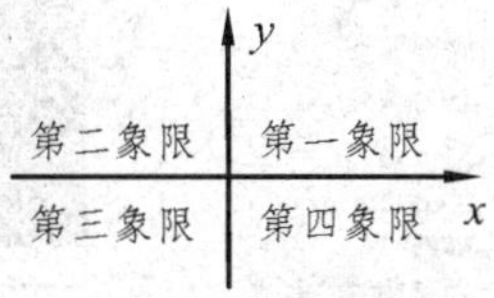

图 2.7.2　二维笛卡儿坐标系统

笛卡儿坐标系是一种绝对定位系统，因为每个点的位置都是相对于坐标原点和坐标轴进行确定的。

世界坐标系（WCS）是笛卡儿坐标系的第一象限，即空间内每一个点的坐标均为正值，其坐标原点和坐标轴都是固定的，不会随着用户的操作而发生变化。世界坐标系统默认 *x* 轴的正方向是水平向右的，*y* 轴的正方向是垂直向上。因此不论是最新版的 AutoCAD，还是旧版的 AutoCAD，用户在启动软件后，进入的二维空间都是进入了世界坐标系（见图 2.7.3），随着十字光标指针的移动，可以看到每个点的坐标值，因此只需输入 *x*、*y* 轴的坐标，即可确定一个点的位置，也可通过输入点的坐标的方式进行绘图。

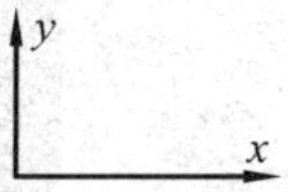

图 2.7.3　世界坐标系统

2.7.2　用户坐标系统

用户坐标系（UCS）是可以根据用户需要而变化的，方便用户进行图形绘制。在缺省默认情况下，用户坐标系与世界坐标系（WCS）重合，用户可以根据需要将想要操作的平面设置为当前绘图屏幕。要设置用户坐标系，可在命令行里直接输入“UCS”，如图 2.7.4 所示。

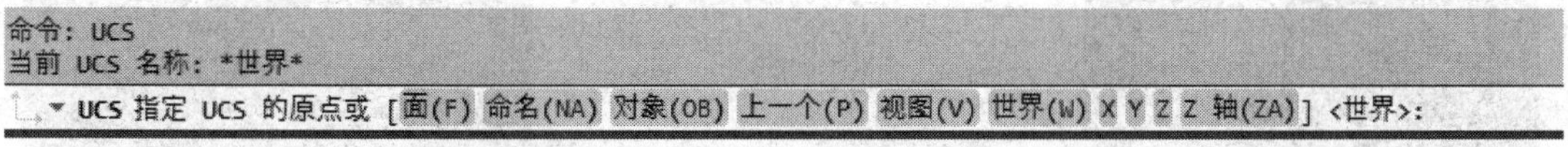

图 2.7.4　命令行输入“UCS”

或单击“视图”选项卡，选择“显示”“UCS 图标”，如图 2.7.5 所示。

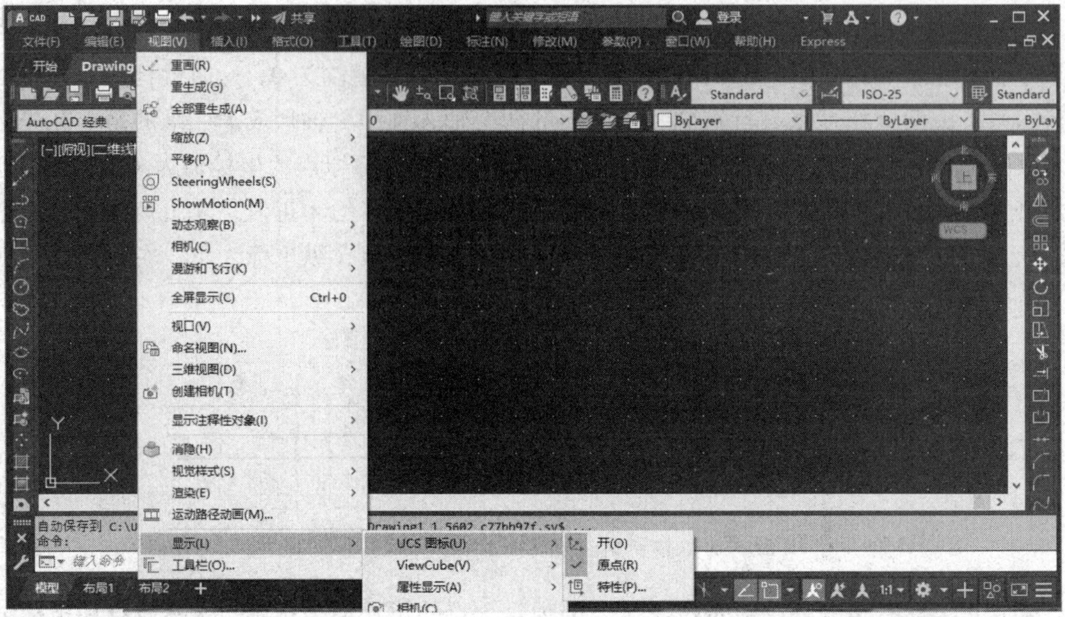

图 2.7.5　显示 UCS

或单击工具选项卡，在下拉菜单中选择“新建 UCS”，如图 2.7.6 所示。

图 2.7.6　新建 UCS

用户再根据需要输入坐标转换的角度，设置 UCS，也可以在绘图过程中根据具体情况来定义。可以设置是否显示坐标系原点，也可以设置坐标系图标样式、大小及颜色。

2.7.3 坐标输入方法

用户在作图时可以选择使用相应的绘图命令进行作图，也可采用直接输入坐标的方式进行绘图，但用鼠标进行坐标点的定位不够精确，因此采用在命令区直接输入坐标值的方式可以更精确地定位到相应坐标点。在 CAD 绘图中经常使用平面直角坐标系的绝对坐标、相对坐标，平面极坐标系的绝对极坐标、相对极坐标等方法来确定点的位置。

1）绝对直角坐标

绝对坐标是以原点为基点定位所有的点。输入点的横坐标和纵坐标，如可以在命令行中输入“20,40”（中间用英文逗号隔开）来定义点在 *xy* 平面上的位置。同时要注意命令行不能出现中文字符，包括标点符号也应为英文状态下的字符输入，否则会出现命令不执行，并提示无效命令。

用绝对坐标进行绘图，则需计算每个端点相对于坐标原点的坐标，依次进行坐标值的输入，但坐标值计算较为复杂。

案例：绘制一个长为 200，宽为 150 的长方形，使用输入绝对坐标的方式进行绘制（单位为 mm）。

```
命令: _line
指定第一个点: 200,200
指定下一点或 [放弃(U)]: 400,200
指定下一点或 [放弃(U)]: 400,350
指定下一点或 [闭合(C)/放弃(U)]: 200,350
指定下一点或 [闭合(C)/放弃(U)]: 200,200
```

如图 2.7.7 所示，根据题目要求绘制长方形，首先需要选择长方形的一个端点作为起点，本图以长方形左下角点为起点，在绘图区任意选择一点为起点坐标，本图以坐标点（200,200）为起点，逆时针绘制，计算出每个端点所处位置的坐标值，使用直线命令进行绘制即可。

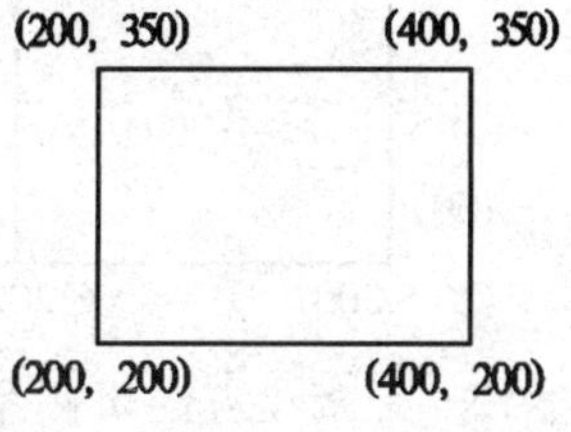

图 2.7.7　绘制长方形绝对坐标

2）相对直角坐标

相对坐标是某一点相对于另一个点的位置，即把前一个点作为后一个点的坐标值的参照点，计算横坐标及纵坐标的增量，直接输入增量坐标值即可。增量即横坐标相对于前一点的横坐标增加或减少了多少，可表示为Δx；纵坐标相对于前一点的纵坐标增加或减少了多少，可表示为Δy（增加为正值，减少为负值）。因此，相对直角坐标的输入格式为@Δx, Δy，“@”表示输入的是相对坐标值，方便与绝对直角坐标值区分。如“@200,150”是指该点相对于前一点而言，横坐标水平向右移动 200，纵坐标竖直向上移动 150；而“200，150”则表示该点的横坐标为 200，纵坐标为 150。二者从本质上是不同的。

相对直角坐标值是分正负的，沿 x 轴、y 轴正方向移动的增量为正值，沿 x 轴、y 轴负方向移动的增量为负值。

案例：绘制一个长为 200，宽为 150 的长方形，使用输入相对直角坐标的方式进行绘制（单位为 mm）。

```
命令: _line
指定第一个点: 200,200
指定下一点或 [放弃(U)]: @200,0
指定下一点或 [放弃(U)]: @0,150
指定下一点或 [闭合(C)/放弃(U)]: @-200,0
指定下一点或 [闭合(C)/放弃(U)]: @0,-150
```

如图 2.7.8 所示，根据题目要求，需先确定长方形的一个端点作为绘图的起点，本案例依然采用给定坐标值点（200,200）作为起点。选择直线命令，在命令区输入坐标值（200,200），以逆时针方向进行绘图。计算出右下角点的相对坐标值，右下角点的横坐标值相对于起点而言，沿 x 轴正方形移动了 200，纵坐标值不变，因此，Δx 值为 200，Δy 值为 0，在命令区继续输入坐标值@200,0；右上角点坐标值相对于右下角点而言，横坐标不变，纵坐标沿 y 轴正方形移动了 150，因此Δx 值为 0，Δy 值为 150，在命令区继续输入坐标值@0, 150；左上角点坐标值相对于右上角点坐标值而言，横坐标沿 x 轴负方向移动了 200，纵坐标不变，因此 Δx 值为 – 150，Δy 值为 0，在命令区继续输入坐标值@ – 150, 0；左下角点坐标值相对于左上角点坐标值而言，横坐标不变，纵坐标沿 y 轴负方向移动了 150，因此，Δx 值为 0，Δy 值为 – 150，在命令区继续输入坐标值@0, – 150 即可完成该长方形图形的绘制。

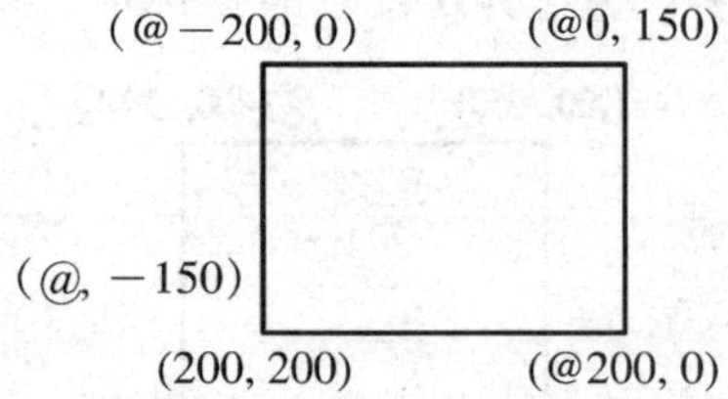

图 2.7.8　相对坐标绘制长方形

采用相对直角坐标方式进行绘图比绝对直角坐标方式更为方便简单，不需要重复计算每个端点相对于原点的坐标是多少，只需关注该点相对于前一点横坐标和纵坐标的增量是多少即可。同时要特别注意，使用相对直角坐标方式进行绘图，一定要在增量坐标值前添加“@”符号。

3）绝对极坐标

极坐标是通过相对于极点的距离和角度来表示一个点的位置，在平面内取一个定点 0，称为极点，以定点 0 引出的射线称为极轴，极轴的角度从 x 轴正方向开始，沿逆时针方向为正，顺时针方向为负。如果知道了一个点的准确距离和角度坐标的话，就可以使用绝对极坐标输入，其格式为“距离<角度”。绝对极坐标以坐标原点为极点，如在命令区输入“200<30”，表示距离原点 200，方向 30°的点。

使用绝对极坐标进行绘图，有一定的复杂度，因为需计算每个端点相对于坐标原点的距离，大多数情况下计算出来的数值不够精确，会出现一定的误差，因此使用较少。

4）相对极坐标

相对极坐标跟相对直角坐标类似，都是基于上一个位置点来确定下一个点，如果已知某点与上一个点的位置关系，那么可以上一个点为极点，使用相对极坐标来绘图，其格式为“@距离<角度”。“@”符号仍然表示相对坐标，“@200<60”表示该点跟上一点之间的距离为 200，和上一点的连线与 x 轴的夹角成 60°，如图 2.7.9 所示。

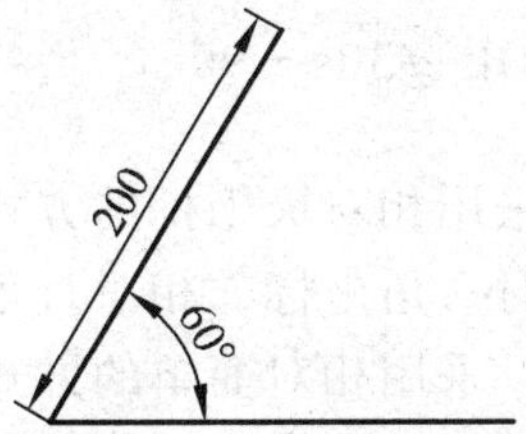

图 2.7.9　相对极坐标

```
命令: _line
指定第一个点:
指定下一点或 [放弃(U)]:
>>输入 ORTHOMODE 的新值 <0>:
正在恢复执行 LINE 命令。
指定下一点或 [放弃(U)]: @200<60
```

使用直线命令，在绘图空间任选一点作为极点，并沿极点 x 轴正方向作一条线，然后以极点为起点，在命令区输入“@200<60”，则绘制出一条长度为 200，跟 x 轴正方向夹角为 60°的直线。

案例：如图 2.7.10 所示，用输入相对极坐标的方式，根据图中数据绘制出案例图。

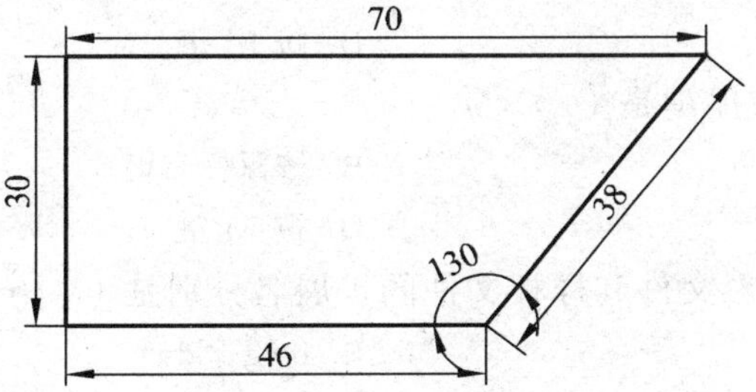

图 2.7.10　示例图形

```
命令: _line
指定第一个点:
指定下一点或 [放弃(U)]:
>>输入 ORTHOMODE 的新值 <0>:
正在恢复执行 LINE 命令。
指定下一点或 [放弃(U)]: @46<0
指定下一点或 [放弃(U)]:
>>输入 ORTHOMODE 的新值 <0>:
正在恢复执行 LINE 命令。
指定下一点或 [放弃(U)]: @38<50
指定下一点或 [闭合(C)/放弃(U)]: @70<180
指定下一点或 [闭合(C)/放弃(U)]:
>>输入 ORTHOMODE 的新值 <0>:
正在恢复执行 LINE 命令。
指定下一点或 [闭合(C)/放弃(U)]: @30<－90
```

如图 2.7.10 所示，该案例主要采用相对极坐标的方式进行图形的绘制，也可以综合使用多种坐标表示方法进行绘图，即绝对直角坐标、相对直角坐标、绝对极坐标、相对极坐标是可以交叉使用的，根据用户的喜好，采用相对简单的方式进行绘图即可。唯一要注意的是不管采用相对直角坐标还是相对极坐标，都要在坐标值前加“@”符号，防止出现混淆。

本模块小结

本模块主要介绍 AutoCAD 的发展、AutoCAD 2023 的安装和卸载、工作界面和绘图环境设置、草图设置、CAD 坐标系统等，使用户对 AutoCAD 2023 有基本的了解，方便后续进行深入学习，为 AutoCAD 2023 的应用打下基础。

拓展与实训

一、选择题

1. 重新执行上一条命令最快捷的方法是（　　）。

   A. 按 Enter 键　　B. 按空格键

   C. 按 Esc 键　　D. 按 F1 键

2. 取消命令执行的快捷键是（　　）。

   A. 按 Enter 键　　B. 按鼠标右键

   C. 按 Esc 键　　D. 按 F1 键

3. AutoCAD 2023 图形文件和样板文件的扩展名分别是（　　）。

   A. .dwt、.dwg　　B. .dwg、.dwt

   C. .bmp、.bak　　D. .bak、.bmp

4. 在十字光标处被调用的菜单，称为（　　）。

A. 鼠标菜单　　B. 十字交叉线菜单

C. 快捷菜单　　D. 此处不出现菜单

5. 缩放（ZOOM）命令在执行过程中改变了（　　）。

A. 图形的界限范围大小　　B. 图形的绝对坐标

C. 图形在视图中的位置　　D. 图形在视图中显示的大小

二、根据本模块所学习的内容对 AutoCAD 2023 进行绘图界面设置，并使用相应的草图设置或坐标功能，根据尺寸标注绘制出如图 2.8.1 ~ 图 2.8.3 所示样图。

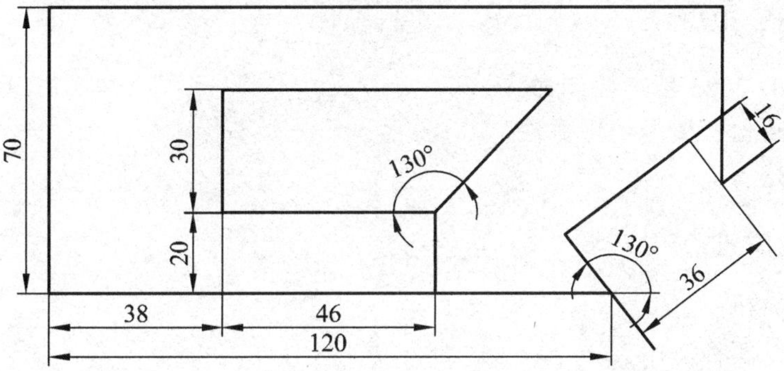

图 2.8.1　样图一

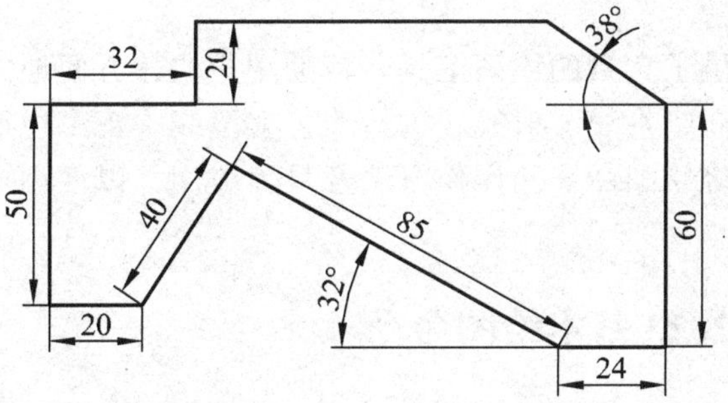

图 2.8.2　样图二

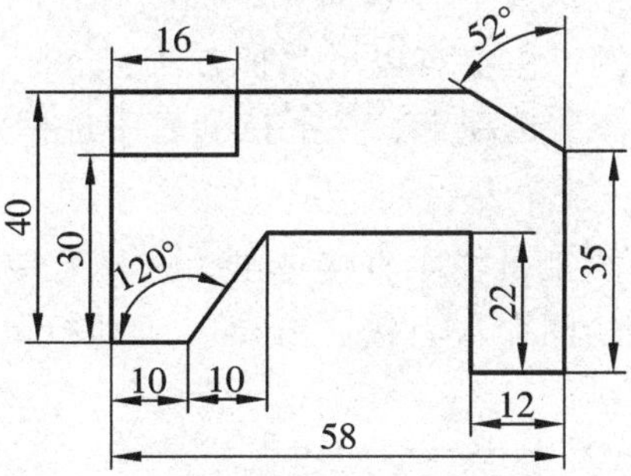

图 2.8.3　样图三

模块3 AutoCAD 2023绘图命令操作及应用

教学重点

AutoCAD 2023 基本绘图命令。
图块的概念、文本编辑方法。
图案填充。

教学难点

图块的创建。
绘图命令综合应用。

AutoCAD 2023 提供了大量的绘图工具，帮助用户快速方便地完成二维图形，即平面图形的绘制。本模块主要介绍直线、射线、构造线、多段线、正多边形、圆、圆弧、椭圆、椭圆弧、图块、图案填充等绘图命令的操作方法及具体应用，以便用户能够快速使用相关绘图命令进行绘图。

3.1 AutoCAD 2023 基本绘图命令

AutoCAD 2023 提供的基本绘图命令很多，主要包括直线、射线、构造线、多线、多段线、多边形、矩形、圆弧、圆、圆环、样条曲线、椭圆等。用户要使用绘图命令进行绘图，以 AutoCAD 2023 经典界面为例，主要有以下几种方法：

（1）单击菜单栏中的“绘图”选项卡，在下拉列表中选择要使用的绘图命令，如图 3.1.1 所示。

（2）在绘图区域左侧的绘图工具栏中直接单击，选择要使用的绘图命令。

（3）在命令区输入相应的绘图命令，按“Enter”键执行下一步。

3.1.1 直　线

1）执行方式

命令行：Line（快捷命令 L）。

菜单栏：单击菜单栏中的“绘图”选项卡，选“直线”命令。

工具栏：单击左侧“绘图”工具栏中的“直线”按钮。

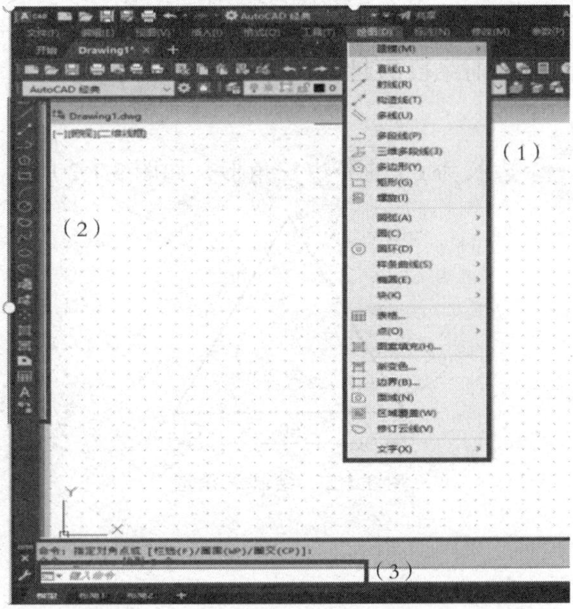

图 3.1.1 “绘图命令”使用方法

2）操作步骤

选择任意一种方式执行“直线”命令，根据命令区的提示进行下一步及后续操作。

命令: _line（如果在命令区直接输入命令，则单击“Enter”键执行该命令）

指定第一个点:（可直接在绘图区单击指定，或输入直线段的起点坐标确定该点）

指定下一点或[放弃(U)]:（可使用光标先确定直线方向，在该方向上直接输入直线的长度，或输入直线段下一点的坐标）

指定下一点或[放弃(U)]:（输入下一直线段的端点坐标，或输入选项“U”放弃前面的输入；右击或按“Enter”键，结束命令）

指定下一点或[闭合(C)/放弃(U)]:（输入下一直线段的端点，或输入选项“C”使图形闭合，结束命令）。

3）命令说明

执行 Line 命令时，如采用在命令区直接输入命令的方式，则命令的输入是不区分大小写的，但命令输入完成后，要单击“Enter”键进行确定才会执行下一步，根据命令区提示“指定第一个点”；若使用从“菜单栏”或“工具栏”选择“直线”命令的方式，则直接进入下一步“指定第一个点”。

“指定第一点”时，可以采用输入坐标的方法进行指定，也可在绘图区任意指定一个点，命令区会继续提示“指定下一点”，同样既可输入坐标也可在固定的方向上输入线段的长度进行指定。只要不结束当前命令，命令区会一直提示指定下一点，直到绘图完毕，再次单击“Enter”键结束当前命令，或在命令区输入“C”使图形闭合，结束命令。

若在命令区输入“U”，则表示删除最近一次绘制的直线段。

用一次直线命令可以绘制出多条直线段，每条直线段是相互独立的，都可以单独进行编辑。在 Line 命令结束后，如果仍然需要使用该命令绘图，则直接点击“Enter”键，则会以上次最后绘制的线段终点为当前线段的起点，继续执行直线命令。

4）案 例

使用直线命令绘制一个边长为 60 的等边三角形，如图 3.1.2 所示。

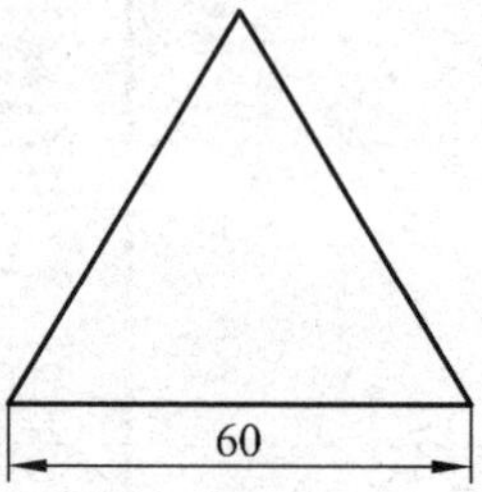

图 3.1.2 绘制三角形

命令: _line
指定第一个点:
指定下一点或 [放弃(U)]: 60
指定下一点或 [放弃(U)]: @60<120
指定下一点或 [闭合(C)/放弃(U)]: 60
指定下一点或 [闭合(C)/放弃(U)]:

在绘图区任选一点为第一点，即三角形的左下角点；以第一点为起点，在 x 轴正方向上输入长度“60”，三角形的底边即绘制完成。

绘图过程中可以混合使用相对极坐标、绝对极坐标等表示方法确定点的位置，因此在右下角点确定后，由等边三角形的内角均为 60°，可以推算出右侧边和 x 轴正方向的夹角为 120°，因此可采用相对极坐标的表示方法@60<120 来确定顶点位置。顶点确定后，可推算出左侧边和由顶点开始的 x 轴正方向之间的夹角为 – 120°或 240°，此时开启极轴追踪，追踪角度设为 30°或 60°均可，则在 240°的位置会出现极轴。极轴出现后在其方向上输入长度 60，该等边三角形的三条边便绘制完成，最后单击“Enter”键结束该命令。

3.1.2 射 线

1）执行方式

命令行：Ray。
菜单栏：单击菜单栏中的“绘图”选项卡，选“射线”命令。

2）操作步骤

选择任意一种方式执行“射线”命令，根据命令区的提示进行下一步及后续操作。

命令: _RAY（射线是向一边无线延伸的直线，有且只有一个端点）

指定起点:（给射线指定一个端点，可以通过输入坐标的方式确定端点，也可在绘图空间任意指定一点作为端点）

指定通过点:（端点确定后，还需指定一个通过点来确定射线的方向）

指定通过点:（经过一个端点，可以作无数条射线，再指定一个通过点，则可以作出一条射线）

指定通过点:（经过一个端点，可以作无数条射线，再指定一个通过点，则可以作出一条射线）

指定通过点:（绘制完成，单击“Enter”键结束当前命令）

3）命令说明

射线的绘制要首先确定一个端点作为射线的起点，再指定一个通过点，两点才能确定一条射线的方向。用户可以任意指定一个通过点，也可以使用状态栏的“动态输入”功能，随着指针的不断移动，在十字光标的右下角会动态显示当前点的坐标及角度（见图 3.1.3），用户根据需要任选一点作为通过点，则可绘制出具有固定角度的射线。

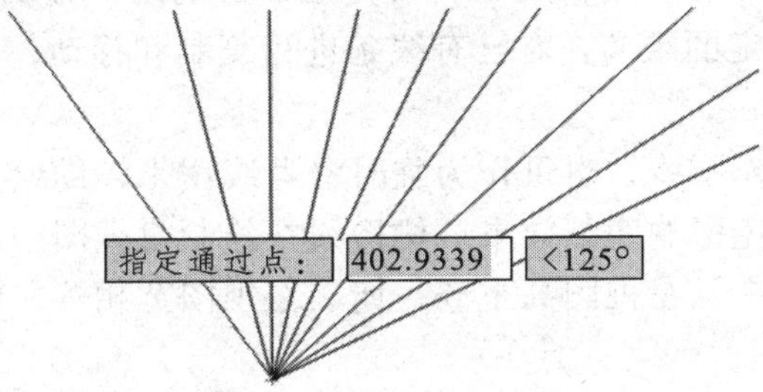

图 3.1.3　绘制“射线”

通过一点可以作无数条射线，用户在确定一个起点后，命令区会提示指定通过点，只要不结束当前命令，会不断提示指定一个新的通过点，则可画出多条经过起点的射线。

射线在作图过程中根据用户需要，一般用作辅助线。

3.1.3　构造线

1）执行方式

命令行：Xline（快捷命令 XL）。

菜单栏：单击菜单栏中的“绘图”选项卡，选“构造线”命令。

工具栏：单击左侧“绘图”工具栏中的“构造线”按钮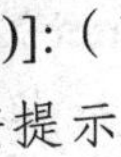。

2）操作步骤

选择任意一种方式执行“构造线”命令，根据命令区的提示进行下一步及后续操作。

命令: _xline（构造线是向两边无限延伸的直线）

指定点或 [水平(H)/垂直(V)/角度(A)/二等分(B)/偏移(O)]:（可直接输入坐标值确定一个点的位置，也可通过光标任选一点，或者输入相应指令，按提示确定直线的方向）

指定通过点:（两点确定一条直线，若已知直线方向，再确定一点即可）
指定通过点:（通过一点可以画无数条直线）
指定通过点:（根据需要绘制完成后，单击“Enter”键结束命令）

3）命令说明

在执行 Xline 命令后，命令区会在命令行提示“指定点或 [水平(H)/垂直(V)/角度(A)/二等分(B)/偏移(O)]”，系统默认使用指定点的方法绘制构造线。用户可以直接输入坐标值去指定点，也可以用鼠标指针任意选择一点。确定之后系统会提示“指定通过点”，此时命令区会继续提示“指定通过点”，按照指令进行操作会绘制出多条通过一个相同点的直线。

除了指定点之外，用户还可以选择其他指令进行操作：

水平（H）：可绘制平行于当前坐标系的 x 轴的水平构造线。

垂直（V）：可绘制平行于当前坐标系的 y 轴的垂直构造线。

角度（A）：可绘制具有一定角度的构造线。

二等分（B）：在已有角存在的情况下，可作已知角的角平分线。

偏移（O）：可指定固定的距离，对已有线条进行复制和移动，使移动后的对象与原对象相平行。

构造线通常用作辅助作图线，也可作为临时参考线用来辅助绘图，作参考线时参照完毕一定要记得将其删除，以免影响图纸效果。构造线在绘制机械图中的三视图时保证三视图之间“主、俯视图长对正，主、左视图高平齐，俯、左视图宽相等”的对应关系。

4）案　例

画一条构造线，使其和 x 轴正方向的夹角为 86°，并作出其角平分线，再把该角的两条边分别向上偏移 20，如图 3.1.4 所示。

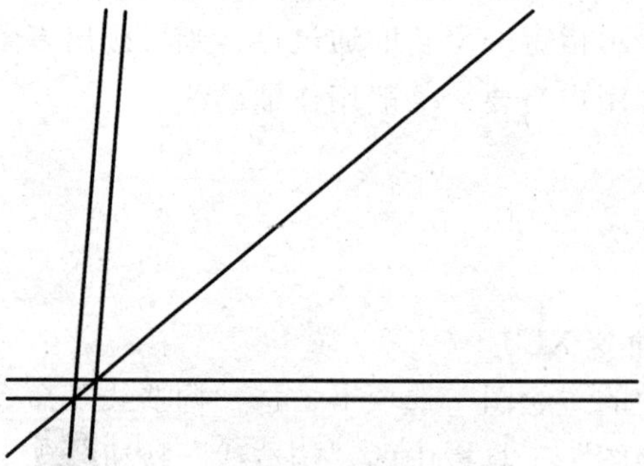

图 3.1.4　绘制构造图

命令: _xline
指定通过点: 指定点或 [水平(H)/垂直(V)/角度(A)/二等分(B)/偏移(O)]: H
指定通过点:（任选一个点，则绘制出一条水平构造线）
指定通过点:（单击“Enter”，结束当前命令）
（单击“Enter”，重复执行上一条命令；或重新选择“构造线”命令）
命令: _xline

指定点或 [水平(H)/垂直(V)/角度(A)/二等分(B)/偏移(O)]: a（选择角度命令）
输入构造线的角度（0）或 [参照(R)]: 86（设置构造线的角度为 86°）
指定通过点:（单击“Enter”，结束当前命令）
（单击“Enter”，重复执行上一条命令；或重新选择“构造线”命令）
命令: _xline
指定点或 [水平(H)/垂直(V)/角度(A)/二等分(B)/偏移(O)]: o（使用偏移命令）
指定偏移距离或 [通过(T)] <通过>: 20（指定偏移距离为 20）
选择直线对象:（选择水平构造线或 86°构造线）
指定向哪侧偏移:（选择向上偏移，即在已有线条的上方单击确定）
选择直线对象:（选择 86°构造线或水平构造线）
指定向哪侧偏移:（选择向上偏移，即在已有线条的上方单击确定）
选择直线对象:（单击“Enter”，结束当前命令）
（单击“Enter”，重复执行上一条命令；或重新选择“构造线”命令）
命令: _xline
指定点或 [水平(H)/垂直(V)/角度(A)/二等分(B)/偏移(O)]: b（选择二等分命令）
指定角的顶点:（选择要二等分的角的顶点）
指定角的起点:（选择要二等分的角的起点）
指定角的端点:（选择要二等分的角的端点）
指定角的端点:（单击“Enter”，结束当前命令）

在使用“构造线”命令时，每次只能使用一种构造线绘制方法，要么是指定点，要么绘制水平构造线、垂直构造线、具有特殊角度的构造线、二等分构造线等，任选其一，然后可持续执行这一种绘制方法。如果要绘制其他类型构造线，则需结束当前命令，再次选择绘制方法。在本案例中，共使用了 4 次“构造线”命令，第一次绘制水平构造线，第二次绘制具有特殊角度的 86°构造线，其中构造线的角度指该构造线与 x 轴正方向所形成的夹角，第三次对已有构造线进行偏移，第四次作已知角的角平分线。

3.1.4 多 线

1）执行方式

命令行：MLine（快捷命令 ML）。
菜单栏：单击菜单栏中的“绘图”选项卡，选“多线”命令。

2）操作步骤

选择任意一种方式执行“多线”命令，根据命令区的提示进行下一步及后续操作。

命令: _mline（多线指多重平行线）
当前设置: 对正=上，比例 = 20.00，样式 = STANDARD（当前多线之间的间距为 20）
指定起点或 [对正(J)/比例(S)/样式(ST)]:（指定起点可以直接输入坐标值，或在绘图区任意选中一点作为起点，或者输入对正、比例、样式等指令）

指定下一点:（下一点的位置可输入坐标值，或直接在绘图区指定）

指定下一点或 [放弃(U)]:（下一点的位置可输入坐标值，或直接在绘图区指定）

指定下一点或 [闭合(C)/放弃(U)]:（绘制完成点击“Enter”键或闭合该图形）

3）命令说明

多线命令通常用来绘制墙体、窗户，或者路面，只须设置好其对正方式、宽度等，则可快速绘制出来。

当前设置：提示用户当前所使用的多线状态，如果有不符合需求的状态，则可在下一步中进行选择并修改。

对正（J）：设置绘制多线相对输入点的偏移位置。该功能允许用户选择多线顶端的线、多线的中心线或多线底端的线，随光标移动。具体来说有“上”“无”和“下”3 个选项，如图 3.1.5 所示，“上”表示多线顶端的线随着光标移动；“无”表示多线的中心线随着光标移动；“下”表示多线底端的线随着光标移动。需要使用哪种对正方式，直接输入相应指令即可。

```
命令: mline
当前设置: 对正 = 下, 比例 = 20.00, 样式 = STANDARD
指定起点或 [对正(J)/比例(S)/样式(ST)]: j
MLINE 输入对正类型 [上(T) 无(Z) 下(B)] <下>:
```

图 3.1.5 “对正”设置

比例（S）：设置多线样式中多线的宽度比例，可以快速定义多线的间隔宽度。该比例不影响线型的比例，是基于多线样式定义中确定的宽度（见图 3.1.6），负比例因子将翻转偏移线的次序：当从左至右绘制多线时，偏移最小的多线绘制在顶部。负比例因子的绝对值也会影响比例。比例因子为 0 将使多线变为单一的线段。间距设置好后，即可开始指定起点进行多线的绘制。

```
命令: _mline
当前设置: 对正 = 下, 比例 = 20.00, 样式 = STANDARD
指定起点或 [对正(J)/比例(S)/样式(ST)]: s
输入多线比例 <20.00>: 30
当前设置: 对正 = 下, 比例 = 30.00, 样式 = STANDARD
MLINE 指定起点或 [对正(J) 比例(S) 样式(ST)]:
```

图 3.1.6 “比例”设置

样式（ST）：设置绘制多线时使用的样式。当前系统默认使用的是标准样式“STANDARD”（见图 3.1.7），用户可以选择输入其他多线样式名修改样式或输入“？”。样式名是指定已加载的样式名或者是在用户创建的库文件（MLN）中已定义的样式名，“？”指列表显示已加载的多线样式，选择后则可指定起点进行多线的绘制。

```
命令: mline
当前设置: 对正 = 下, 比例 = 30.00, 样式 = STANDARD
指定起点或 [对正(J)/比例(S)/样式(ST)]: st
输入多线样式名或 [?]:
当前设置: 对正 = 下, 比例 = 30.00, 样式 = STANDARD
MLINE 指定起点或 [对正(J) 比例(S) 样式(ST)]:
```

图 3.1.7 “样式”设置

4）案　例

绘制如图 3.1.8 所示的图形。

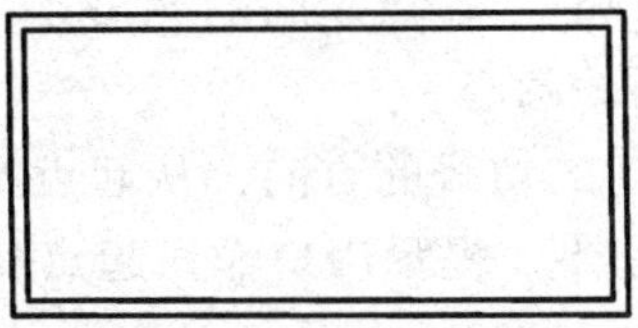

图 3.1.8　绘制多线

命令: _mline

当前设置: 对正 = 下，比例 =30.00，样式 =STANDARD（指明当前状态）

指定起点或 [对正(J)/比例(S)/样式(ST)]:（采用当前状态任选一点作为起点）

指定下一点:（在绘图区指定一点绘制出一条多线）

指定下一点或 [放弃(U)]:（在绘图区指定下一点继续绘制多线）

指定下一点或 [闭合(C)/放弃(U)]:（在绘图区指定下一点继续绘制多线）

指定下一点或 [闭合(C)/放弃(U)]:（在绘图区指定下一点继续绘制多线）

指定下一点或 [闭合(C)/放弃(U)]:（单击“Enter”键结束当前命令，或输入 C，闭合图形）

3.1.5　多段线

多段线命令主要用来创建二维多段线，它作为单个平面对象可创建相互连接的线段序列，可以创建直线段、圆弧段或两者的组合线段。

1）执行方式

命令行：PLine（快捷命令 PL）。

菜单栏：单击菜单栏中的“绘图”选项卡，选“多段线”命令。

工具栏：单击左侧“绘图”工具栏中的“直线”按钮。

2）操作步骤

选择任意一种方式执行“多段线”命令，根据命令区的提示进行下一步及后续操作。

命令: _pline

指定起点:

当前线宽为 0.0000

指定下一个点或 [圆弧(A)/半宽(H)/长度(L)/放弃(U)/宽度(W)]: A

指定圆弧的端点(按住 Ctrl 键以切换方向)或

[角度(A)/圆心(CE)/方向(D)/半宽(H)/直线(L)/半径(R)/第二个点(S)/放弃(U)/宽度(W)]:

执行“多段线”命令，首先要确定一个起点，起点可以直接输入坐标值或在绘图区任意指定，起点确定后，命令区会提示用户当前线宽为 0，如果需要设置线宽，则在下一步中选择“半宽”或“宽度”进行线宽设置。

3）命令说明

圆弧（A）：指定圆弧的起点和终点，以绘制圆弧段的方式绘制多段线。

角度（A）：指定圆弧起点、圆心、端点之间的夹角。

圆心（CE）：指定圆弧所在圆的圆心。

方向（D）：指跟圆弧起点相切的切线的方向，从起点指定圆弧的方向。

半宽（H）：指多段线宽度的一半，提示用户输入起点和终点的半宽值，用来确定绘制多段线的宽度。

直线（L）：退出“弧”模式，返回绘制直线方式。

半径（R）：指定弧所在圆的半径。

第二点（S）：指定圆弧上的点和圆弧终点，以 3 个点来绘制圆弧。

宽度（W）：要绘制的多段线的线宽，是半宽的 2 倍。

长度（L）：指定下一段多段线的长度。

放弃（U）：取消刚绘制的那段线条。

闭合（C）：通过在上一条线段的终点和多段线的起点间绘制一条线段来封闭多段线。

距离（D）：指定分段距离。

多段线命令既可绘制直线，也可绘制圆弧或直线和圆弧的组合体。使用多段线命令绘制出的图形是一个统一的整体，它不像直线命令，绘制出的每条直线段是相互独立的。直线和圆弧的绘制还可随时进行切换，在指定多段线的第三点之后，还将增加一个“Close（闭合）”选项，用于在当前位置到多段线起点之间绘制一条直线段以闭合多段线，并结束多段线命令。

在使用多段线命令绘制圆弧的过程中，“方向”命令可以改变要绘制圆弧的方向，即圆弧是上凸还是下凹。方向指圆弧的起点切线的方向，若指定起点切线方向为向上的，则圆弧是上凸形；若指定起点切线方向是向下的，则圆弧下凹。

多段线的宽度大于 0 时，要绘制一条闭合的多段线，必须键入闭合选项，才能使其完全封闭；否则，即使起点与终点重合，也会出现缺口。

运用修改工具条的多段线编辑命令“Pedit”，可编辑整段多段线及其组成单元；运用分解命令“Explode”可以将多段线变成单独的线或圆弧。

4）案　例

（1）使用多段线命令绘制图 3.1.9 所示图形。

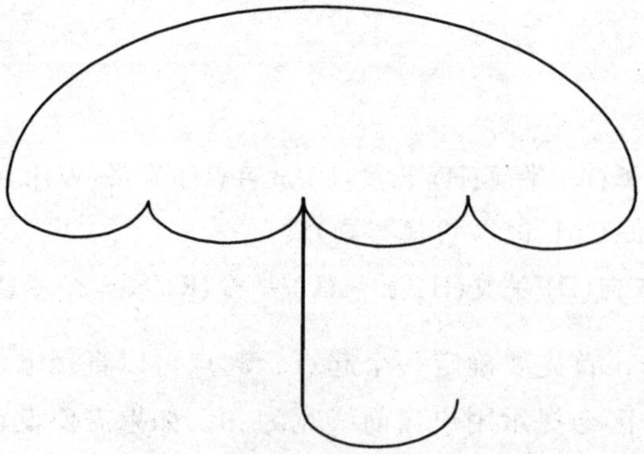

图 3.1.9　绘制伞形

命令: _pline

指定起点:（在绘图区任意指定一点为多段线的起点）

当前线宽为 10.0000

指定下一个点或 [圆弧(A)/半宽(H)/长度(L)/放弃(U)/宽度(W)]: a（选择绘制圆弧）

指定圆弧的端点(按住 Ctrl 键以切换方向)或

[角度(A)/圆心(CE)/方向(D)/半宽(H)/直线(L)/半径(R)/第二个点(S)/放弃(U)/宽度(W)]: D（以确定圆弧起点切线方向的方式绘制圆弧）

指定圆弧的起点切向: <正交 开>（开启状态栏的正交模式，选择数值向上为圆弧切线方向）

指定圆弧的端点(按住 Ctrl 键以切换方向):（选择一点作为圆弧的端点）

指定圆弧的端点(按住 Ctrl 键以切换方向)或

[角度(A)/圆心(CE)/闭合(CL)/方向(D)/半宽(H)/直线(L)/半径(R)/第二个点(S)/放弃(U)/宽度(W)]:（即将绘制下一段圆弧）

指定圆弧的端点(按住 Ctrl 键以切换方向)或

[角度(A)/圆心(CE)/闭合(CL)/方向(D)/半宽(H)/直线(L)/半径(R)/第二个点(S)/放弃(U)/宽度(W)]: D（再次选择确定下一段圆弧起点切线方向）

指定圆弧的起点切向:（选择数值向下为下一段圆弧的切线方向）

指定圆弧的端点(按住 Ctrl 键以切换方向):

指定圆弧的端点(按住 Ctrl 键以切换方向)或

[角度(A)/圆心(CE)/闭合(CL)/方向(D)/半宽(H)/直线(L)/半径(R)/第二个点(S)/放弃(U)/宽度(W)]: D（再次选择确定下一段圆弧起点切线方向）

指定圆弧的起点切向:

指定圆弧的端点(按住 Ctrl 键以切换方向):

指定圆弧的端点(按住 Ctrl 键以切换方向)或

[角度(A)/圆心(CE)/闭合(CL)/方向(D)/半宽(H)/直线(L)/半径(R)/第二个点(S)/放弃(U)/宽度(W)]: D（再次选择确定下一段圆弧起点切线方向）

通过以上操作更改每段圆弧的方向，由于系统默认下一段圆弧起点切线方向跟上一段圆弧是完全相反的，所以每段圆弧都需要更改其起点切线方向，才能绘制出方向统一的圆弧，否则绘制出的圆弧是完全反向的。接下来再次使用多段线命令，从下方 4 个圆弧的中间位置先绘制直线段，然后切换成圆弧，方便绘制雨伞的手柄，手柄在绘制过程中，可以设置起点线宽和端点线宽不同，这样就会形成更为美观的手柄形状，从头至尾逐渐收紧。在绘制箭头的时候也可以通过多段线设置起点和端点线宽不同的方式进行绘制。

命令: _pline

指定起点:（在绘图区任意指定一点为多段线的起点）

当前线宽为 10.0000（当前半宽为 5，线宽为 10）

指定下一个点或 [圆弧(A)/半宽(H)/长度(L)/放弃(U)/宽度(W)]:

指定下一点或 [圆弧(A)/闭合(C)/半宽(H)/长度(L)/放弃(U)/宽度(W)]: A

指定圆弧的端点(按住 Ctrl 键以切换方向)或

[角度(A)/圆心(CE)/闭合(CL)/方向(D)/半宽(H)/直线(L)/半径(R)/第二个点(S)/放弃(U)/宽度(W)]: H

指定起点半宽 <5.0000>:

指定端点半宽 <5.0000>: 0

指定圆弧的端点(按住 Ctrl 键以切换方向)或

[角度(A)/圆心(CE)/闭合(CL)/方向(D)/半宽(H)/直线(L)/半径(R)/第二个点(S)/放弃(U)/宽度(W)]:

指定圆弧的端点(按住 Ctrl 键以切换方向)或

[角度(A)/圆心(CE)/闭合(CL)/方向(D)/半宽(H)/直线(L)/半径(R)/第二个点(S)/放弃(U)/宽度(W)]:

（2）在绘制箭头的时候也可以通过多段线设置起点和端点线宽不同的方式进行绘制，如图 3.1.10 所示。

图 3.1.10　绘制箭头

命令: _pline

指定起点:

当前线宽为 0.0000

指定下一个点或 [圆弧(A)/半宽(H)/长度(L)/放弃(U)/宽度(W)]: W（设置多段线线宽）

指定起点宽度 <0.0000>: 3（起点宽度设为 3）

指定端点宽度 <3.0000>:（端点宽度默认使用上一步设置的起点宽度）

指定下一个点或 [圆弧(A)/半宽(H)/长度(L)/放弃(U)/宽度(W)]:

指定下一点或 [圆弧(A)/闭合(C)/半宽(H)/长度(L)/放弃(U)/宽度(W)]: W

指定起点宽度 <3.0000>: 6（下一段线宽从 3 改为 6）

指定端点宽度 <6.0000>: 0（下一段的端点线宽直接改为 0，一个箭头的标识就形成了）

指定下一点或 [圆弧(A)/闭合(C)/半宽(H)/长度(L)/放弃(U)/宽度(W)]:（确定箭头的长度）

指定下一点或 [圆弧(A)/闭合(C)/半宽(H)/长度(L)/放弃(U)/宽度(W)]:（单击“Enter”键，结束当前命令）

3.1.6　多边形

多边形命令绘制的是正多边形，即边长都相等的多边形，该命令可绘制 3 ~ 1 024 条边的正多边形。

1）执行方式

命令行：Polygon（快捷命令 POL）。

菜单栏：单击菜单栏中的“绘图”选项卡，选“多边形”命令。

工具栏：单击左侧“绘图”工具栏中的“多边形”按钮。

2）操作步骤

选择任意一种方式执行“多边形”命令，根据命令区的提示进行下一步及后续操作。

命令: _polygon 输入侧面数 <4>:（系统默认多边形边长数为 4，用户可根据需要输入要绘制的多边形的边数）

指定正多边形的中心点或 [边(E)]:（选定一点作为中心点，若已知正多边形边长的话，输入边 E）

输入选项 [内接于圆(I)/外切于圆(C)] <I>: I（若上一步选择边 E，则输入边长即绘制出正多边形；若上一步指定了中心点，则需选择该正多边形内接于一个圆还是外切于一个圆，输入指令 I 或 C）

指定圆的半径:（指定内接圆或外切圆的半径）

根据已知参数进行正多边形的绘制，首先确定正多边形的边长。若不知道正多边形的边长，则指定其中心点，然后选择正多边形是内接于圆还是外切于圆，再指定圆的半径，该正多边形即绘制出来。若已知正多边形的具体边长，则选择边“E”，直接输入边长的长度，系统就会按逆时针方向创建出该正多边形。

3）命令说明

指定正多边形的中心点：输入或指定一个点作为多边形的中心点，多边形的大小取决于内接于或外接圆的半径。半径越大，正多边形越大；半径越小，正多边形越小。

边 E：通过正多边形的一条边长确定其大小，边长越长，正多边形越大；边长越小，正多边形越小。在命令区通过输入一条边的两个端点确定正多边形的边长。

内接于圆（I）：选择该命令时，正多边形在圆的内部，中心点到多边形顶点的距离即是该圆的半径，如图 3.1.11（a）所示。

外切于圆（C）：输入命令 C 时，说明多边形在圆的外部，中心点到多边形各边中点的距离即是该圆的半径，如图 3.1.11（b）所示。

在作图过程中要注意区分正多边形是内接于圆还是外切于圆，并在命令区输入相应的命令。

（a）内接于圆　　　　（b）外切于圆

图 3.1.11　正多边形的内接和外切圆

4）案　例

（1）用正多边形命令绘制出一个边长为 35 的正五边形，如图 3.1.12 所示。

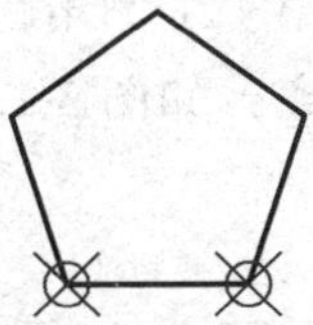

图 3.1.12　绘制正五边形

命令: _polygon 输入侧面数 <8>: 5
指定正多边形的中心点或 [边(E)]: E
指定边的第一个端点: 指定边的第二个端点: 35

（2）用正多边形命令绘制出一个正八边形，其内接圆的半径为 40，如图 3.1.13 所示。

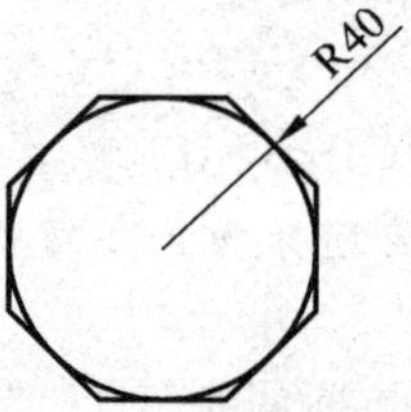

图 3.1.13　绘制正八边形

命令: _polygon 输入侧面数 <4>: 8
指定正多边形的中心点或 [边(E)]:
输入选项 [内接于圆(I)/外切于圆(C)] <C>: C
指定圆的半径: 40

3.1.7　矩　形

矩形是通信工程图纸的重要组成图形之一，可通过指定两个对角点来绘制矩形。

1）执行方式

命令行：Rectang（快捷命令 REC）。
菜单栏：单击菜单栏中的“绘图”选项卡，选“矩形”命令。
工具栏：单击左侧“绘图”工具栏中的“矩形”按钮。

2）操作步骤

选择任意一种方式执行“矩形”命令，根据命令区的提示进行下一步及后续操作。

命令: _rectang
指定第一个角点或 [倒角(C)/标高(E)/圆角(F)/厚度(T)/宽度(W)]:
指定另一个角点或 [面积(A)/尺寸(D)/旋转(R)]:

3）命令说明

第一个角点：通过指定矩形对角线上的两个端点确定矩形的大小。

倒角(C)：设置矩形角的倒角距离，即绘制带倒角的矩形，每个角点逆时针和顺时针方向的倒角可以相同，也可以不同。其中，第一个倒角距离是指角点逆时针方向倒角距离，第二个倒角距离是指角点顺时针方向倒角距离，如图 3.1.14 所示。

命令: _rectang
指定第一个角点或 [倒角(C)/标高(E)/圆角(F)/厚度(T)/宽度(W)]: C

指定矩形的第一个倒角距离 <0.0000>: 5（指定第一个角点竖直方向距离）

指定矩形的第二个倒角距离 <5.0000>: 10（指定第一个角点水平方向距离）

指定第一个角点或 [倒角(C)/标高(E)/圆角(F)/厚度(T)/宽度(W)]:

指定另一个角点或 [面积(A)/尺寸(D)/旋转(R)]:

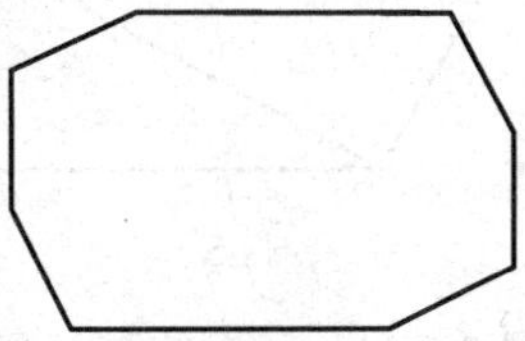

图 3.1.14　绘制倒角矩形

标高(E)：确定矩形在三维空间内的基面高度，二维空间内作图不用设置。

圆角(F)：设置矩形角的圆角大小，即指定圆角半径，绘制出有弧度的角，如图 3.1.15 所示。

命令: _rectang

指定第一个角点或 [倒角(C)/标高(E)/圆角(F)/厚度(T)/宽度(W)]: F

指定矩形的圆角半径 <0.0000>: 10

指定第一个角点或 [倒角(C)/标高(E)/圆角(F)/厚度(T)/宽度(W)]:

指定另一个角点或 [面积(A)/尺寸(D)/旋转(R)]:

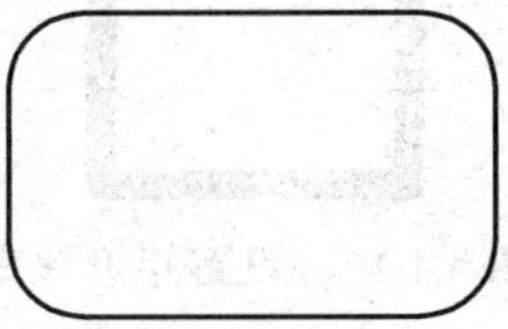

图 3.1.15　绘制圆角矩形

在设置圆角时一定要注意，前面设置了倒角的话，后续作图就要把倒角重新设置为 0，否则绘制不出圆角矩形。在设置圆角半径的时候，要注意半径大小的设置。如果圆角半径设置较大，而矩形的长或宽较小，则圆角是绘制不出来的，只能显示普通矩形；如果圆角半径设置较小，则不易看出圆角。因此，圆角半径设置要大小合适，才能绘制出用户需要的圆角矩形。

旋转(R)：对绘制出的矩形进行旋转，旋转一定的角度，如图 3.1.16 所示。

命令: _rectang

指定第一个角点或 [倒角(C)/标高(E)/圆角(F)/厚度(T)/宽度(W)]:

指定另一个角点或 [面积(A)/尺寸(D)/旋转(R)]: R

指定旋转角度或 [拾取点(P)] <0>: 30

指定另一个角点或 [面积(A)/尺寸(D)/旋转(R)]:

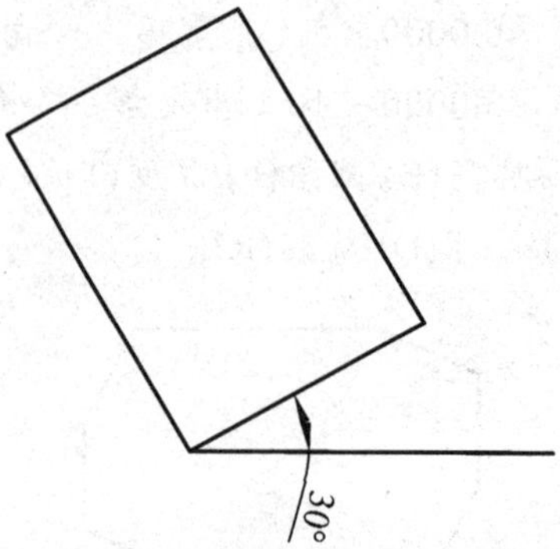

图 3.1.16　绘制旋转矩形

厚度(T)：设置矩形的厚度，即 z 轴方向的高度。

宽度(W)：设置矩形的线宽，如图 3.1.17 所示。

命令: _rectang
指定第一个角点或 [倒角(C)/标高(E)/圆角(F)/厚度(T)/宽度(W)]: W
指定矩形的线宽 <0.0000>: 3
指定第一个角点或 [倒角(C)/标高(E)/圆角(F)/厚度(T)/宽度(W)]:
指定另一个角点或 [面积(A)/尺寸(D)/旋转(R)]:

图 3.1.17　设置矩形线宽

面积(A)：如已知矩形面积和其中一条长或宽，就可以使用面积方式创建矩形，如图 3.1.18 所示。

命令: _rectang
指定第一个角点或 [倒角(C)/标高(E)/圆角(F)/厚度(T)/宽度(W)]:
指定另一个角点或 [面积(A)/尺寸(D)/旋转(R)]: A
输入以当前单位计算的矩形面积 <100.0000>: 200
计算矩形标注时依据 [长度(L)/宽度(W)] <长度>: L
输入矩形长度 <10.0000>: 20

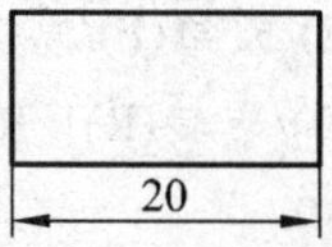

图 3.1.18　按面积绘制矩形

尺寸(D)：如已知矩形的长度和宽度即可使用尺寸方式创建矩形。

若已知矩形长为 35，宽为 20，则绘制方法如下（见图 3.1.19）：

命令: _rectang

指定第一个角点或 [倒角(C)/标高(E)/圆角(F)/厚度(T)/宽度(W)]:

指定另一个角点或 [面积(A)/尺寸(D)/旋转(R)]: D

指定矩形的长度 <20.0000>: 35

指定矩形的宽度 <10.0000>: 20

指定另一个角点或 [面积(A)/尺寸(D)/旋转(R)]:

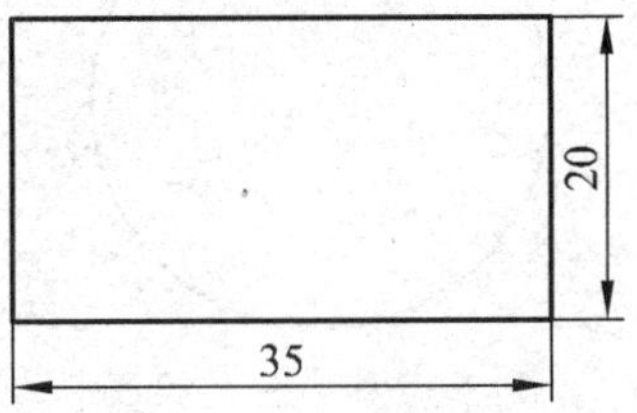

图 3.1.19　按长宽绘制矩形

矩形命令是闭合的多段线，即绘制出来的矩形是一个整体，不是独立的线条，具有多段线的一些特性。“标高”“厚度”是三维作图时用的，本模块主要介绍二维绘图，因此不做设置。

绘制矩形共有 4 种方法：通过矩形对角线的端点坐标、使用矩形面积、通过旋转角度、输入矩形的长和宽。

3.1.8　圆

圆的绘制也是绘图过程中会经常用到的一个命令，在不方便绘制圆弧的情况下，可以先绘制圆，然后进行剪切。

1）执行方式

命令行：Circle（快捷命令 C）。

菜单栏：单击菜单栏中的“绘图”选项卡，选“圆”命令。

工具栏：单击左侧“绘图”工具栏中的“圆”按钮。

2）操作步骤

选择任意一种方式执行“圆”命令，根据命令区的提示进行下一步及后续操作。

命令: _circle

指定圆的圆心或 [三点(3P)/两点(2P)/切点、切点、半径(T)]:（输入坐标或任意指定一点作为圆心，或采用两点画圆、三点画圆、做相切圆）

指定圆的半径或 [直径(D)] <40.0000>:（直接输入圆的半径或直径做圆）

3）命令说明

圆主要包含三个要素，分别是圆心、半径、直径。

（1）三点(3P)：指定任意三个不在同一直线上的点就能确定一个圆，如图 3.1.20 所示。

命令: _circle
指定圆的圆心或 [三点(3P)/两点(2P)/切点、切点、半径(T)]: 3P
指定圆上的第一个点:
指定圆上的第二个点:
指定圆上的第三个点:

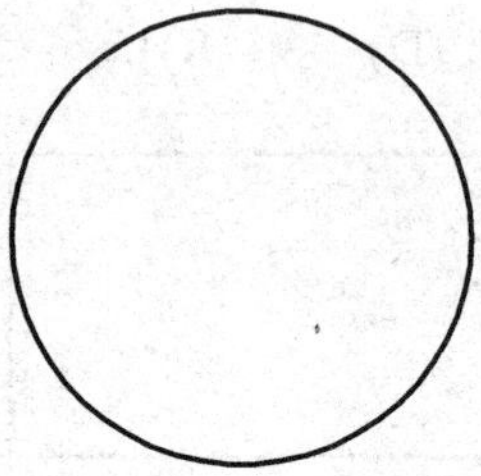

图 3.1.20　三点绘圆

（2）两点(2P)：指定直径的两个端点就能确定一个圆，如图 3.1.21 所示。

命令: CIRCLE
指定圆的圆心或 [三点(3P)/两点(2P)/切点、切点、半径(T)]: 2P
指定圆直径的第一个端点:
指定圆直径的第二个端点:30

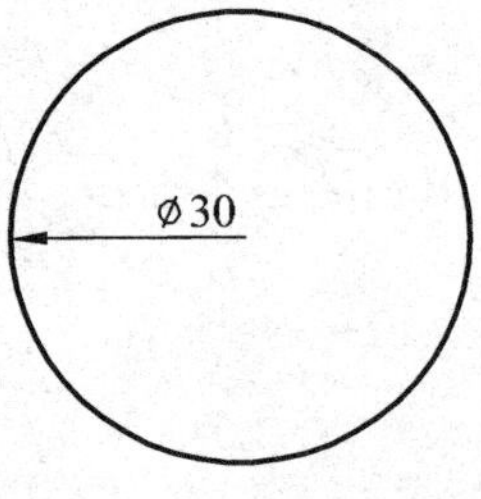

图 3.1.21　两点绘圆

两点画圆一定要注意这两点是直径的两个端点，不是任意的两个点。

（3）T（切点、切点、半径）：已知两个对象，在其上分别取一个切点，则能绘制出一个圆和已知的两个对象都相切。

已知直线段 *a* 和 *b*，在 *a*、*b* 上分别取一个切点，则可以画一个圆与直线段 *a*、*b* 都相切，且可指定圆的半径为 20，如图 3.1.22 所示。

命令: _circle
指定圆的圆心或 [三点(3P)/两点(2P)/切点、切点、半径(T)]: _ttr
指定对象与圆的第一个切点:
指定对象与圆的第二个切点:
指定圆的半径 <15.0000>: 20

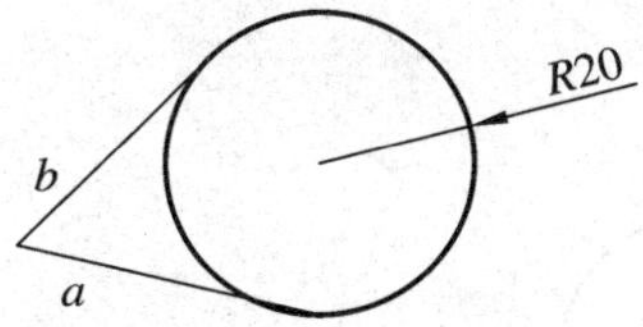

图 3.1.22　切点半径绘圆

（4）A（相切、相切、相切）：已知三个对象，在其上分别取一个切点，则能绘制出一个圆和已知的三个对象都相切。

已知三个圆 *a*、*b*、*c*，使用相切、相切、相切的命令绘制出一个圆和 *a*、*b*、*c* 都相切，如图 3.1.23 所示。

命令: _circle

指定圆的圆心或 [三点(3P)/两点(2P)/切点、切点、半径(T)]: _3P 指定圆上的第一个点: _tan 到

指定圆上的第二个点: _tan 到

指定圆上的第三个点: _tan 到

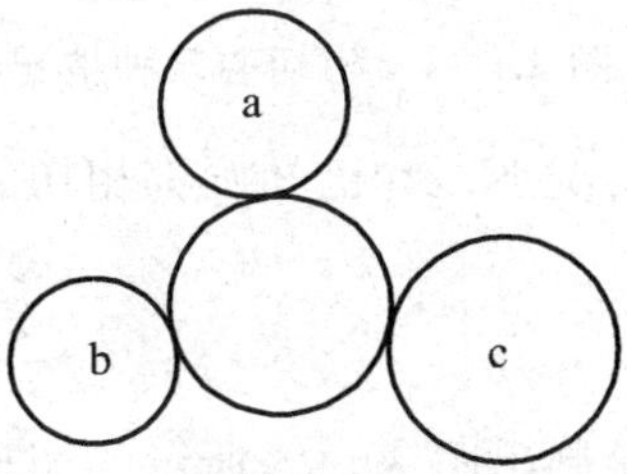

图 3.1.23　绘制与三个圆都相切的圆

在已知对象上选择切点的时候，要配合使用“草图设置”或“状态栏”的“对象捕捉”功能，开启该功能，并且在列表中勾选“切点”，则鼠标指针在已知对象上移动的过程中，会自动显示“切点”，单击确定便可选中该切点，方便执行下一步操作。

如果放大圆对象或者放大相切处的切点，有时看起来不圆滑或者没有相切，这其实只是显示问题，只需在命令行输入 Regen（RE），单击“Enter”键，圆对象就会变得光滑。

不论是使用相切、相切、半径，还是相切、相切、相切，若已知对象是直线段，则有且只有一个圆和已知对象都相切；已知对象为圆，则会出现多种不同的相切结果。如何选择切点就成为尤为重要的问题。

众所周知，相切问题有内切和外切两种情况。若已知两个圆 *a* 和 *b*，要做第三个圆与它们相切，有如图 3.1.24 所示的四种情况。

这四种情况分别是做一个圆与已知圆 *a*、*b* 都外切；与圆 *a* 外切，圆 *b* 内切；与圆 *a* 内切，圆 *b* 外切；与圆 *a*、圆 *b* 都内切。

通过观察以上四种相切的情况切点所处的位置，可以得出结论：

① 当两个切点选择距离较近的时候，作出来圆是外切圆。

② 当一个切点选择在已知圆的内部，另一个切点选择在另一个已知圆的外部时，绘制出来的圆和距离近的切点所在的圆外切，和距离较远的切点所在的圆内切。

③ 当两个切点选择的距离较远时，绘制出来的圆和已知的圆都内切。

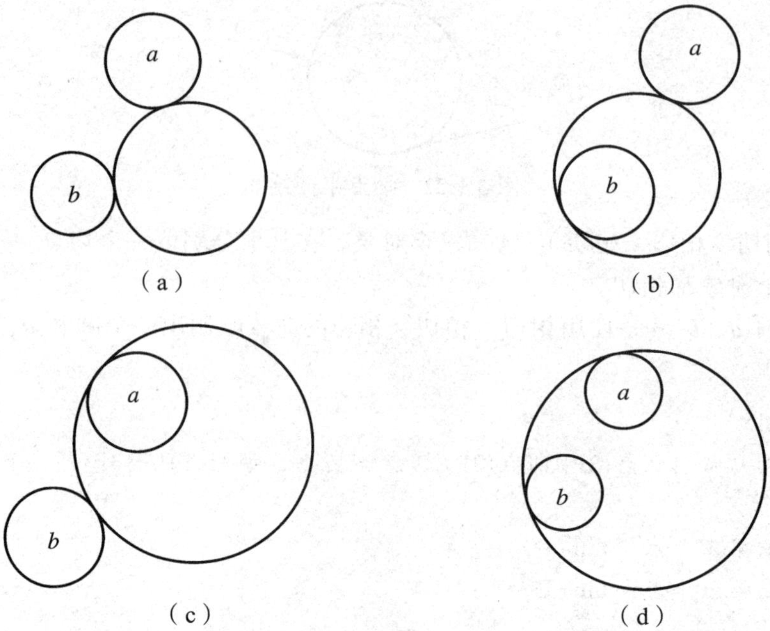

图 3.1.24　相切的四种情况

那在已知三个圆 a、b、c 的情况下，和已知圆都相切的第四个圆会出现几种情况呢？请动手画一画吧。

4）案　例

使用正多边形和绘圆的方法绘制出图 3.1.25 所示的图形。

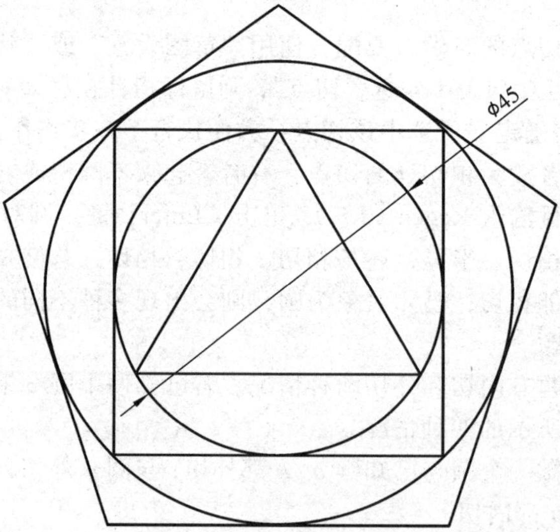

图 3.1.25　绘制套娃正多边形

具体步骤如下：

命令: _circle（先画直径为 45 的圆）

指定圆的圆心或 [三点(3P)/两点(2P)/切点、切点、半径(T)]:

指定圆的半径或 [直径(D)] <15.0000>: D

指定圆的直径 <30.0000>: 45

命令: _polygon 输入侧面数 <3>:（再画圆内的正三角形）

指定正多边形的中心点或 [边(E)]:（圆的圆心就是正多边形的中心点）

输入选项 [内接于圆(I)/外切于圆(C)] <I>: I（正三角形内接于圆）

指定圆的半径:（中心点到正三角形端点的距离即是圆的半径）

命令: _polygon 输入侧面数 <3>: 4（继续画直径为 45 的圆外的正方形）

指定正多边形的中心点或 [边(E)]:（圆的圆心就是正多边形的中心点）

输入选项 [内接于圆(I)/外切于圆(C)] <I>: C（正方形外切于圆）

指定圆的半径:（中心点到正多边形和圆的切点之间的间距即是圆的半径）

命令: _circle

指定圆的圆心或 [三点(3P)/两点(2P)/切点、切点、半径(T)]:（以直径为 45 的圆的圆心为正方形外面的圆的圆心）

指定圆的半径或 [直径(D)] <22.5000>:（中心点到正方形端点之间的距离即为这个圆的半径）

命令: _polygon 输入侧面数 <4>: 5（画最外侧的正五边形）

指定正多边形的中心点或 [边(E)]:（中心点不变，仍为两个圆的圆心）

输入选项 [内接于圆(I)/外切于圆(C)] <C>: C（正五边形外切于大圆）

指定圆的半径:（中心点到正五边形和大圆的切点之间的距离即为圆的半径）

3.1.9 圆 弧

1）执行方式

命令行：Arc（快捷命令 A）。

菜单栏：单击菜单栏中的“绘图”选项卡，选“圆弧”，在下拉列表中选择需要使用的命令，共有十种绘制圆弧的方法，如图 3.1.26 所示。

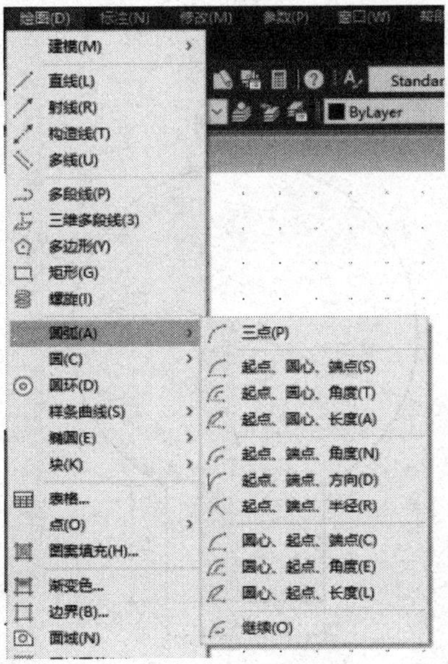

图 3.1.26 圆弧绘制菜单

工具栏：单击左侧“绘图”工具栏中的“圆弧”按钮。

2）操作步骤

选择任意一种方式执行“圆弧”命令，在绘图选项卡中可根据已知参数选择绘图命令绘制圆弧。在绘图工具栏选择圆弧命令，包含的参数跟绘图选项卡是一样的，主要有起点、圆心、端点、角度、长度，根据命令区的提示进行下一步及后续操作。

命令: _arc

指定圆弧的起点或 [圆心(C)]:

指定圆弧的第二个点或 [圆心(C)/端点(E)]: C

指定圆弧的圆心:

指定圆弧的端点(按住 Ctrl 键以切换方向)或 [角度(A)/弦长(L)]:

3）命令说明

三点（P）：指定圆弧的起点、终点以及圆弧上任意一点。

起点：指定圆弧的起点。

终点：指定圆弧的端点。

圆心：指定圆弧的圆心。

方向：指定圆弧的起点切线的方向。

长度：指定圆弧的弦长，即圆弧起点和端点之间的连线长度。

角度：指定圆弧起点、圆心、端点之间的夹角。默认情况下，从起点到端点，逆时针为正、顺时针为负。

半径：指定圆弧的半径。

根据所选择命令依次选中圆弧的各项参数，即可绘制出需要的圆弧。

圆弧的角度和半径均有正、负之分。角度是圆弧从起点开始，起点、圆心、端点之间的角度，从起点到端点为逆时针，则角度是正值；从起点到端点是顺时针方向，则角度为负值。同样地，系统沿逆时针方向绘制圆弧，半径为正，系统沿顺时针方向绘制圆弧，半径为负。

4）案　例

用绘制圆弧的方法画出图 3.1.27 所示的样图。

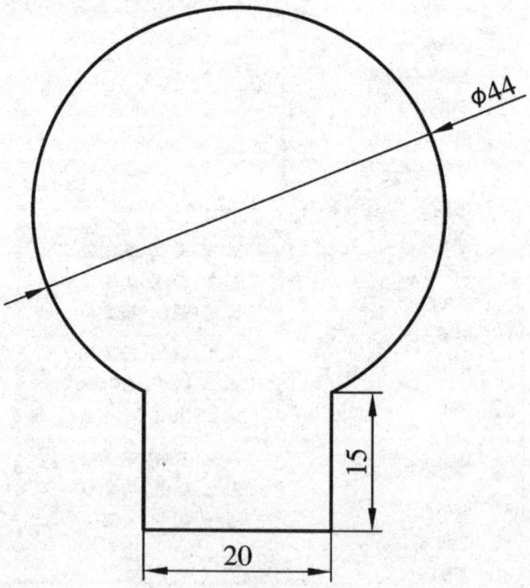

图 3.1.27　绘制圆弧与直线组合

命令: _arc（先画圆弧，选择起点、端点、长度命令进行绘制）

指定圆弧的起点或 [圆心(C)]:（指定一个点作为圆弧的起点，左侧点为起点）

指定圆弧的第二个点或 [圆心(C)/端点(E)]: E（由于圆弧的弦长已知，是 20，因此选择端点 E）

指定圆弧的端点: 20（确定端点位置）

指定圆弧的中心点(按住 Ctrl 键以切换方向)或 [角度(A)/方向(D)/半径(R)]: R

指定圆弧的半径(按住 Ctrl 键以切换方向): 22（输入圆弧的半径，并按住 Ctrl 键切换方向，圆弧则成功绘制）

命令: _line

指定第一个点:（以圆弧左侧点为第一点）

指定下一点或 [放弃(U)]: 15（在 Y 轴的负方向上输入长度 15）

指定下一点或 [放弃(U)]: 20（在 X 轴的正方向上输入长度 20）

指定下一点或 [闭合(C)/放弃(U)]: 15（在 Y 轴的正方向上输入长度 15）

指定下一点或 [闭合(C)/放弃(U)]:（按“Enter”键，结束当前命令）

在绘制圆弧的过程中，AutoCAD 2023 默认在逆时针方向上绘制出较小的圆弧，如果输入负数半径值，则绘制出较大的圆弧。当半径为正值时，CAD 沿顺时针方向绘制圆弧；若为负值时，则沿逆时针方向绘制圆弧。当角度为正值时，CAD 向逆时针方向绘制圆弧；当角度为负时值，则向顺时针方向绘制圆弧，如图 3.1.28 所示。

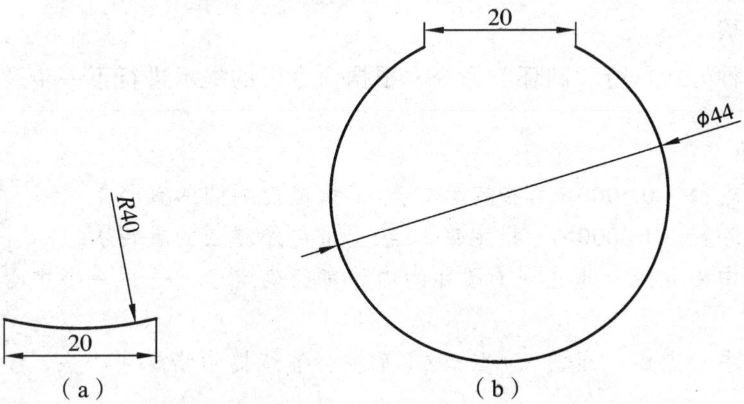

图 3.1.28　圆弧绘制的方向

图 3.1.28（a）的绘制步骤如下：

命令: _arc

指定圆弧的起点或 [圆心(C)]:

指定圆弧的第二个点或 [圆心(C)/端点(E)]: E

指定圆弧的端点: 20

指定圆弧的中心点(按住 Ctrl 键以切换方向)或 [角度(A)/方向(D)/半径(R)]: R

指定圆弧的半径(按住 Ctrl 键以切换方向): 40

图 3.1.28（b）的绘制步骤如下：

命令: _arc
指定圆弧的起点或 [圆心(C)]:
指定圆弧的第二个点或 [圆心(C)/端点(E)]: E
指定圆弧的端点: 20
指定圆弧的中心点(按住 Ctrl 键以切换方向)或 [角度(A)/方向(D)/半径(R)]: R
指定圆弧的半径(按住 Ctrl 键以切换方向): －40

图 3.1.28（a）、（b）均为长度 20，半径 40 的圆弧，左侧图输入半径为正值，绘制出的是较小的圆弧；右图在绘制过程中把半径 40 改为 – 40，绘制出的是较大的圆弧，也可通过按住“Ctrl”键进行圆弧方向的切换。

3.1.10 圆 环

通过指定内外直径来绘制填充环或实体填充圆，圆环也是带有宽度的闭合多段线。可以通过指定不同圆心点的方式，生成多个相同的圆环。

1）执行方式

命令行：Donut（快捷命令 DO）。
菜单栏：单击菜单栏中的“绘图”选项卡，选“圆环”命令。

2）操作步骤

选择任意一种方式执行“圆环”命令，根据命令区的提示进行下一步及后续操作。

命令: _donut
指定圆环的内径 <0.5000>: 指定第二点:（指定内测圆的直径）
指定圆环的外径 <1.0000>: 指定第二点:（指定外测圆的直径）
指定圆环的中心点或 <退出>:（圆环的内外直径确定了，选中一个中心点，圆环则绘制成功）
指定圆环的中心点或 <退出>: *取消*（系统会继续提示指定中心点，绘制出多个相同的圆环）

3）命令说明

绘制圆环时，若内径设置为 0，则圆环为实心填充圆；若内径和外径相等，则圆环为普通圆。

圆环也是多段线的一种，因此它也是一个整体，可以使用分解（Explode）命令对其进行分解，转化成圆弧对象。绘制过程中只须指定圆环内径和外径的大小，然后连续选择不同的圆心即可绘制出多个相同的圆环。

4）案 例

使用圆环命令绘制出一个内径为 15，外径为 25 的圆环，如图 3.1.29 所示。

图 3.1.29　绘制圆环

命令: _donut

指定圆环的内径 <25.0000>: 15（设置内侧圆的直径为 15）

指定圆环的外径 <27.4313>: 25（设置外侧圆的直径为 25）

指定圆环的中心点或 <退出>:（任意指定一点作为圆环的中心点）

指定圆环的中心点或 <退出>:（再次选择一个中心点，生成相同的圆环）

3.1.11　椭圆和椭圆弧

1）执行方式

命令行：Ellipse（快捷命令 EL）。

菜单栏：单击菜单栏中的“绘图”选项卡，选“椭圆”命令，如图 3.1.30 所示。

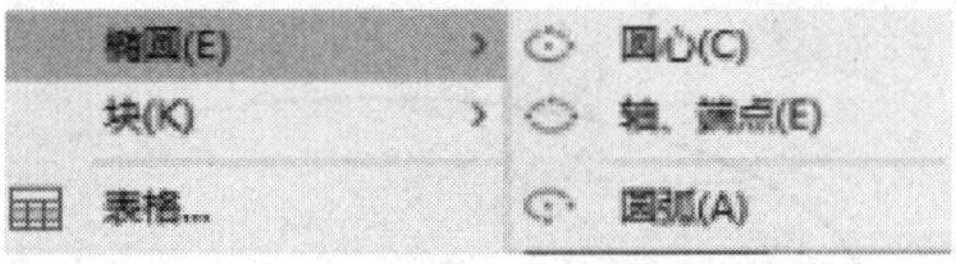

图 3.1.30　菜单栏绘制椭圆命令

工具栏：单击左侧“绘图”工具栏中的“椭圆”按钮。

2）操作步骤

选择任意一种方式执行“椭圆”命令，根据命令区的提示进行下一步及后续操作。

命令: _ellipse

指定椭圆的轴端点或 [圆弧(A)/中心点(C)]:（绘制椭圆可以指定轴端点也可以先指定中心点，根据已知参数进行选择）

指定轴的另一个端点:（先确定一条轴的两个端点）

指定另一条半轴长度或 [旋转(R)]:（再确定另一条半轴的长度或旋转角度即可绘制出椭圆）

3）命令说明

椭圆和椭圆弧的绘制主要包含几个要素：长轴、短轴、中心点、旋转角度。

轴端点：椭圆中最长的一条轴称为长轴，最短的一条轴称为短轴，只要长轴和短轴的长度已知，该椭圆就确定下来了；第一条轴的角度确定了整个椭圆的角度（第一条轴可以是椭圆的长轴也可以是短轴）。一条轴有两个端点，先指定一条轴的长度，再指定另一条半轴的长度即可确定椭圆的大小，如图 3.1.31 所示。

指定轴的另一个端点：可以通过直接输入长度或坐标值的方式确定轴端点。

另一条半轴的长度：指从第一条轴的中点到第二条轴端点的距离，如图 3.1.32 所示。

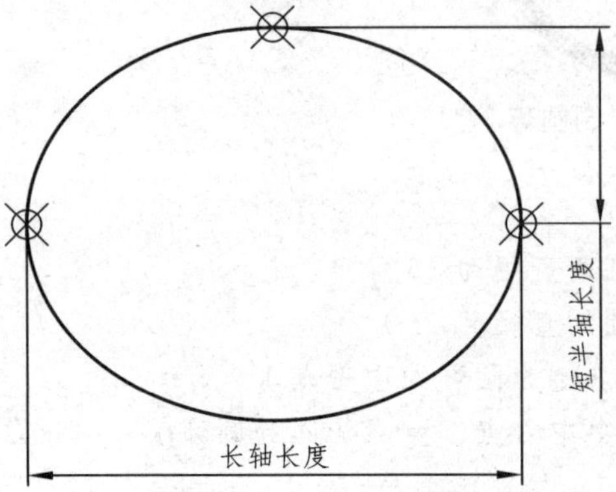

图 3.1.31　轴端点定位

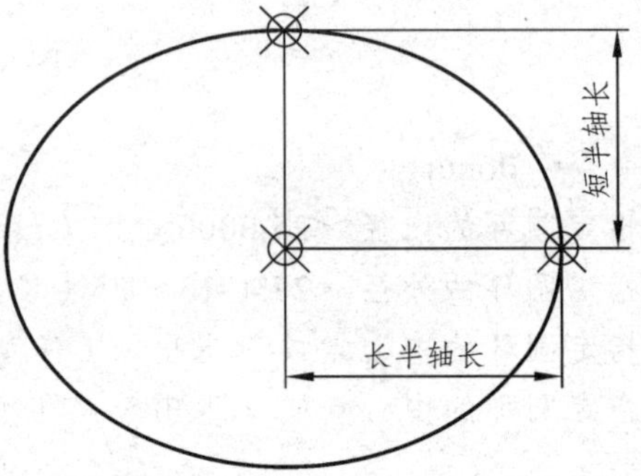

图 3.1.32　中心点定位

旋转：通过绕第一条轴旋转角度来绘制椭圆。

弧（A）：绘制椭圆弧。椭圆弧是椭圆上的一部分，因此其绘制方法和椭圆是类似的。需要先确定椭圆的大小，然后在椭圆上选择椭圆弧的起点和端点，这样椭圆弧就绘制出来了，如图 3.1.33 所示。

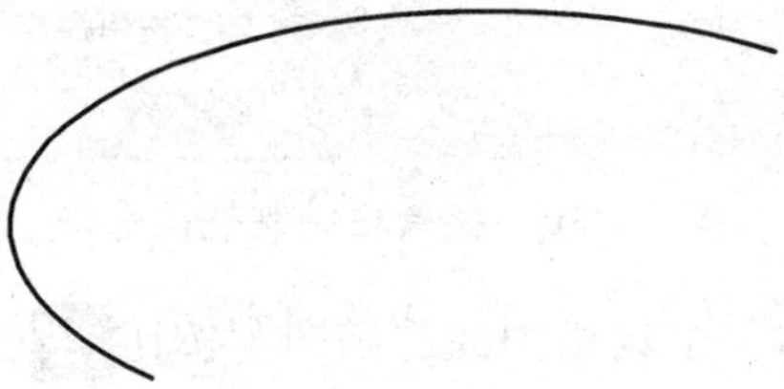

图 3.1.33　绘制椭圆弧

命令：_ellipse（绘制椭圆弧和椭圆的命令相同，要绘制椭圆弧，先要确定该椭圆弧所在的椭圆的大小）

指定椭圆的轴端点或 [圆弧(A)/中心点(C)]: _A（选择绘制圆弧命令）

指定椭圆弧的轴端点或 [中心点(C)]:（确定椭圆的轴端点）

指定轴的另一个端点: 100（确定椭圆轴的另一个端点）

指定另一条半轴长度或 [旋转(R)]: 30（指定椭圆另一条半轴的长度）

指定起点角度或 [参数(P)]:（在显示出来的椭圆上选择椭圆弧的起点）

指定端点角度或 [参数(P)/夹角(I)]:（在显示出来的椭圆上选择椭圆弧的端点）

中心点：椭圆的长轴和短轴的交点即为椭圆的中心点。

椭圆和圆一样，是不能使用“Explode”分解命令进行分解的，“旋转（R）”选项可输入的角度值取值范围是 0 ~ 89.4。若输入 0，则绘制的为圆；输入值越大，椭圆的离心率就越大。

3.1.12 样条曲线

样条曲线可用来绘制形状不规则的图形，如山体、地理信息系统（GIS）、地形图中的地形线、机械设计轮廓线、局部剖面的分界线等。它是一种通过或接近指定点的拟合曲线，适合表示曲率半径不规则变化的曲线。

1）执行方式

命令行：Spline（快捷命令 SPL）。

菜单栏：单击菜单栏中的“绘图”选项卡，选“样条曲线”命令。

工具栏：单击左侧“绘图”工具栏中的“样条曲线”按钮。

2）操作步骤

选择任意一种方式执行“样条曲线”命令，根据命令区的提示进行下一步及后续操作。

```
命令: _spline
当前设置: 方式=拟合    节点=弦
指定第一个点或 [方式(M)/节点(K)/对象(O)]:（指定已知第一点或选择对象 O 选项）
输入下一个点或 [起点切向(T)/公差(L)]:（指定已知第二点或起点的切线方向）
输入下一个点或 [端点相切(T)/公差(L)/放弃(U)]: T（指定已知第三点或端点的切线方向）
指定端点切向:（指定端点的切线方向）
```

3）命令说明

绘制样条曲线至少需要确定三个点。

（1）方式（M）：可选择样条曲线是采用输入拟合点来绘制，还是通过控制夹点来绘制，系统默认使用拟合点。

```
命令: _spline
当前设置: 方式=拟合    节点=弦
指定第一个点或 [方式(M)/节点(K)/对象(O)]: M
输入样条曲线创建方式 [拟合(F)/控制点(CV)] <拟合>: CV
当前设置: 方式=控制点    节点=弦
```

（2）节点（K）：可以采用节点参数化选项选择节点之间的间距，主要包括弦长、平方根和统一三种方式，这样会显示出不同的曲线。三种方式不存在节点参数化的最佳选择，弦长参数化常被使用，平方根参数化能生成更好的曲线，具体取决于数据集。

```
命令: _spline
当前设置: 方式=拟合    节点=弦
指定第一个点或 [方式(M)/节点(K)/对象(O)]: K
输入节点参数化 [弦(C)/平方根(S)/统一(U)] <弦>: S
当前设置: 方式=拟合    节点=平方根
```

（3）对象（O）：将二维或三维的二次、三次样条曲线拟合多段线转换为等价的样条曲线，然后删除该多段线。

命令: _spline
当前设置: 方式=拟合　　节点=平方根
指定第一个点或 [方式(M)/节点(K)/对象(O)]: O
选择样条曲线拟合多段线: 找到 1 个
选择样条曲线拟合多段线:

选中已有多段线为对象，可直接转换成等价的样条曲线。

（4）闭合(C)：将端点与起点相连接，并且在连接处相切，形成一条闭合的样条曲线。

（5）拟合公差(F)：样条曲线和输入点之间能被允许的最大偏移距离，即曲线的偏差值。公差越小，样条曲线与拟合点越接近；公差为 0，样条曲线将通过该点；公差大于 0，样条曲线将在指定的公差范围内通过拟合点。在绘制样条曲线时，可以通过改变样条曲线的拟合公差来查看拟合效果。

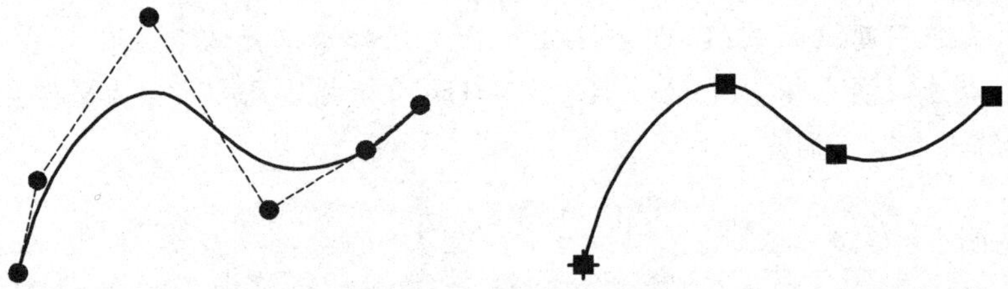

（a）　　　　（b）

图 3.1.34　样条曲线的拟合公差

图 3.1.34（a）所示的样条曲线设置了拟合公差，绘制出的样条曲线与选择的点之间有一定的偏差，公差值越大，样条曲线越接近所选择拟合点之间形成的样条曲线；图 3.1.34（b）所示的样条曲线拟合公差值为 0，因此形成的样条曲线直接经过所选择的拟合点。

系统默认拟合公差为 0，用户可根据需要进行修改。

命令: _spline
当前设置: 方式=拟合　　节点=弦
指定第一个点或 [方式(M)/节点(K)/对象(O)]:
输入下一个点或 [起点切向(T)/公差(L)]: 1
指定拟合公差<0.0000>: 10
输入下一个点或 [起点切向(T)/公差(L)]:
输入下一个点或 [端点相切(T)/公差(L)/放弃(U)]:
输入下一个点或 [端点相切(T)/公差(L)/放弃(U)/闭合(C)]:

（6）起始切点：指样条曲线的起点和端点之间的切线方向，如图 3.1.35 所示。如果样条曲线的两端都指定切线方向，那么通过输入一个点的坐标值或使用对象捕捉中的“切点”及

“垂足”模式使样条曲线和已有的对象相切或垂直，如果单击“Enter”键，则使用系统默认切线方向。

图 3.1.35　样条曲线的起始切点

命令: _spline
当前设置: 方式=拟合　节点=弦
指定第一个点或 [方式(M)/节点(K)/对象(O)]:
输入下一个点或 [起点切向(T)/公差(L)]: T
指定起点切向:
输入下一个点或 [起点切向(T)/公差(L)]:
输入下一个点或 [端点相切(T)/公差(L)/放弃(U)]:
输入下一个点或 [端点相切(T)/公差(L)/放弃(U)/闭合(C)]: T
指定端点切向:

（7）终点相切：指定终点切线。

样条曲线闭合时，起点和终点是同一点，此时只需给定一条样条曲线的切线即可。缺省状态下，样条曲线会通过所有的控制点，可以通过指定拟合公差调整样条曲线和指定点之间的间距或者通过控制点进行调整。

3.1.13　修订云线

修订云线主要是用来做标记的，在检查或用红线圈阅图形时，或图纸中某个位置需要特别注意时，均可用云线进行标记，提高工作效率。它是由多个连续的大小不同的圆弧所组成的一条多段线。

1）执行方式

命令行：Revcloud（快捷命令 V）。

菜单栏：单击菜单栏中的“绘图”选项卡，选“修订云线”命令。

工具栏：单击左侧“绘图”工具栏中的“修订云线”按钮。

2）操作步骤

选择任意一种方式执行“修订云线”命令，根据命令区的提示进行下一步及后续操作。

命令: _revcloud
最小弧长: 24.7168　最大弧长: 49.4335　样式: 普通　类型: 徒手画

指定第一个点或 [弧长(A)/对象(O)/矩形(R)/多边形(P)/徒手画(F)/样式(S)/修改(M)] <对象>: F（当前系统默认使用的徒手画，用户可根据需要进行更改）

指定第一个点或 [弧长(A)/对象(O)/矩形(R)/多边形(P)/徒手画(F)/样式(S)/修改(M)] <对象>: a（由徒手画改成利用弧长来绘制）

指定圆弧的大约长度 <37.0751>: 40（指定弧长的大概长度）

指定第一个点或 [弧长(A)/对象(O)/矩形(R)/多边形(P)/徒手画(F)/样式(S)/修改(M)] <对象>:（指定修订云线的起点进行绘制）

沿云线路径引导十字光标...

修订云线完成。

2）命令说明

“修订云线”命令执行后，会提示用户当前命令的最小弧长、最大弧长、使用的修订云线的样式和绘制类型，用户可根据自己的需要，在后续命令中进行修改，以满足需求。

（1）第一点：指定徒手画修订云线的第一点。

（2）弧长：指定云线中弧线的长度，有最大弧长、最小弧长之分。系统默认的弧长最小值和最大值是 0.5000，最大弧长一般不超过最小弧长的三倍。

（3）对象：指定一个对象转换成云线，要转换的对象长度应大于或者等于指定弧长，否则无法转换成修订云线。

（4）矩形：虽称为矩形，实际上是使用指定的点作为对角点创建矩形云线。

（5）多边形：创建非矩形的多边形云线。

（6）徒手画：绘制徒手画云线，即通过鼠标指针选定圆弧的起点，然后沿云线路径引导绘制修订云线。

（7）样式：指定修订云线的样式。

（8）修改：从现有修订的云线添加或删除侧边。

3）案　例

绘制弧长为 30 的修订云线，如图 3.1.36 所示。

图 3.1.36　绘制修订云线

命令: _revcloud

最小弧长: 26.6667　　最大弧长: 53.3333　　样式: 普通　　类型: 徒手画

指定第一个点或 [弧长(A)/对象(O)/矩形(R)/多边形(P)/徒手画(F)/样式(S)/修改(M)] <对象>: F

指定第一个点或 [弧长(A)/对象(O)/矩形(R)/多边形(P)/徒手画(F)/样式(S)/修改(M)] <对象>: A

指定圆弧的大约长度 <40>: 30

指定第一个点或 [弧长(A)/对象(O)/矩形(R)/多边形(P)/徒手画(F)/样式(S)/修改(M)] <对象>:

沿云线路径引导十字光标...

修订云线完成。

通过以上案例可以看出，修订云线也是多段线，具有多段线的某些特性。比如，绘制出的线条是一个统一的整体，如果要调整或编辑修订云线，可以通过图中显示出的蓝色夹点进行拖动，从而修改修订云线中每个弧的弧度。

选中修订云线，则会显示以夹点的方式显示云线的轨迹，每个夹点都可以选中然后直接用鼠标指针进行向上、向下、向左、向右的拖动，做顶点的拉伸、添加和删除，从而改变云线的形状，如图 3.1.37 所示。

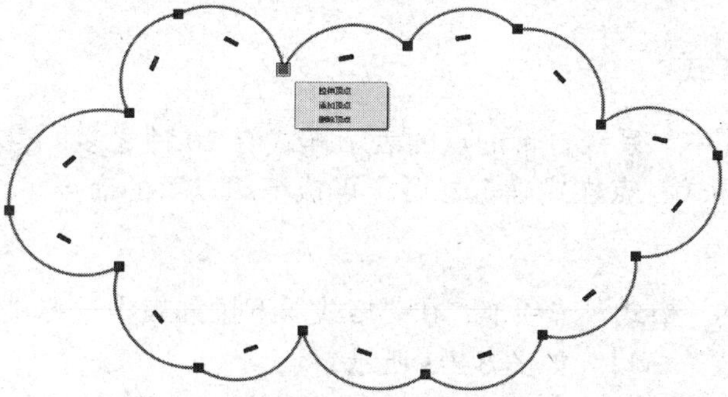

图 3.1.37　改变修订云线

3.2　点的绘制

在 AutoCAD 2023 中，点可以有多种不同的表示方式，用户可以根据需要设置某些特殊点的不同显示，也可以设置等分点和测量点。

1）执行方式

命令行：Point（快捷命令 PO）。

菜单栏：单击菜单栏中的“绘图”选项卡，选“点”命令，有单点和多点可选，如图 3.2.1 所示。执行单点命令每次只能标记一个点，执行多点命令可以对多个点进行标记。

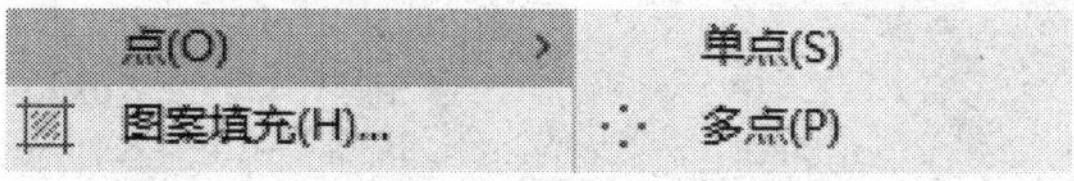

图 3.2.1　“点”命令

工具栏：单击左侧“绘图”工具栏中的“点”按钮。

2）操作步骤

选择任意一种方式执行“点”命令，根据命令区的提示进行下一步及后续操作。

命令: _point

当前点模式: PDMODE=35 PDSIZE=0.0000

指定点:（选择要标记的点即可）

3）命令说明

PDMODE：指当前使用的点样式。不同的点样式是用不同的数值来表示的，一旦修改它的数值，其点样式也会发生改变，35 是当前使用的点样式的数值。

PDSIZE：指点的大小，修改这个数值会改变点的大小。需要注意的是，此处改变点的大小，是需要把点样式改为图形模式，如果还是单独一个像素点，它的大小是不随着 PDSIZE 值的改变而变动的。

从工具栏选择点命令进行执行时，可直接对多个点进行标记，若只标记一个点，单击“Enter”键，结束当前命令即可。

在标记点的过程中，可以结合状态栏中的“对象捕捉”功能，勾选需要捕捉的特殊点，如切点、垂足、交点、圆心、中点、端点等，帮助用户对标记点进行精准捕捉。

3.2.1　设置点样式

在 AutoCAD 2023 中，系统自带的点的表示样式有 20 种之多。想要标记某些特殊的点，则要先选择相应的点样式，点样式确定好后，再执行“点”的命令。

1）设置方法

（1）单击菜单栏的“格式”选项卡，在“格式”下拉列表中选择“点样式”（见图 3.2.2），确定，则弹出“点样式”窗口，如图 3.2.3 所示。

（2）在命令区直接输入“Ddptype”，单击“Enter”键，系统会弹出“点样式”窗口。

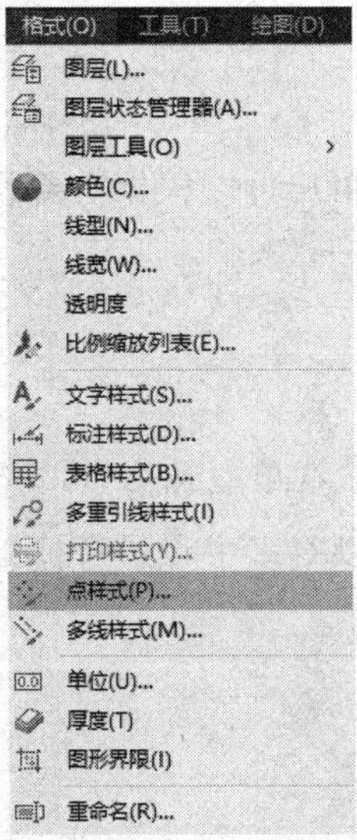

图 3.2.2 “格式”下拉列表

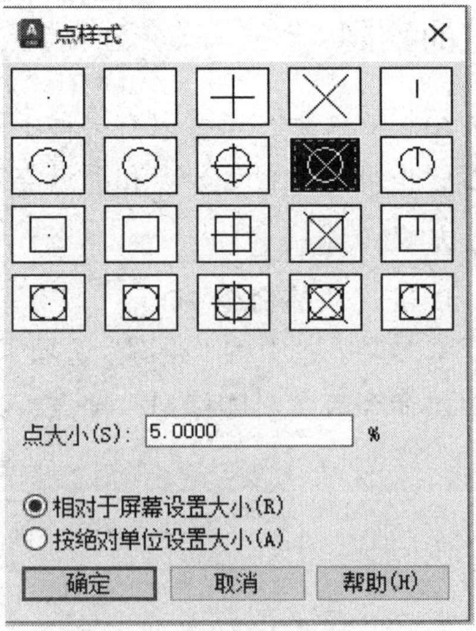

图 3.2.3 “点样式”窗口

系统默认采用的是点样式中的第一个样式，当需要标记特殊点的时候，则应修改为其他点样式，用户根据需要选择除第一个样式外的任意一个样式均可。

每个样式的表示值都是不同的，使用了哪种点样式，在命令区以值的方式呈现出来，每个点样式的表示值如图 3.2.4 中数字显示。

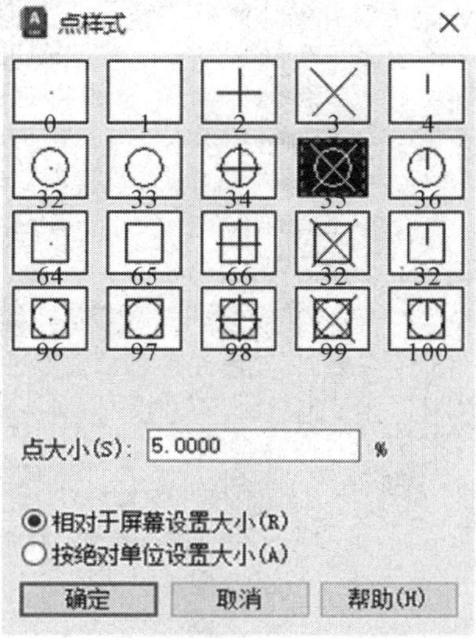

图 3.2.4 “点样式”及其表示值

“点样式”窗口中还可通过输入点百分比表示点的显示大小，默认设置为相对于屏幕设置大小，以屏幕尺寸的百分比设置点的显示大小。在进行缩放时，点的显示大小不随其他对象的变化而改变。还可选择按绝对单位设置大小，则以指定的实际单位值来显示点。在进行缩放时，点的大小也将随其他对象的变化而变化。设置好后直接单击窗口下方的“确定”按钮，点样式就设置好了，接下来即可执行“点”命令。

2）案 例

标记出图 3.2.5 中的各个端点。

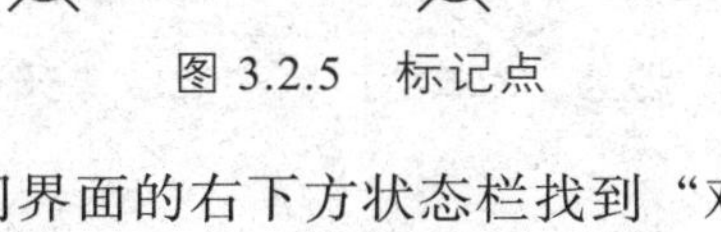

图 3.2.5 标记点

首先在 AutoCAD 2023 空间界面的右下方状态栏找到“对象捕捉”功能，单击其后面的倒三角符号，在弹出的下拉列表中把“端点”勾选上（见图 3.2.6），当十字光标移动到相应位置时，会自动捕捉到端点。或单击“工具”下拉列表中的“绘图设置”，则弹出“草图设置”窗口（见图 3.2.7），选择对象捕捉，勾选需要追踪捕捉的特殊点即可。

图 3.2.6　对象捕捉

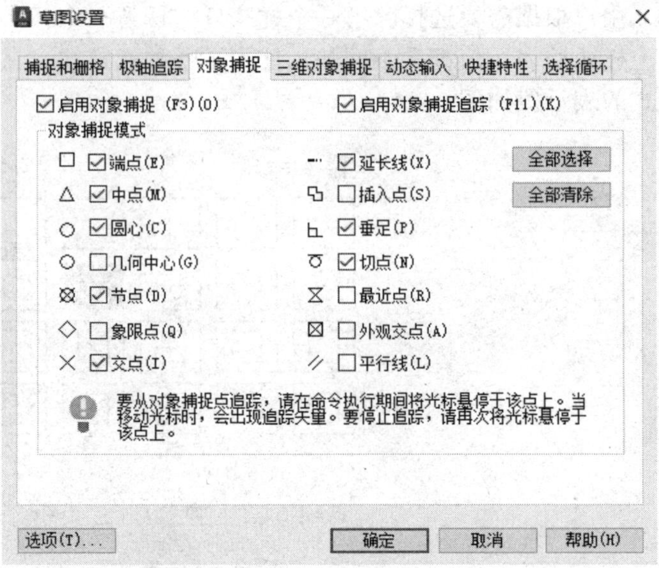

图 3.2.7　草图设置窗口

命令: _point

当前点模式: PDMODE=35　PDSIZE=0.0000（当前使用的是表示值为 35 的点样式）

指定点: *取消*（选择要标记的每个端点单击即可）

3.2.2　定数等分

所谓定数等分，是把已知的对象，如一条线、一段圆弧、一个圆等，平均分成长度相等的几份，每份之间用等分点进行标记。

1）执行方式

命令行：Divide（快捷命令 DIV）。

菜单栏：单击菜单栏中的“绘图”选项卡，选择“点”，单击“定数等分”，如图 3.2.8 所示。

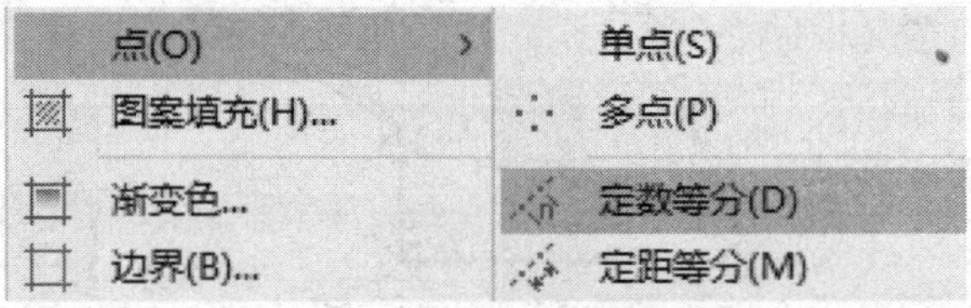

图 3.2.8　菜单栏中的“定数等分”

2）操作步骤

命令: _divide

选择要定数等分的对象:（选择要进行等分的已知对象）

输入线段数目或 [块(B)]: 5（输入数字表明要把对象平均分成几份或插入已有图块）

3）命令说明

定数等分的等分数目要在有效区间才可以，有效等分范围为 2 ~ 32 767。在等分点处，会按照已经设置的点样式显示出等分点。

块（B）：这里的块指图块，图块也是一个统一的整体，可以把已有的图块插入到等分点处，以图块代替等分点进行显示。

4）案　例

如图 3.2.9 所示，已知一个直径为 50 的圆，用定数等分的方法将其分成 5 等分。

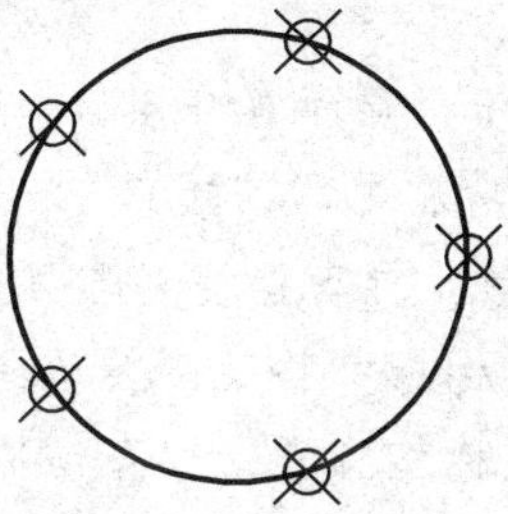

图 3.2.9　定数等分圆

命令: _circle
指定圆的圆心或 [三点(3P)/两点(2P)/切点、切点、半径(T)]:
指定圆的半径或 [直径(D)] <24.3056>: D
指定圆的直径 <48.6113>: 50
命令: _divide
选择要定数等分的对象:（选择要定数等分的圆）
输入线段数目或 [块(B)]: 5（把圆平均分成 5 等份）

定数等分不仅可以对直线段进行等分，也可以对圆、多段线、圆弧、椭圆、椭圆弧等进行等分。

5）案　例

使用点的定数等分绘制出一个正五角星，五角星内接于一个直径为 70 的圆，如图 3.2.10 所示。

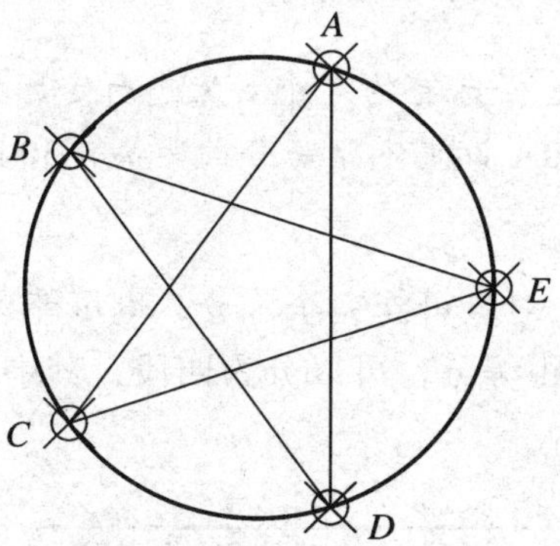

图 3.2.10　定数等分绘制正五角星

命令: _circle
指定圆的圆心或 [三点(3P)/两点(2P)/切点、切点、半径(T)]:
指定圆的半径或 [直径(D)] <25.0000>: D
指定圆的直径 <50.0000>: 70
(先绘制出一个直径为 70 的圆)
命令: _divide
选择要定数等分的对象:
输入线段数目或 [块(B)]: 5
(使用定数等分把圆平均分成 5 份，显示等分点 *A*、*B*、*C*、*D*、*E*)
命令: _line(开启“对象捕捉”功能中的“端点”)
指定第一个点:(用鼠标指针移动，自动捕捉到点 *A*)
指定下一点或 [放弃(U)]:(用鼠标指针移动，自动捕捉到点 *D*)
指定下一点或 [放弃(U)]:(用鼠标指针移动，自动捕捉到点 *B*)
指定下一点或 [闭合(C)/放弃(U)]:(用鼠标指针移动，自动捕捉到点 *E*)
指定下一点或 [闭合(C)/放弃(U)]:(用鼠标指针移动，自动捕捉到点 *C*)
指定下一点或 [闭合(C)/放弃(U)]:(用鼠标指针移动，自动捕捉到点 *A*)
指定下一点或 [闭合(C)/放弃(U)]:(单击“Enter”键，结束当前命令)
(用直线命令把对角的等分点进行互连，一个正五角星就绘制出来了)

3.2.3 定距等分

定距等分，是按照固定的距离对已有对象进行分段。它和定数等分有明显的区别，定数等分是对已有对象进行平均分配，因此可以正好等分完；而定距等分，有可能最后剩余一段是没有被完全等分的。

1)执行方式

命令行：Measure(快捷命令 ME)。
菜单栏：单击菜单栏中的“绘图”选项卡，选择“点”，单击“定数等分”。

2)操作步骤

命令: _measure
选择要定距等分的对象:(选择已有的一个对象进行定距等分)
指定线段长度或 [块(B)]: 30(设置定距等分的距离，30 mm 为一段)

3)命令说明

对已有对象进行定距等分，对象可能完全等分，也可能剩余一段，如一段长度为 100 的直线段，按照 30 的距离进行定距等分，可以分为四段，其中三段为 30，还有一段是 10，如图 3.2.11 所示。

图 3.2.11 定距等分线段

命令: _line
指定第一个点:
指定下一点或 [放弃(U)]: 100
指定下一点或 [放弃(U)]:
命令: _measure
选择要定距等分的对象:
指定线段长度或 [块(B)]: 30

不管是定数等分还是定距等分，都要先设置点样式，点样式设置完成后再做定数等分或定距等分，才能看到等分点，否则等分点使用的是默认样式，用户是观察不到等分点的位置的。

3.3 图案填充

前面主要介绍了 AutoCAD 2023 中常用的绘图命令，通过使用绘图命令，再配合状态栏的特殊功能，用户可以绘制出多种多样的图形。在实际应用过程中，各行各业都需要对已经绘制好的图纸进行颜色或图案的填充，使图纸更加立体美观。

AutoCAD 2023 提供了丰富的图案填充及编辑功能。图案填充是对已有图纸进行部分区域的颜色或纹理填充，或者对图纸剖面符号或剖面线的表面进行填充，广泛应用在通信工程图纸、建筑图纸、机械零部件加工图、地理构造图等各种图纸中。

3.3.1 执行方式

命令行：Bhatch。

菜单栏：单击菜单栏中的“绘图”选项卡，选“图案填充”命令，则弹出“图案填充和渐变色”窗口，如图 3.3.1 所示。

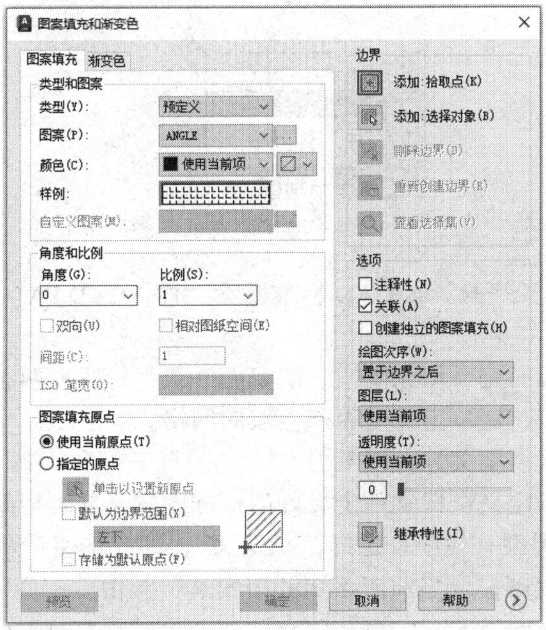

图 3.3.1 图案填充和渐变色

工具栏：单击左侧“绘图”工具栏中的“图案填充”按钮，即弹出“图案填充和渐变色”窗口。

3.3.2　操作步骤

在图案填充或颜色填充之前，先要明确什么样的图形可以进行图案或颜色的填充。并不是所有的空间都可以填充的，只有封闭的空间才能进行颜色或图案填充，如圆、多边形、椭圆等封闭的区域，而直线段、圆弧、椭圆弧等开放的对象是无法进行颜色和图案填充的。

命令: _hatch（图案填充或使用-gradient 进行渐变色填充）
拾取内部点或 [选择对象(S)/删除边界(B)]: 正在选择所有对象...（选择要填充的对象）
正在选择所有可见对象...
正在分析所选数据...
正在分析内部孤岛...
拾取内部点或 [选择对象(S)/删除边界(B)]:

3.3.3　命令说明

在“图案填充和渐变色”窗口中有两个选项卡，分别是图案填充和渐变色。需要填充纯色和纹理图案时，在窗口中选择“图案填充”选项卡进行设置，需要填充对象为渐变色时，在窗口中选择“渐变色”选项卡进行设置。

1）“图案填充”选项卡

（1）类型（Y）：选择图案填充的类型，主要包括预定义、用户定义和自定义，可在下拉列表中直接选择需要的类型，如图 3.3.2 所示。

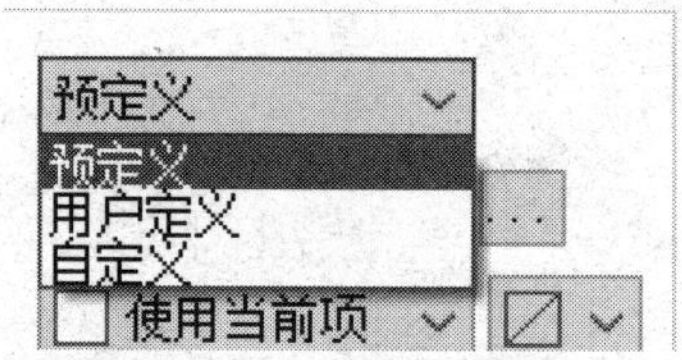

图 3.3.2　图案填充的类型

预定义：使用预先定义好的 AutoCAD 标准图案文件 ACAD.PAT（英制）或 ACADISO.PAT（公制）的图案类型。

用户定义：用户可临时定义填充图案，图案由一组平行线或两组相互垂直的线条组成，用户可定义其间距、角度，还可定义是否产生双向网格。

自定义：使用用户提前定义好的图案。

一般情况下，采用预定义，即软件定义好的标准图案文件类型即可。

（2）图案（P）：在类型一栏中，选择“预定义”，即允许用户从自己提前定义的图案中选取填充图案。图案一栏则显示当前所采用的图案名，单击后面的 ... 按钮，即弹出“填充图案选项板”的窗口，如图 3.3.3 所示。该窗口显示了所选类型中包含的所有图案，用户可根据需要从窗口中选择相应的图案。选取图案后，在“样例”框内会显示所选图案，而在图案栏会显示所选图案的名称。

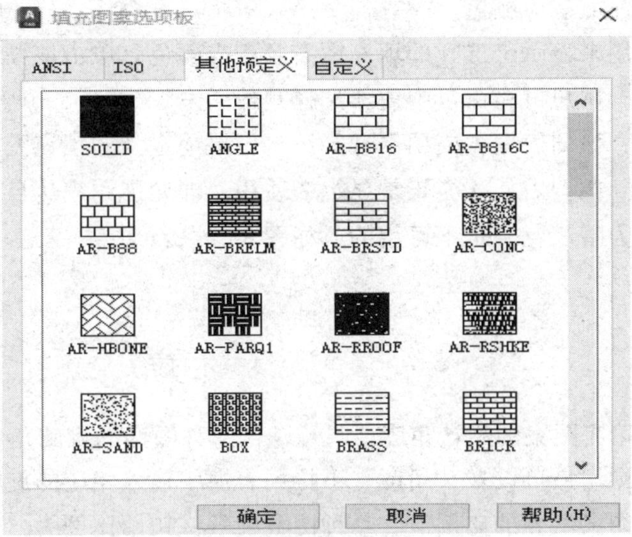

图 3.3.3 “填充图案选项板”窗口

如果“类型”一栏选择的是用户定义或自定义，则“图案”一栏是暗灰色不可选，如图 3.3.4 所示。

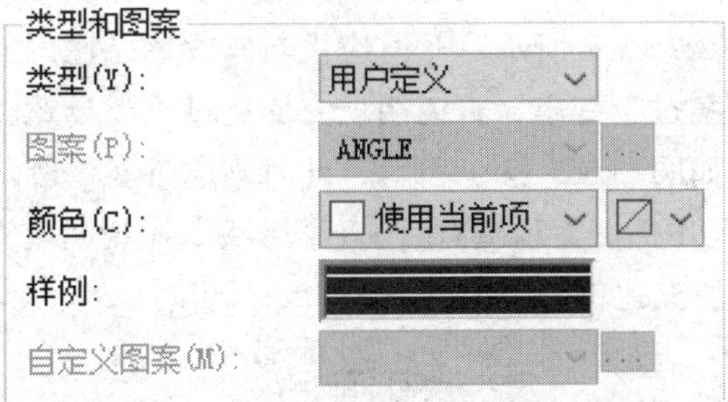

图 3.3.4 “用户定义”或“自定义”时“图案”不可选

（3）颜色（C）：给选择的填充图案添加上需要的颜色，既可添加图案的轮廓线条颜色，也可给图案添加填充颜色，如图 3.3.5 所示。

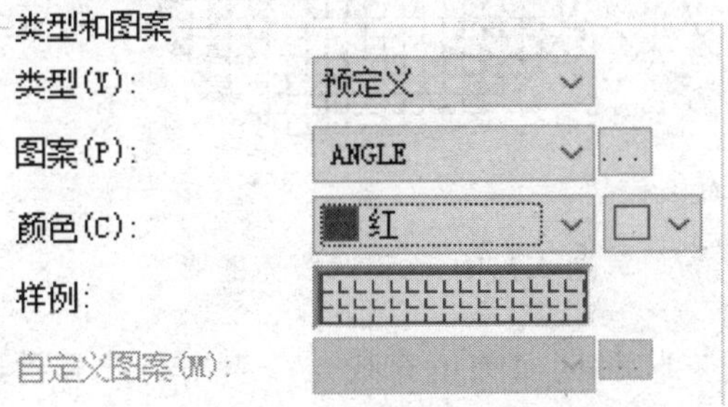

图 3.3.5 “颜色”选项

“颜色”中前面一栏可单击后面的 符号，在下拉列表中选择需要的颜色，则可修改填充图案中的线条颜色；单击后面一栏中的 符号，则可在下拉列表中选择相应的颜色，从而给已选择的图案填充上对应颜色。

（4）样例：该框用来显示已选择的填充图案及相应颜色。单击该样例图案，则弹出“填充图案选项板”窗口，用户可在窗口中重新选择其他图案。

（5）自定义图案：该列表框主要用于选择用户已提前定义的填充图案。此栏只有在“类型”选择为“自定义”类型后，才能正常显示并使用，即允许用户从自己定义的填充图案中进行选择，否则该栏为暗灰色，是不可用的，如图 3.3.6 所示。

图 3.3.6 “自定义图案”不可用

（6）角度：设置填充图案的旋转角度。系统默认每种图案的旋转角度为 0°，如果需要对填充图案进行旋转，则用户可以在“角度”下拉列表框中输入相应的旋转角度。

（7）比例：设置图案填充的比例值。每种图案的默认初始比例为“1”，用户可以根据需要，调整比例值，对填充图案进行放大或缩小，使其更适合填充对象。不同的填充图案适用的填充比例是不同的，用户只能通过不断地尝试去判断哪个比例最合适。看图案填充出来的效果即可判断比例是否合适。若选择了填充比例对已有对象进行填充，但填充完成后图形对象中没有图案或只有很少的较稀疏的图案显示，则说明填充比例设置过大，导致填充图案不能完全显示出来，如图 3.3.7（a）所示，此时应重新修改填充比例，将填充比例改小；若填充完成后图形对象中的图案过于密集，则说明填充比例过小，导致图形对象中出现很多密集图案，影响图纸的美观，如图 3.3.7（b）所示，此时则应重新修改填充比例，把填充比例改大；若填充完成后图形对象中的图案稀疏有致、不松不紧，则说明填充比例正合适，如图 3.3.7（c）所示，此时不需修改填充比例。

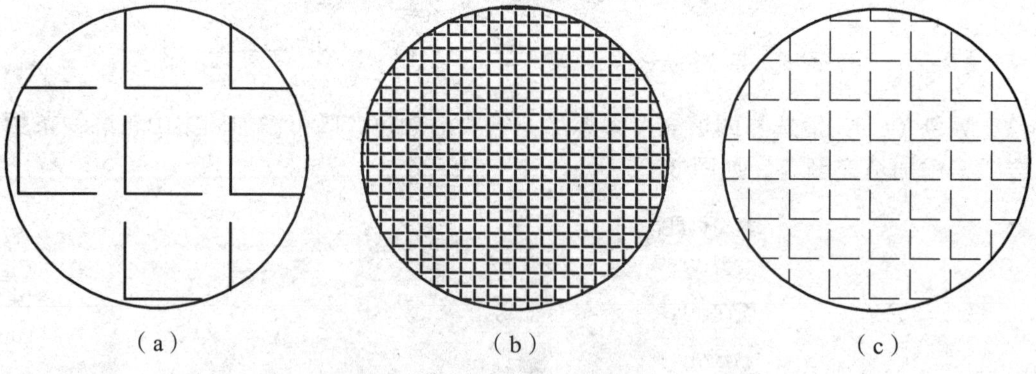

（a） （b） （c）

图 3.3.7 比例对填充的影响

（8）双向：用来确定用户临时定义的填充线是一组平行线，还是两组互相垂直的平行线。该栏只有在选择“类型”为“用户定义”选项时才可使用，否则也是不可用的，呈暗灰色。

（9）相对图纸空间：选择填充图案的比例值是否由相对于图纸空间的单位进行确定。选择此选项，则填充图案可以按适合于版面布局的比例来显示。该选项只适用于图形版面的编排。

（10）间距：指定线之间的间距，该栏只有在“类型”下拉列表框中选择“用户定义”类型的时候才可以使用，否则是暗灰色显示不可用。当在“类型”下拉列表框中选择“用户类型”时，在“间距”文本框内直接输入值即可。

（11）ISO 笔宽：用户可根据选择的笔宽来缩放 ISO 图案。此栏只有在选择了已定义的 ISO 填充图案后，才可使用。

（12）图案填充原点：通过原点的位置来控制填充图案生成的起始位置。系统默认所有图案的填充原点都对应于当前的 UCS 原点，即坐标原点。某些图案填充，如砖块等图案，需要与图案填充边界上的一点对齐，则可以选择“指定的原点”或下面一级的“单击以设置新原点”。

设置新原点，即重新指定图案填充的原点，不使用当前默认的 UCS 原点。

默认为边界范围，是根据图案填充对象边界的矩形范围计算新原点。可以选择该范围的四个角点及中心点作为新原点，如图 3.3.8 所示。

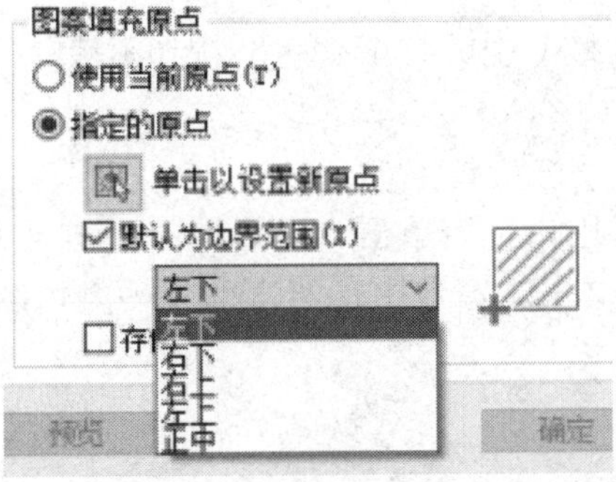

图 3.3.8 “新原点”的选择

左下：将图案填充边界矩形范围的左下角设置为图案填充原点。

右下：将图案填充边界矩形范围的右下角设置为图案填充原点。

右上：将图案填充边界矩形范围的右上角设置为图案填充原点。

左上：将图案填充边界矩形范围的左上角设置为图案填充原点。

正中：将图案填充边界矩形范围的中心点设置为图案填充原点。

2）“渐变色”选项卡

渐变色是指从一种颜色到另外一种颜色的过渡，如果需要对已有对象进行渐变色的颜色填充，则选择此选项卡。

（1）执行方式。

命令行：Gradient。

菜单栏：单击菜单栏中的“绘图”选项卡，选“渐变色”命令，则弹出“图案和渐变色”窗口中的“渐变色”选项卡，如图 3.3.9 所示。

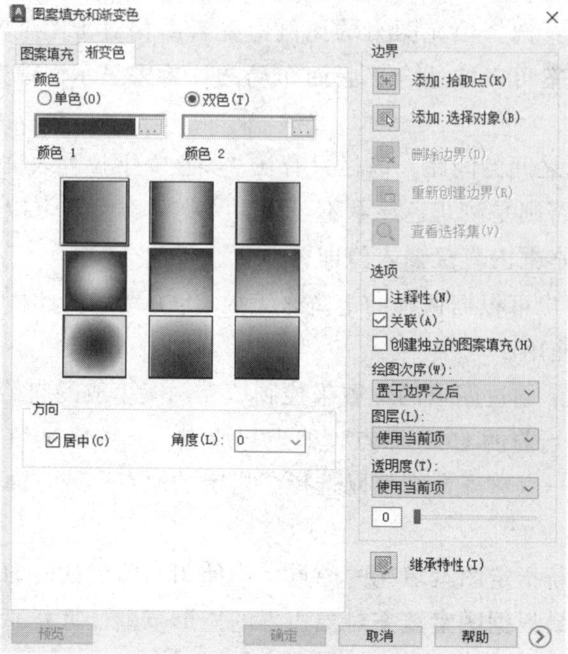

图 3.3.9 “渐变色”选项卡

工具栏：单击“绘图工具栏”中的“渐变色”按钮。

（2）操作步骤。

① 单色（O）：使用一种颜色从较深色到较浅色进行平衡过渡的渐变颜色填充，其下方显示了当前所使用的渐变色。用户可以单击“单色”一栏右下方的小按钮，在弹出的“选择颜色”窗口中选择需要的颜色。下方窗口中还给出的 9 种颜色渐变的变化方式，供用户选择，如图 3.3.10 所示。

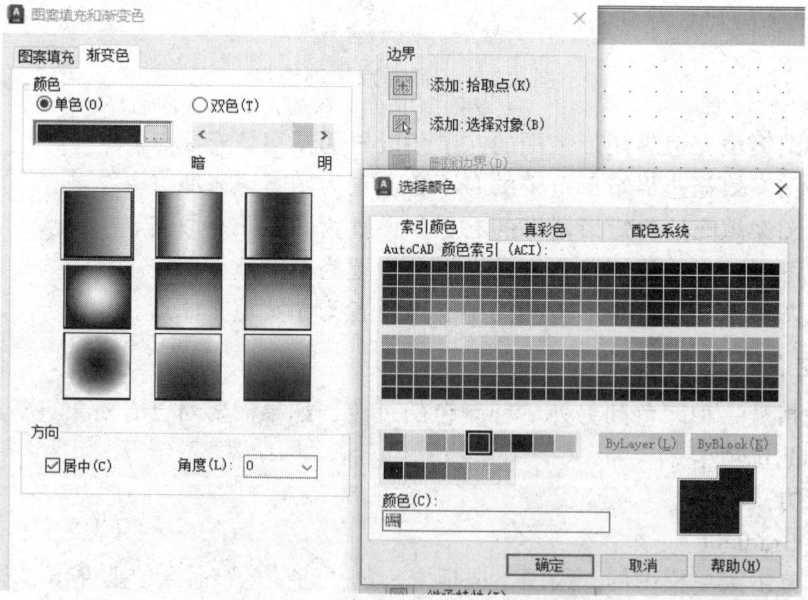

图 3.3.10 “单色”选择颜色窗口

② 双色（T）：用户可选择两种颜色，颜色 1 和颜色 2，在两者之间平滑过渡为双色渐变填充，填充颜色从颜色 1 渐变到颜色 2，颜色的选取方法与单色选取类似。双色渐变也有 9 种渐变效果可供选择，用户根据需求可任选，如图 3.3.11 所示。

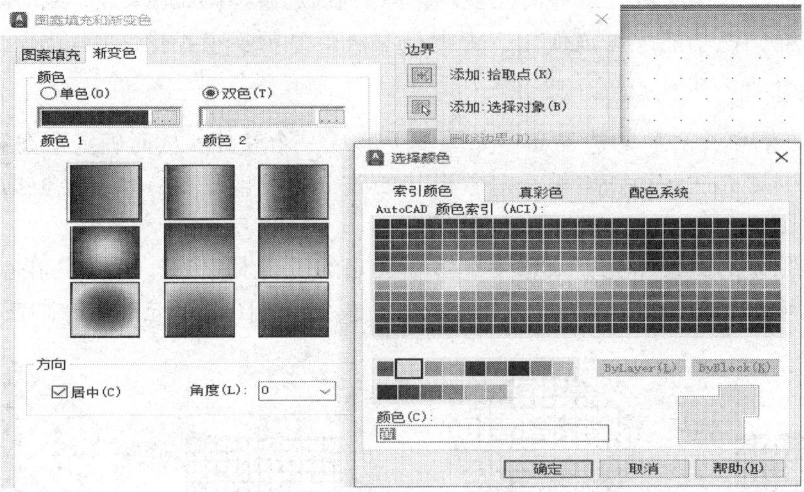

图 3.3.11 “双色”渐变

③ 居中（C）：主要指渐变的效果是对称的，该复选框决定渐变填充是否居中。

④ 角度（L）：指渐变填充的渐变色的倾斜角度，可单击角度后面的符号，在下拉列表中选择已有的倾斜角度，也可直接在这一栏进行角度值的输入。该渐变色的倾斜角度与图案填充的角度互不影响。

3）边　界

不管是图案填充还是颜色填充，都只能对封闭的区域进行填充。封闭区域肯定有边界存在，这里的边界不仅指区域边界，也指要进行图案填充或颜色填充的图形对象。

（1）添加：拾取点（K），通过在封闭区域内任选一点的方式选择填充对象或填充边界。AutoCAD 2023 会自动确定该点所处的封闭区域并进行填充，且被确定的封闭区域边界会以虚线显示，表示该对象已被选中。

（2）添加：选择对象（B），以选择对象的方式确定填充边界，用户可根据需要选择相应的填充对象，该对象的内部空间即可填充颜色或图案。

（3）删除边界（D）：在前面操作中若选择了多个填充对象，需要删除已选中的填充对象时，选择该命令，即可取消已选的填充对象，如图 3.3.12 所示。

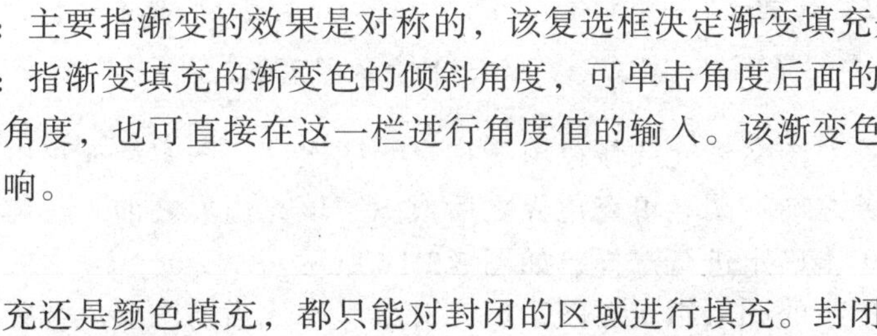

（a）选取边界对象　（b）删除边界　（c）填充结果

图 3.3.12　删除边界后的新边界

（4）重新创建边界（R）：在已选择的填充对象中，创建多段线或面域，让其形成一个新的边界。

（5）查看选择集（V）：查看所选择填充区域的边界。单击该按钮，CAD 则会临时切换到作图界面，把已选择的填充边界高亮显示。只有在使用“添加拾取点”或“添加选择对象”选取了填充边界，该功能才可以使用，否则呈深灰色显示不可操作。

4）选　项

（1）关联：把填充对象的边界和填充图案关联成一个整体，从而确定图案和边界的关系。一旦选择关联，填充图案会随着填充对象形状的改变而发生改变，系统会根据新的边界位置重新生成填充图案。

（2）创建独立的图案填充：当选中了多个独立的闭合对象时，可以控制是对多个对象创建相同的图案填充对象，还是给每个对象分别创建不同的图案填充对象，如图 3.3.13 所示。

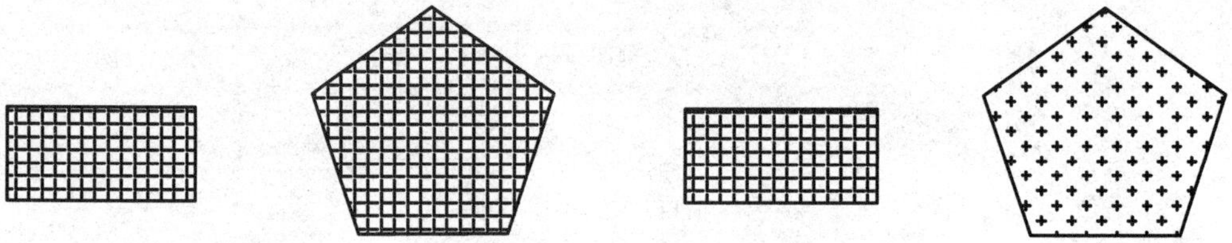

（a）不独立，选中时是一个整体　　　　（b）独立，选中时不是一个整体

图 3.3.13　创建独立的图案填充

（3）绘图次序：对图案填充或颜色填充指定绘图次序。图案填充可以放在所有其他对象之后、所有其他对象之前、图案填充边界之后或图案填充边界之前。具体选择哪一种，用户可直接在下拉列表单击确定进行选择，如图 3.3.14 所示。

（4）图层：为指定的图层指定新图案填充对象，替代当前图层。选择“使用当前项”即使用当前图层，也可切换到其他已有图层，如图 3.3.15 所示。

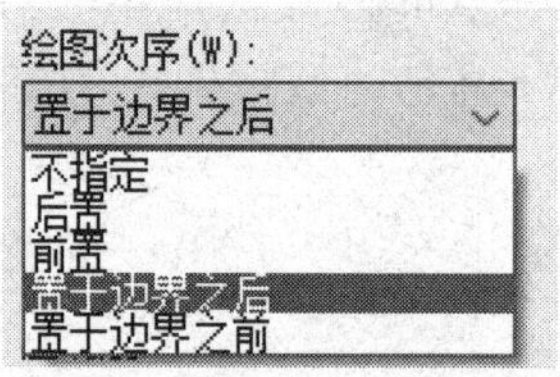

图 3.3.14　绘图次序

图 3.3.15　图层

（5）透明度：设定新图案填充或颜色填充的透明度，替代当前对象的透明度。选择“使用当前项”则使用当前对象的透明度设置，也可切换成其他透明度设置，如图 3.3.16 所示。

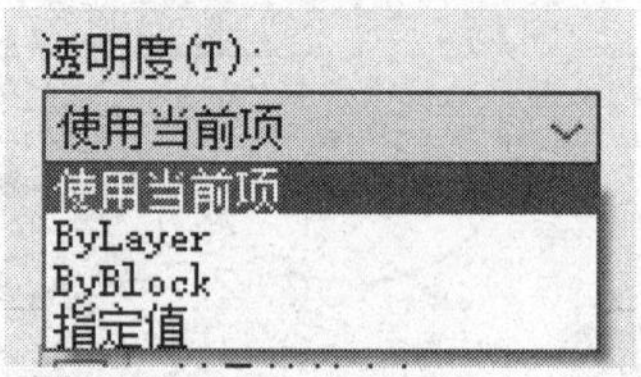

图 3.3.16　透明度

在实际应用过程中，不仅要进行图案填充或渐变色填充，也经常会遇到需要填充纯色的情况，而根据前面的介绍，会发现在“图案填充和渐变色”窗口中，只有“图案填充”及“渐变色”两个选项卡，一个可以填充图案或纹理，一个只能填充渐变色，那如何填充纯色呢？接下来我们根据一个案例来学习填充纯色的方法。

5）案　例

绘制一个边长为 40 的正五边形并为其填充上红色，如图 3.3.17 所示。

（1）先使用“正多边形”命令绘制边长为 40 的五边形。

命令: _polygon 输入侧面数 <5>:
指定正多边形的中心点或 [边(E)]: E
指定边的第一个端点: 指定边的第二个端点: 40

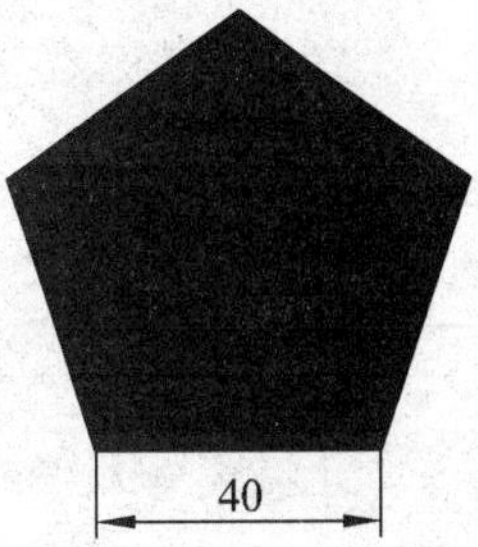

图 3.3.17　填充纯色

（2）选择“图案填充”命令，在“图案填充和渐变色”窗口中“图案填充”选项卡里选择类型为“预定义”，图案选择“其他预定义”窗口中的第一个图案“SOLID”，单击确定，如图 3.3.18 所示。

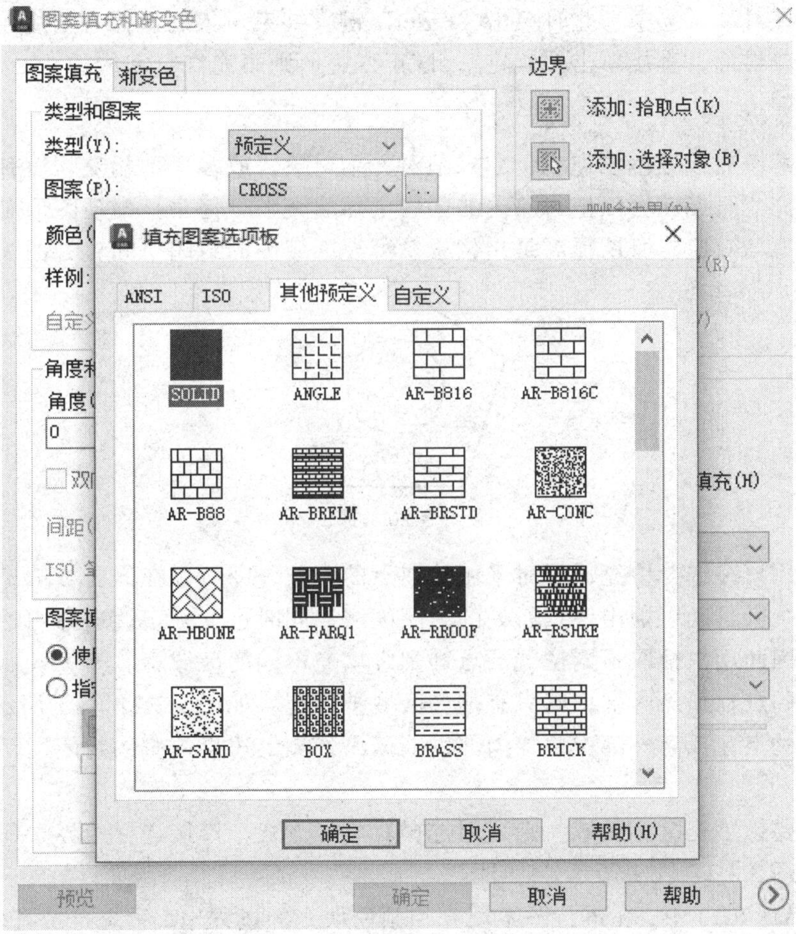

图 3.3.18　选择“SOLID”

在颜色一栏单击后面的下拉列表符号，在下拉菜单中选择红色，如图 3.3.19 所示。

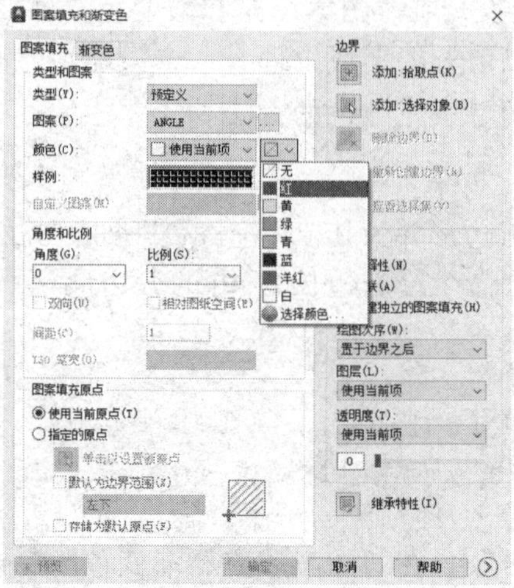

图 3.3.19　选择红色

接下来在边界一栏选择拾取点或选择对象的方式去选中正五边形。当五边形的边界变为虚线时，说明该对象已选中，此时单击“Enter”键，结束对象的选择，则跳转到“图案填充和渐变色”窗口界面，直接单击“确定”，该正五边形则填充红色完成。

6）孤岛效应

在进行图案填充或颜色填充时，如果是对一个对象，或多个不相交、没有包含关系的独立对象进行填充，直接就可以把对象内的区域全部填充上，但一旦出现图形对象的包含或重叠，则会出现孤岛效应。所谓孤岛是指位于总填充区域内的封闭空间，如图 3.3.20 所示。

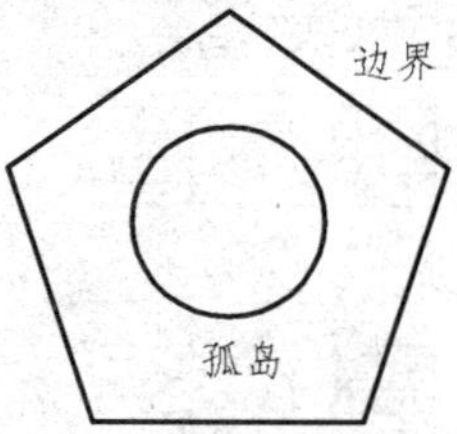

图 3.3.20　孤岛

系统默认用户在选择填充边界时采用拾取点的方式，即可以在需要被填充的区域内任意选择一点，系统会自动识别出该点所处的封闭区域，同时也会确定该边界内的孤岛。由于孤岛也有边界，因此用户拾取不同位置的点，则会填充不同的区域：

（1）拾取的点在孤岛内部，则只有孤岛区域被填充，如图 3.3.21（a）所示。

（2）拾取的点在孤岛外部，边界内部，则孤岛外侧、边界内侧的封闭区间被填充，如图 3.3.21（b）所示。

（3）如果要想填充所有区域，则采用选择对象的方式，直接选择边界，那么所有区域都会被填充，如图 3.3.21（c）所示。

在 AutoCAD 2023 中，在进行图案填充和颜色填充的过程中，系统自带有孤岛检测功能，执行命令过程中会自动分析内部孤岛。如果有孤岛存在，在填充过程中是从外部边界向内填充的，遇到内部孤岛，填充会自动关闭，直到遇到孤岛中的另一个孤岛，这也是上图 3.3.21（b）中孤岛没有被填充的原因。

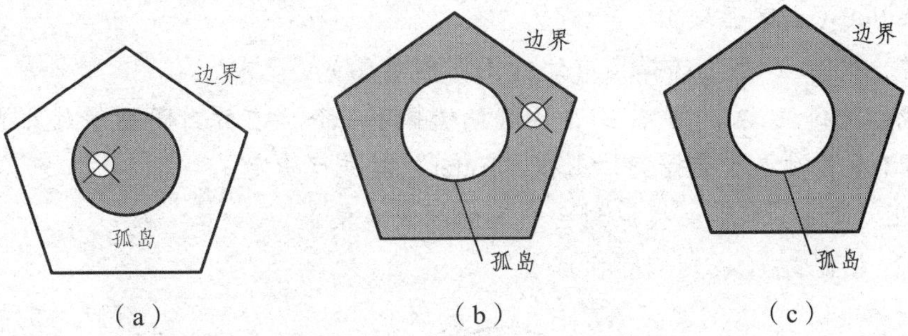

图 3.3.21　孤岛的不同填充模式

思考题：如果孤岛中还有孤岛存在，那么在图案填充或颜色填充过程中会出现什么情况呢？如图 3.3.22 所示的情况，我们应如何进行填充？（提示：在填充过程中要考虑孤岛效应，同时可以采用拾取点和选择对象两种方法进行填充区域的选择。）

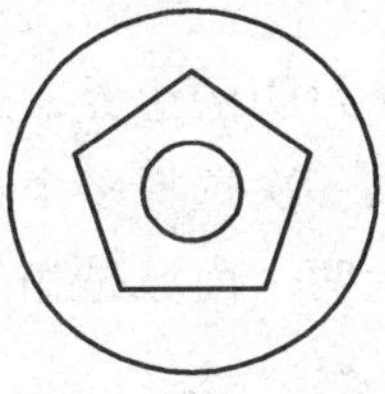

图 3.3.22　岛中岛

3.4　面域绘制

在 AutoCAD 中，面域是具有边界以及物理特性（如质心）的二维封闭区域。该命令是无法直接绘制图形的，只能选择相应图纸对象进行面域的生成，如圆、椭圆、多边形或由圆弧、椭圆弧、样条曲线等对象所构成的封闭区域，创建成一个面，这在三维里面经常用到。

普通图形创建成面域后看起来跟二维图形是一样的，但如果渲染之后就会看到它们的不同。实际上在二维平面，面域就像是一张没有厚度的纸，它不仅包括图形边界，还包括边界内的平面。因此，在 AutoCAD 2023 中，用户可以根据需要把由某些对象构成的封闭区域转换成面域。

3.4.1　创建面域

1）执行方式

命令行：Region（快捷命令 REG）。

菜单栏：单击菜单栏中的“绘图”选项卡，选择“面域”。

工具栏：单击左侧“绘图”工具栏中的“面域”按钮。

2）操作步骤

创建如图 3.4.1 所示的面域。

命令: _region（创建面域）

选择对象: 找到 1 个（选择已有的封闭图形对象）

选择对象: 找到 1 个，总计 2 个（继续选择下一个已有的封闭图形对象）

选择对象:（若对象已选择完，则按“Enter”键进行确定）

已提取 2 个环。（识别并提取到已选取的封闭对象）

已创建 2 个面域。（成功创建面域）

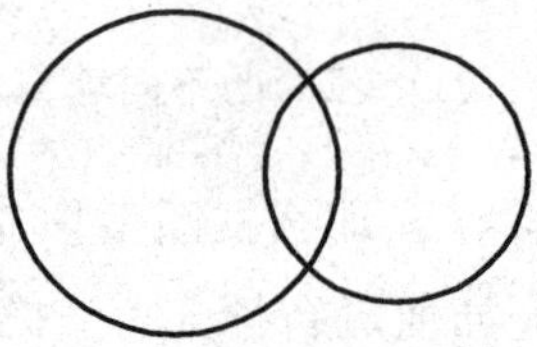

图 3.4.1　创建面域

3）命令说明

面域作为一个面，需要先绘制一个封闭的边界，边界可以是由直线、圆弧、多段线等图形组成，原则就是封闭且不交叉。可以一次选择多个封闭线条生成多个面域，如图 3.4.1 中可以同时选两个圆生成面域，但生成的两个面域是相互独立的，想要得到中空的面域图形必须经过布尔运算才能生成。

面域通常以线框的形式进行显示，用户可根据需要对面域进行复制、粘贴、移动等编辑操作。

若生成的面域需要分解，则可以使用分解命令“Explode”对面域分解，把面域反转换成相应的圆、椭圆、多边形或圆弧、样条曲线、多段线等独立的线条。

3.4.2　面域的布尔运算

布尔运算是数学上的一种逻辑运算，在 AutoCAD 2023 中绘图时使用布尔运算可以创建出由几个对象交叉所形成的新的边界构成的面域，从而大大提高绘图效率。布尔运算只适用于包括实体并且共面的面域，而普通的图形线条对象是无法使用布尔运算的。

在 AutoCAD 2023 中，用户可以根据需要对共面的多个交叉面域执行“并集”“差集”“交集”三种布尔运算。

1）并集运算

并集命令用于将两个或多个面域合并为一个单独的面域，如图 3.4.2 所示。

（1）执行方式。

命令行：Union（快捷命令 UNI）。

菜单栏：单击菜单栏中的“修改”选项卡，在下拉列表中选择“实体编辑”，单击“并集”。

（2）操作步骤。

命令: _union（执行“并集”命令）

选择对象: 找到 1 个（选择一个要进行合并的面域对象）

选择对象: 找到 1 个，总计 2 个（选择另一个要进行合并的面域对象，对象选完之后，单击“Enter”键结束对象的选择）

选择对象:（面域合并完成）

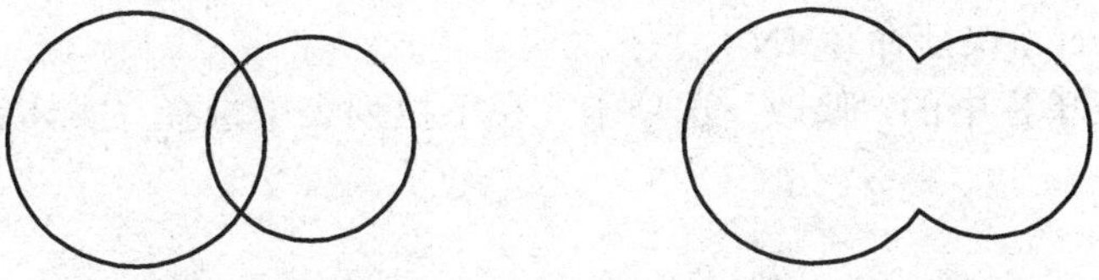

（a）原始面域　　（b）并集运算

图 3.4.2　并集运算过程

（3）命令说明。

用户在选择了所有需要进行并集运算的面域后，点击“Enter”键结束对象的选择，开始执行下一步，即对已选对象面域进行合并，形成一个新的面域。

2）差集运算

差集命令是指从一个或多个面域中减去另一个或多个面域，如图 3.4.3 所示。

（1）执行方式。

命令行：Subtract（快捷命令 SU）。

菜单栏：单击菜单栏中的“修改”选项卡，在下拉列表中选择“实体编辑”，单击“差集”。

（2）操作步骤。

命令: _subtract 选择要从中减去的实体、曲面和面域...（执行“差集”命令）

选择对象: 找到 1 个（选择一个面域对象 1，单击“Enter”键，结束对象选择）

选择对象:

选择要减去的实体、曲面和面域...（选择另一个面域对象 2，单击“Enter”键，结束对象选择）

选择对象: 找到 1 个

选择对象:（差集运算完成，即从面域 1 中减去面域 2，保留剩余的面域图形）

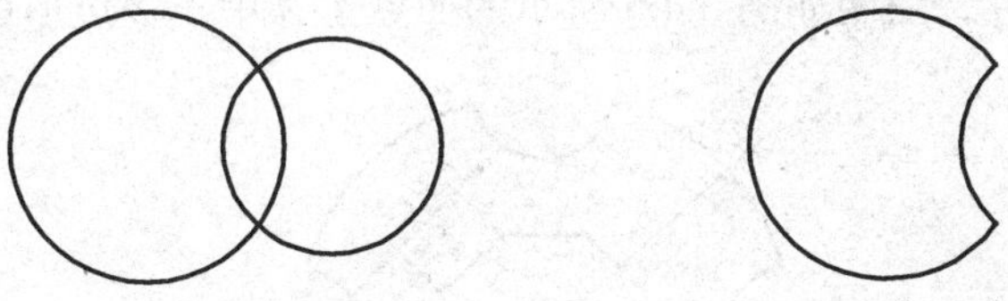

（a）原始图　　（b）差集运算

图 3.4.3　差集运算过程

（3）命令说明。

差集运算主要是使用一个已知面域对象减去另一个已知面域对象，前提是两个面域必须是相交的，否则无法完成差集运算。

在命令执行过程中，先选择第一个已知面域，然后单击“Enter”键，再选择要从中减去的第二个已知面域，再次单击“Enter”键，则完成差集运算。

3）交集运算

交集命令是指将两个或多个相交面域的公共部分提取出来成为一个对象，如图 3.4.4 所示。

（1）执行方式。

命令行：Intersect（快捷命令 IN）。

菜单栏：单击菜单栏中的“修改”选项卡，在下拉列表中选择“实体编辑”，单击“交集”。

（2）操作步骤。

命令: _intersect（执行“交集”命令）

选择对象: 找到 1 个（选择一个面域对象）

选择对象: 找到 1 个，总计 2 个（选择另一个与其相交的面域，单击“Enter”键，结束对象的选择）

选择对象:（执行交集命令，保留下两个面域共有的区域面积，即相重叠的区域）

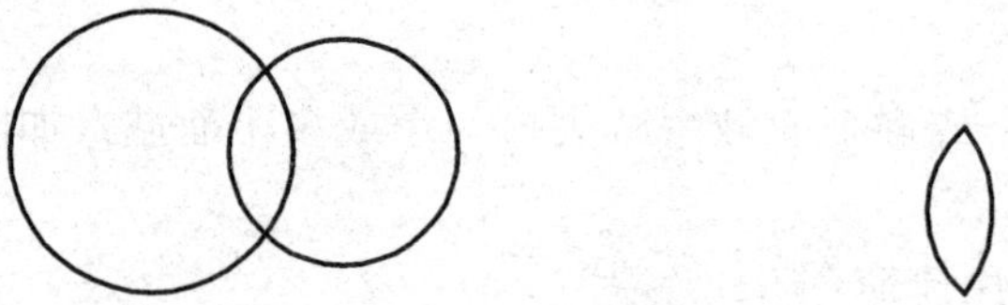

（a）原始图形　　（b）交集运算

图 3.4.4　交集运算过程

（3）命令说明。

交集运算简单来说就是对多个相交的面域对象，通过执行交集运算，创建出一个由几个面域相重叠的公共部分所构成的新的面域区域。

该命令操作较简单，只需在执行“交集”命令后，根据命令区的提示选择相交的几个面域对象，单击“Enter”键即可。

4）案　例

利用面域的布尔运算，绘制如图 3.4.5 所示的面域（其中正多边形内接于半径为 40 的圆）。

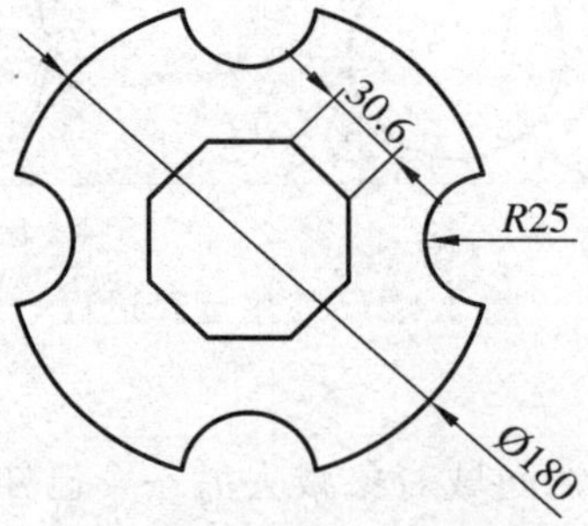

图 3.4.5　面域布尔运算示例

具体操作步骤如下：

（1）使用绘图命令中的“圆”，绘制出一个直径为 180 的圆。

（2）以圆的圆心为中心点，选择多边形命令，绘制出一个内接于半径为 40 的圆的正八边形。

（3）开启“对象捕捉”模式，勾选“象限点”，使用“圆”的命令，移动鼠标指针，在捕捉到象限点的位置，作为圆心，绘制半径为 25 的圆。

（4）采用同样的方法，把其他象限点位置的圆都画出来。

（5）使用“差集”命令，把大圆作为要从中减去的面域，在第一次选择对象的时候选中，单击“Enter”键，第二次选择四个小圆作为要减去的面域，再次单击“Enter”键，即可得到差集运算后的新面域。

3.5 图块的制作与应用

在设计绘图过程中常常会出现一些反复用到的图形，如通信工程制图中的图例、图衔，机械设计中的螺母、螺钉，室内设计中的沙发、茶几，建筑设计中的门窗、桌椅等。如果每次遇到这些图形都重新进行绘制，工作量则会大大增加，并且这些图形的存储及其相关信息也需占据很大的磁盘空间。为了减少制图员的重复工作，提高作图速度，同时节省磁盘空间，可以采用模块化作图的方法，也就是图块。

图块也称为块，它是一组图形对象的集合，可以由直线段、圆弧、圆、多段线、样条曲线等多个对象构成。一旦把这组对象创建为块，它们就被整合成一个整体，选择图块中的任意一个对象，整个图块都会被选中。在 AutoCAD 中，系统会把一个图块作为一个对象进行编辑或修改等操作，用户则可以根据需要在相应的位置直接插入已创建好的图块，同时在插入过程中还可以设置图块的缩放比例及旋转角度。

已经创建好的图块如果需要进行编辑或修改，可以使用“分解”（Explode）命令把整体拆分，分解成多个独立的对象。图块也可重新进行定义，一旦重新定义，图中所有基于这个图块创建的对象都会发生改变。

根据图块使用范围的不同，可以把图块分为内部块和外部块两种。

3.5.1 内部块

所谓内部块，又称为“块定义”，是指创建出来的图块只适用于当前图纸。

1）执行方式

命令行：Block（快捷命令 B）。

菜单栏：单击菜单栏中的“绘图”选项卡，在下拉列表中选择“块”，单击“创建”命令。

工具栏：在左侧绘图工具栏中选择“创建块”按钮。

2）操作步骤

在创建图块之前，首先要有需创建成图块的对象，图块命令本身是没有作图功能的，只能基于已有对象的基础上，把它们创建成一个整体。

在选择了“创建块”命令后，系统会自动弹出“块定义”对话框，根据需要在对话框中设置相应的功能即可，如图 3.5.1 所示。

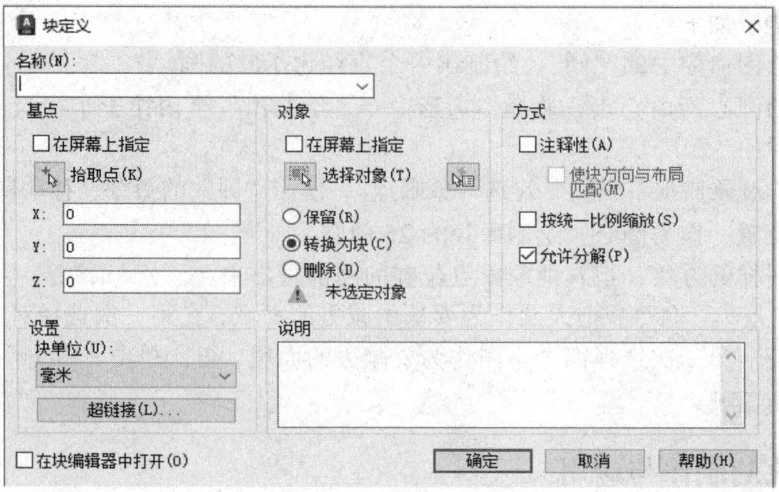

图 3.5.1 “块定义”窗口

命令: _block

指定插入基点:（选择已有图形中的某一点为基点）

窗口(W）套索　按空格键可循环浏览选项找到 5 个（选择要创建成图块的对象）

选择对象:（单击窗口下方的确定，该内部块就创建成功了）

3）命令说明

在“块定义”窗口中，有很多需要选择确定的项目，其各项含义如下：

（1）名称：给要创建的图块命一个名称，通常以实体对象名称来进行命名，方便在使用图块的时候能准确找到。

（2）基点：在插入图块时使用的一个参照点，系统默认基点的值是坐标原点，即（0,0,0,）。用户可以根据需要选择在屏幕上指定一个点作为基点；也可以选择“拾取点”  按钮，这时会返回到绘图界面，通过十字光标去拾取一个点作为基点，基点选择完则又跳转到“块定义”窗口；也可在下面的“X、Y、Z”文本框中输入对应的坐标值作为基点。

（3）设置：主要设置图块插入的单位，默认是毫米。

（4）对象：即需要创建成图块的线条。对象的选择可以在屏幕上指定，也可以单击选择对象图标 ，跳转到绘图界面通过鼠标指针选择要创建成图块的对象，选完单击“Enter”键则返回“块定义”窗口。其中：

“保留”指把选中的图形对象创建成图块后，原对象不转换为块，还是独立的线条，即原对象保持原来的属性，但是创建了一个跟原对象完全相同的图块，可以在需要的时候直接插入。

“转化为块”不仅创建了跟原对象相同的图块，同时把原对象也直接转换成了图块。

“删除”指在图块创建成功后，原对象就删除了。

（5）方式：指定块的行为，包括注释性、按统一比例缩放和允许分解三种。

“注释性”指按注释性比例进行插入；“按统一比例缩放”指通过复选框来确定是否要在插入图块时采用统一的比例进行缩放；“允许分解”指创建成的图块可以被分解，进行修改和编辑。

这里用“块定义”创建出的图块是内部块，只适用于当前图纸，即只能在当前图纸中适用“块插入”对图块进行使用，是不能在其他图纸中进行插入使用的。图块也可以进行嵌套，即在创建一个图块的时候，其中包含的对象可以是线条也可以是图块。

4）案　例

把图 3.5.2 所示的五角星创建成一个内部块（见图 3.5.3）。

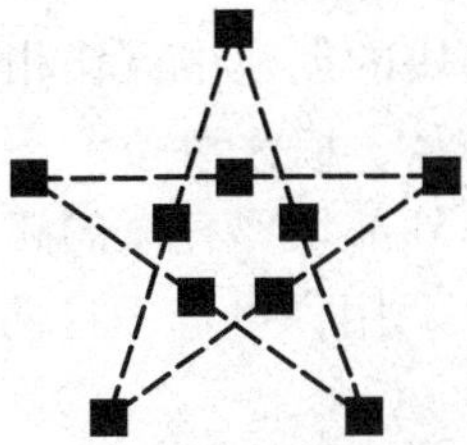

图 3.5.2　原五角星

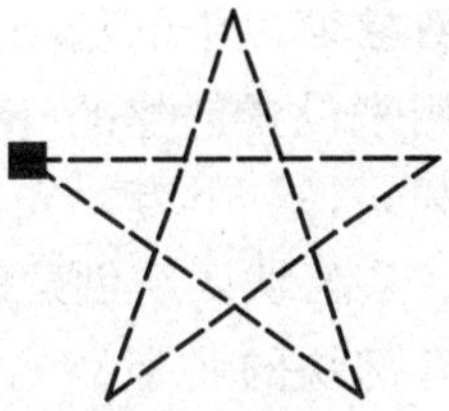

图 3.5.3　创建为内部块

（1）选择创建图块命令，在弹出的“块定义窗口”中先给图块进行命名，根据图形对象的形状，可命名为“五角星”。

（2）单击“拾取点”，返回绘图界面进行基点的选择，拾取五角星的左侧角点为基点。

（3）在对象栏单击“选择对象”前面的小窗口，返回绘图界面进行对象的选择，把构成五角星的每条直线段都选中，单击“Enter”键，返回到“块定义”窗口，单击确定，则此名称为“五角星”的内部块就创建成功了。

3.5.2　外部块

外部块（Wblock），又称之为“写块”（Write Block）。它是指在创建图块过程中可以指定一个图块存储的路径，该图块创建成功之后会存储在相应的位置，用户在需要使用该图块的时候，可以直接查找或选择该路径进行插入，它不仅适用于当前图纸，还适用于其他任意一张图纸。它不像内部块，只能在当前图纸中插入，换一张图纸就无法使用了。

1）执行方式

命令行：WBlock（快捷命令 B）

2）操作步骤

不论是内部块还是外部块，在创建前都需要有要创建成块的对象，外部块命令本身也是没有绘图功能的，只能把已有的对象创建成外部块，并在任意图纸中进行插入使用。

命令: _wblock（使用写块命令创建外部块）

指定插入基点:（选择已有图形中的某一点为基点）

窗口(W）套索　按空格键可循环浏览选项找到 5 个（选择要创建成图块的对象，返回“写块”命令窗口后选择该外部块储存的文件名和路径）

选择对象:（单击窗口下方的确定，该外部块就创建成功了）

3）命令说明

内部块是可以转换成外部块的。如果在该图纸中已经创建了一个内部块，之后想要把该内部块转换成外部块，以便在任意图纸中都能使用，也可通过“写块”命令完成转换。

（1）源：指要创建成外部块的图形对象或块文件，包含三个选项，“块”“整个图形”和“对象”。

“块”指当前图纸中已经创建好的内部块，想要转换成外部块，则可在后面的框里单击下拉按钮，选择相应的内部块。

“整个图形”指当前整个图形文件作为一个块进行存储。

“对象”是把需要转换成外部块的图形对象选中，让其生成为一个外部块。

（2）基点和对象窗口中的选项与“块定义”也即内部块的创建中操作相同。

（3）目标：用来设置创建的外部块的文件名和存储路径、插入单位。

在“文件名和路径”下方，先单击后面的 ... ，选择外部块要存放的路径，然后在前面一栏修改文件名，系统默认新创建的外部块名字为“新块”，用户可选中这两个字，修改成需要的名称作为该外部块的名字。

插入单位默认为毫米。

“Wblock”命令定义的图块是一个单独存在的图形文件。“Wblock”命令可将图形文件中的整个图形、内部块或某些实体对象写成一个新的图形文件，其他图形文件均可以将它作为块来进行调用。

3.5.3 块的插入及使用

在图纸中的某个位置插入已创建好的内部块或外部块。

1）执行方式

命令行：INSERT。

菜单栏：单击菜单栏中的“插入”选项卡，在下拉列表中选择“块选项板”。

工具栏：在左侧绘图工具栏中选择“插入块”按钮。

2）操作步骤

要使用“插入块”命令，需要提前创建好内部块或外部块，然后才能进行插入使用。

在运行“插入块”命令后，系统会自动弹出“块选项板”窗口，如图 3.5.4 所示。

图 3.5.4 “块选项板”窗口

3）命令说明

在“块选项板”窗口中可单击“库”“收藏夹”和“最近使用的项目”任意一个选项卡，单击“将 DWG 作为块插入”，即符号，选择需要使用的图块，使用“单击放置”或“拖放”将 DWG 作为块插入到当前图形中。到绘图界面指定一个插入点作为插入图块的基点，在“块”选项板的底部，选择一个或多个选项来控制放置、比例、旋转和自动重复。如果要将块中的对象作为单独的对象而不是单个块插入，请选择“分解”。

生成块缩略图预览时的短暂延迟不会影响块插入。

3.5.4 图块属性

创建图块时，图块上会附带有一些其他信息，如附属文字说明等，方便我们在插入图块时，把这些属性信息连同图块一起插入到图纸中。附属在图块上的这些信息就称为块属性。

1）执行方式

命令行：ATTDEF。

菜单栏：单击菜单栏中的“绘图”选项卡，在下拉列表中选择“块”，单击“定义属性”。

2）操作步骤

选择“定义属性”命令后，系统会自动弹出“属性定义”窗口，如图 3.5.5 所示。

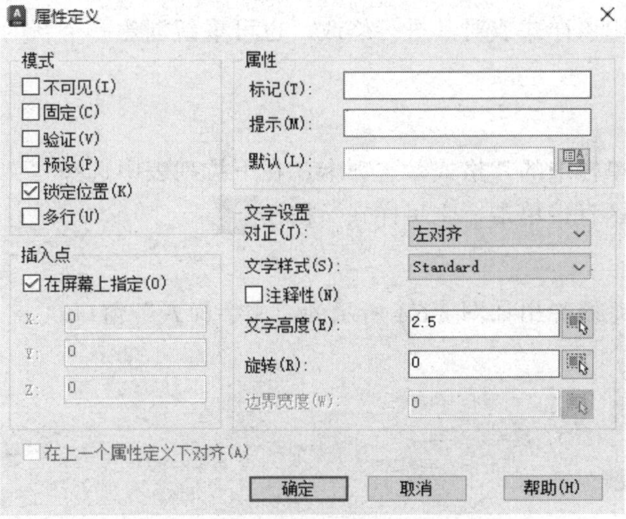

图 3.5.5 “属性定义”窗口

3）命令说明

在“属性定义”窗口中，主要包括模式、属性、插入点和文字设置四个部分。

（1）模式：系统提供了不可见、固定、验证、预设、锁定位置和多行六种模式选项，用户根据需求进行选择即可。

（2）属性：可以通过标记、提示、默认三个属性输入框，输入数据来确定图块属性；

（3）插入点：如果选择“在屏幕上指定”，则下方的“X、Y、Z”一栏呈暗灰色，不能进行数据输入，同时会调整到绘图界面，用户可通过鼠标指针在屏幕上选择插入点；如果不勾选“在屏幕上指定”，则下方的“X、Y、Z”一栏可以进行数据输入，用户可通过输入具体坐标值的方式来确定插入点。

（4）文字设置：通过对正、文字样式、文字高度和旋转等选项来定义属性文字的特征。

图块的属性是图块固有的特性，主要用在形状相同而性质不同的图形中，如标高、标题栏、轴线编号等。

3.6 文字与表格

在图纸的设计和绘制过程中，文本输入和表格的使用是必不可少的。无论是机械零部件加工图、建筑设计图、家居设计图还是通信工程图纸，都需要在图纸中标注一些文字说明或技术要求等，对需要重点关注的图形对象进行解释。一张完整的图纸中不仅包括文字说明，还要包含图衔。图衔作为一个固定大小的表格，通过 AutoCAD 2023 中的表格插入进行绘制，则更加的便捷迅速。包括通信工程图纸中的工程量列表等都可以用直接插入表格的方法进行绘制。

3.6.1 文本样式设置

当需要在图纸中或图形对象里输入文字的时候，应提前设置“文字样式”，其中包括要使用的文字字体、字高以及填充效果等，方便用户在需要输入文字的时候直接应用。AutoCAD 2023 提供了“文字样式”窗口来直接进行文本样式的设置，系统默认使用“Standerd”文本样式，用户可直接使用该样式或对其进行修改，也可重新创建一个新的文本样式。

1）执行方式

命令行：STYLE。

菜单栏：单击菜单栏中的“格式”选项卡，在下拉列表中选择“文字样式”。

功能区：在功能区直接单击“文字样式”按钮。

2）操作步骤

执行该命令后，系统弹出如图 3.6.1 所示的“文字样式”窗口。

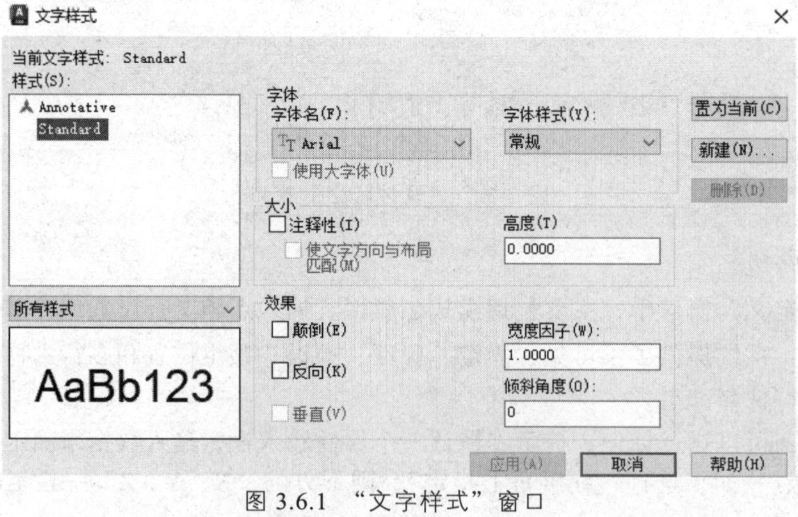

图 3.6.1 “文字样式”窗口

（1）样式：窗口中的样式区域主要显示当前已有的文字样式，以及正在使用的文字样式。其中，带蓝色背景填充色的“Standard”是当前正在使用的样式，该样式不能删除，也不能重命名。

当前“Standard”样式已经设置了文字字体、样式及显示效果，用户可以对其内容进行修改，也可以根据需求新建一个文字样式，单击窗口右侧的“新建”按钮，在弹出的“新建文字样式”窗口中的“样式名”一栏输入新样式的名称，单击“确定”即可，如图 3.6.2 所示。该样式名即显示到样式列表区域（见图 3.6.3），选中该样式名，在后续区域中分别设置文字字体及显示效果，即新的文字样式创建成功。

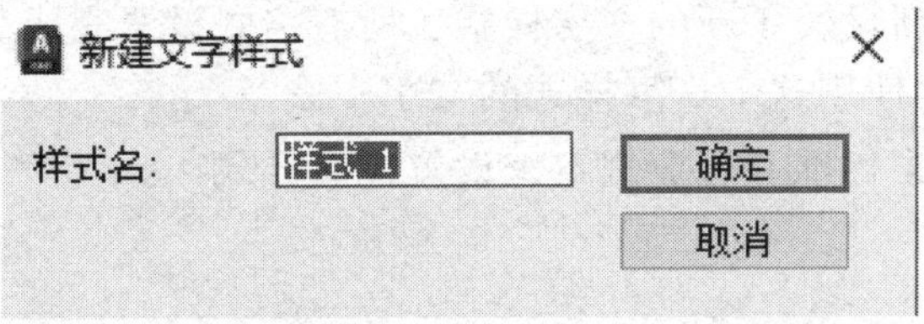

图 3.6.2 “新建文字样式”窗口

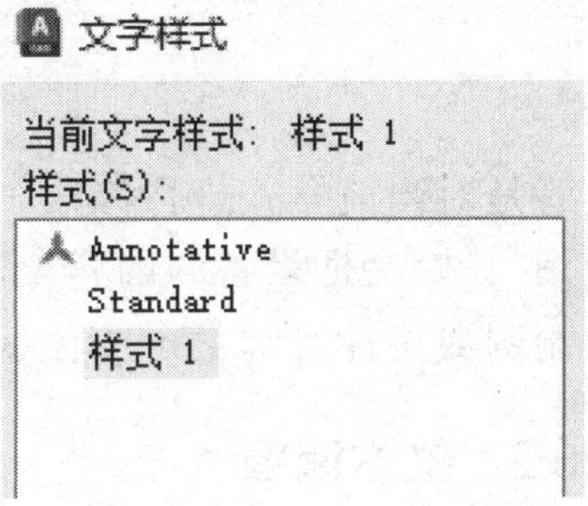

图 3.6.3 “样式”列表区

新建的文字样式可以被删除或重命名，但如果正在使用该文字样式和已经被使用的文字样式是不能被删除的。

（2）字体：该区域主要用来设置当前文字样式中要使用的字体和字体样式。单击字体名后的下拉按钮，在下拉列表中选择需要设置的字体即可。AutoCAD 2023 提供了多种中英文字体供用户使用，当选择字体名下方的“使用大字体”时，字体列表会发生变化，变成“大字体”列表，它是一种特殊类型的图形文件，定义了数千个非 ASCII 字符文本文件。

在文字样式一栏，可通过下拉按钮在下拉列表中选择文字样式，主要有“常规”“斜体”“粗体”“粗斜体”四种文字样式。

（3）大小：用来设置文本样式中字体的大小，“高度”栏用来确定文字高度，高度越高，文字越大。在使用“TEXT”命令进行文字输入时，系统不再提示输入字高。当字高设置为 0 时，每次要进行文字输入，系统都会提示让输入字高。

（4）效果：设置文字的显示效果。“颠倒”是把文字设置为倒置，也即上下反过来，如图 3.6.4 所示。

图 3.6.4 “颠倒”效果

“反向”指把输入的文字左右颠倒如图 3.6.5 所示。

图 3.6.5 “反向”效果

“垂直”设置文字方向是水平还是垂直，勾选此选项时为垂直方向，取消勾选为水平方向。

“宽度因子”是用来设置文字的宽度，确定字符的宽高比。比例因子为 1，说明按照字体文件中定义的宽高比来设置文字宽度；小于 1 时字符间的宽度会被压缩，如图 3.6.6（a）所示；大于 1 时，字符宽度会加宽，如图 3.6.6（b）所示。

AaBb123
（a）

AaBb123
（b）

图 3.6.6 “宽度因子”效果

“倾斜角度”用来设置文字的倾斜度数，一般取值为 – 85° ~ +85°，如图 3.6.7 所示。

AaBb123

图 3.6.7 “倾斜角度”效果

不管是对当前样式进行修改，还是重新设置了新的文字样式，所有格式设置完成后，单击“应用”，则会把设置的内容全部应用到使用这个文字样式的文字中去。

在制图或设计过程中，应依据相关国家标准和行业规定来设置文字样式。

3.6.2 文本编辑

文本样式设置完成后，就可以开始进行文本输入及编辑。AutoCAD 2023 提供了两种文本输入方式供用户选择，分别是单行文本输入和多行文本输入。

1）单行文本输入

单行文本输入指使用该命令输入的文字以“行”为单位，每行是一个独立的整体，如果需要对单行文本中的多行内容进行修改，则需要一行一行地完成，不能一次对多行文本内容进行修改。使用该命令不是一次只能输入一行文字，是可以输入多行文字的。

（1）执行方式。

命令行：TEXT。

菜单栏：单击菜单栏中的“绘图”选项卡，在下拉列表中选择“文字”，单击“单行文字”。

（2）操作步骤。

使用单行文本输入完成图 3.6.8。

命令: _text
当前文字样式: “Standard” 文字高度: 2.5000 注释性: 否 对正: 左
指定文字的起点 或 [对正(J)/样式(S)]:
指定高度 <2.5000>: 10
指定文字的旋转角度 <0>:

Auto CAD 2023
通信工程制图

图 3.6.8 单行文本输入

（3）命令说明。

① 当前文字样式：显示当前正在使用的文字样式、字高，是否有注释性及文字的对正方式。

② 指定文字的起点：确定文本输入的具体起始位置。

③ 对正（J）：选择文本使用哪一种对齐方式，在命令区输入“J”后，会提示“输入选项[左(L)/居中(C)/右(R)/对齐(A)/中间(M)/布满(F)/左上(TL)/中上(TC)/右上(TR)/左中(ML)/正中(MC)/右中(MR)/左下(BL)/中下(BC)/右下(BR)]:”，用户根据需要选择一种对齐方式，指明文本的哪个部分与所选择的文字起点相对齐。

当文本是水平排列时，AutoCAD 2023 为标注文字定义了顶线、中线、基线和底线，相当于把确定的文字高度划分了四线三格三行空间，即“上、中、下”三行，如图 3.6.9 所示。再结合左右对齐，形成了“左上、右上、左中、右中、居中、正中”等 15 种对齐方式。

图 3.6.9　文本行的顶线、中线、基线和底线

“左（L）”指设置生成的文字以插入点为基点进行左对齐。

“居中（C）”指设置生成的文字以插入点为中心向两边排列。

“右（R）”指设置生成的文字以插入点为基点进行右对齐。

“对齐（A）”系统根据文字高度自动调整字符高度，结合文字方向在基线的两个端点直接均匀分布文字，但字符的宽高比例不变。

“中间（M）”指设置生成的文字以插入点为中央两边排列。

“布满（F）”通过文本行基线的两个端点指明文字方向，系统会自动调整字符的宽高比例，使文字均匀分布，但字高不变。

“左上（TL）”指设置生成的文字与以插入点为字符串的左上角对齐。

“中上（TC）”指设置生成的文字与以插入点为字符串顶线的中心点对齐。

“右上（TR）”指设置生成的文字与以插入点为字符串的右上角对齐。

“左中（ML）”指设置生成的文字与以插入点为字符串的左中点对齐。

“正中（MC）”指设置生成的文字与以插入点为字符串的正中点对齐。

“右中（MR）”指设置生成的文字与以插入点为字符串的右中点对齐。

“左下（BL）”指设置生成的文字与以插入点为字符串的左下角对齐。

“中下（BC）”指设置生成的文字与以插入点为字符串底线的中点对齐。

“右下（BR）”指设置生成的文字与以插入点为字符串的右下角对齐。

（4）样式（S）：重新设置要使用的文字样式，在命令区输入“s”，系统会提示“输入样式名或 [?] <Standard>: ”输入需要使用的文字样式设置为当前样式，输入“？”能够查询文档中已经定义的文字样式。

（5）指定高度：设置要输入的文字的高度。

（6）旋转角度：设置要输入文字的旋转度数。

使用单行文本输入命令“text”也可以输入多行文本，在指定文本输入位置后即可直接输入文本内容。一行文字输入完成后按“Enter”键则可切换到下一行文字的输入。文本全部输入完成后，按两次“Enter”键则结束单行文本输入命令。在绘图区则会显示相应的文本内容，选中文本，则可以通过夹点调整每一行文本的位置。

2）多行文本输入

使用多行文本方式进行文本输入时，输入的所有内容是一个统一整体，相当于在一个文本框中进行的编辑，可以一次选中多行文本进行统一设置，比较适合输入文字格式较复杂、内容较多的文字。

（1）执行方式。

命令行：MTEXT。

菜单栏：单击菜单栏中的“绘图”选项卡，在下拉列表中选择“文字”，单击“多行文字”。

（2）操作步骤。

命令: _mtext
当前文字样式: "Standard"　文字高度:　6.0803　注释性:　否
指定第一角点:
指定对角点或 [高度(H)/对正(J)/行距(L)/旋转(R)/样式(S)/宽度(W)/栏(C)]:

（3）命令说明。

① 指定第一角点：通过在屏幕上拾取第一角点和对角点，确定文本输入框的大小，而且第一角点也将作为第一行文本顶线的起点。

② 高度（H）：设置文字高度，也即文字大小。

③ 对正（J）：选择文本的对齐方式，与单行文本对齐方式相同。

④ 行距（L）：在文本框内输入了多行文本时，行与行之间的距离。在选择该命令后，系统会提示“至少”和“精确”两种方式。“至少”是指 AutoCAD 2023 会自动调整行间距，并且是根据每行文本中的最大字符来调整；“精确”是指系统可以赋予文本一个固定的行间距，或输入“nx”，其中“n”是输入一个数值，表示行间距设置为单行文本字高的 *n* 倍，单行文本字高是本行文本字高的 1.66 倍。

（4）旋转（R）：指定文本标注的倾斜度数。

（5）样式（S）：设置输入的文本标注要使用的文字样式。

（6）宽度（W）：设置多行文本的宽度，一般默认使用第一角点和对角点所组成的矩形窗口的宽度为多行文本的宽度，也可以输入一个固定的数值，精确指定多行文本的宽度。

（7）栏（C）：指对输入的文字进行分栏设置，并指定分栏的栏数、宽度和高度，也可以使用夹点对栏宽和栏高进行设置。AutoCAD 2023 提供了“不分栏”“静态栏”“动态栏”三个选项。

（8）文字编辑器：在创建了多行文本，指定起点和对角点后，系统就会弹出文字编辑器，如图 3.6.10 所示。通过编辑器可以输入文本并对文本中的内容进行编辑，如字体、字高、加粗、倾斜、加下画线、项目符号等，像在使用 Microsoft Word 界面进行编辑一样，用户操作非常方便（见图 3.6.11）。

图 3.6.10 “文字编辑器”选项卡

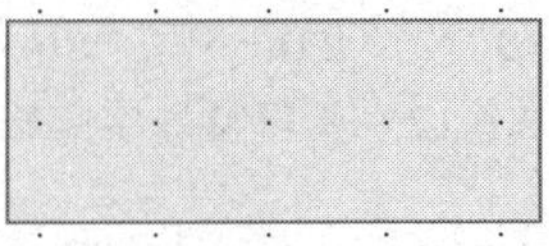

图 3.6.11 “多行文字”编辑区

文本输入完毕并设置好格式后直接单击“确定”按钮即可结束多行文字输入命令。如果要对编辑好的文字进行修改，则直接把鼠标指针移动到文字上双击就会弹出“文字编辑器”选项卡，根据需求对相应的文字选中并设置即可。

3）特殊字符输入

在制图过程中，有可能需要输入一些特殊字符或公式，比如直径（ϕ)、半径（R)、正负号等，这时采用多行文本进行输入还是单行文本进行输入，方法是不同的。

（1）单行输入。

在使用单行文本进行输入的时候，主要采用的是 AutoCAD 2023 提供的控制码完成输入。控制码是用两个百分号（%%）后面加一个字母所构成的，表 3.6.1 中显示了 AutoCAD 2023 中常用的控制码。

表 3.6.1　AutoCAD 2023 控制码

控制码	功能
%%%	百分号
%%c	直径符号
%%p	正/负符号
%%d	度符号
%%u 或%%	加下划线
%%o	加上划线

在使用控制码进行输入的时候，要按住键盘上的“Shift”键，特别是字母的输入，如果不按“Shift”键，是显示不出相应符号的。

```
命令: DTEXT
当前文字样式: “Standard”  文字高度: 10.0000  注释性: 否  对正: 左
指定文字的起点 或 [对正(J)/样式(S)]:
指定高度 <10.0000>:
指定文字的旋转角度 <0>:
输入文字：80%%d
输入文字：%%p0.35
输入文字：%%oAuto%%o
```

每个控制符输入完，在绘图区的光标处就会自动显示其所对应的特殊符号，上面案例的操作结果如图 3.6.12 所示。

80°　±0.35　Auto

图 3.6.12　单行特殊字符输入

（2）多行输入。

在使用多行文本输入的时候，系统会自动弹出“文字编辑器”窗口，在编辑窗口中直接单击鼠标右键，会弹出下拉菜单（见图 3.6.13），在菜单中选择“符号”，在“符号”下拉列表中选中要使用的特殊字符即可。

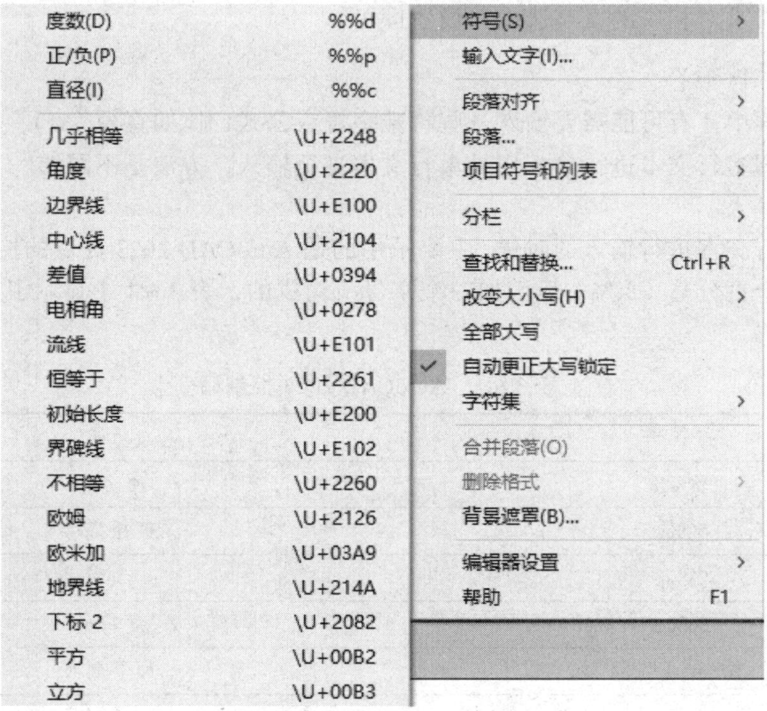

图 3.6.13　快捷菜单

（3）键盘输入。

除了上面两种方法以外，还可以采用 Windows 所提供的软键盘进行特殊字符的输入，任选一种输入法进行字符输入即可。

3.6.3　表格插入

在绘制图纸的过程中，表格的使用也是非常常见的。虽然可以使用绘图命令来绘制表格，但是过程相对比较复杂，并且用绘图命令绘制出的表格想要添加文字，设置起来更加麻烦。因此，如果在图纸中能直接插入表格并进行编辑，则会给绘图人员带来很大的便利。AutoCAD 2023 就给用户提供了强大的表格插入和设置功能，大大提高了绘图人员的作图效率。

1）创建表格样式

当图纸中需要使用表格时，需先对表格样式进行设置，即设置好表格的外观。不同行业领域适用的表格样式会有所不同，我们可以根据需要对表格样式进行设置，也可以对编辑好的表格进行修改，把它设置成需要的格式。

（1）执行方式。
命令行：TABLESTYLE。
菜单栏：单击菜单栏中的“格式”选项卡，在下拉列表中选择“表格样式”。
功能区：在功能面板选择“表格样式”按钮并单击。
（2）操作步骤。
执行表格样式命令后，系统会自动弹出“表格样式”窗口，如图 3.6.14 所示。

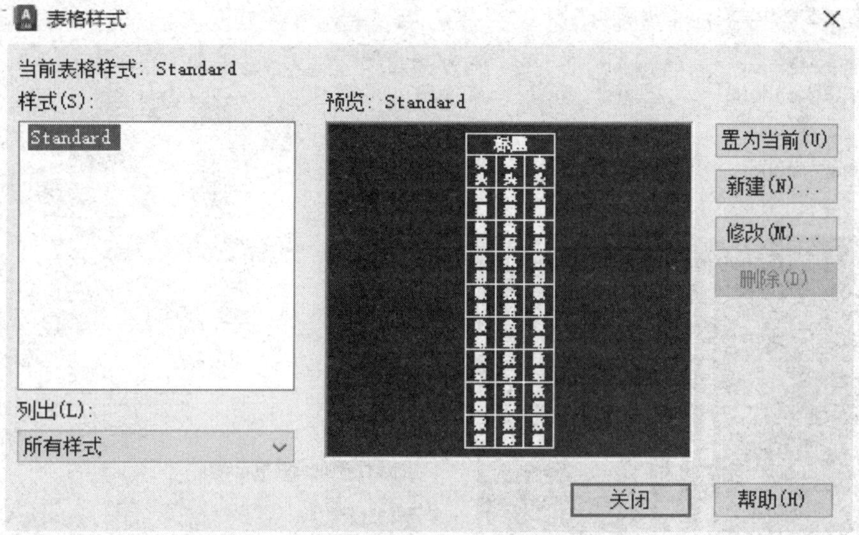

图 3.6.14 “表格样式”窗口

该窗口中显示了当前系统里已有的表格样式以及当前所适用的表格样式。“列出”可控制在样式窗口中显示的内容，包括所有样式和正在适用样式两个选项；“预览”区显示了当前表格的样式外观，包括线条、颜色、线宽等内容；“置为当前”是把所选择的表格样式设置成要使用的样式；“新建”指当前表格样式不满足需求，直接创建一个新的表格样式；“修改”指对当前表格样式的相关内容进行修改；“删除”是可以把已有的表格样式删除，但是当前正在使用的样式不能被删除，可以先切换到其他表格样式，再进行删除。

单击“新建”和“修改”按钮后进行设置的表格项目都是相同的，这里以“新建”为例，介绍表格设置的详细内容。

在“表格样式”窗口选择“新建”，系统自动弹出“创建新的表格样式”窗口，如图 3.6.15 所示。

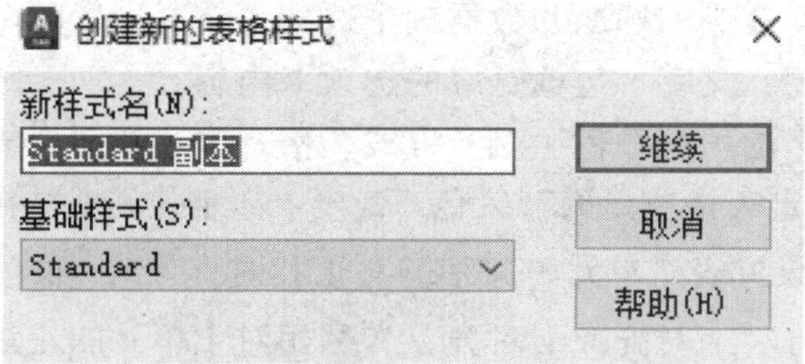

图 3.6.15 “创建新的表格样式”窗口

其中，“新样式名”指新创建的表格样式的名称，系统默认新样式名为“Standard 副本”；“基础样式”指以已有的某个表格样式为参照，在它的基础上进行修改设置；“继续”指新样式名设置好了，继续下一步操作；“取消”指取消创建新的表格样式；“帮助”指系统会打开帮助页面，解释当前窗口中各选项含义，帮助用户理解。

单击“继续”按钮，系统弹出“新建表格样式：Standard 副本”窗口（见图 3.6.16），各选项卡内容含义如下：

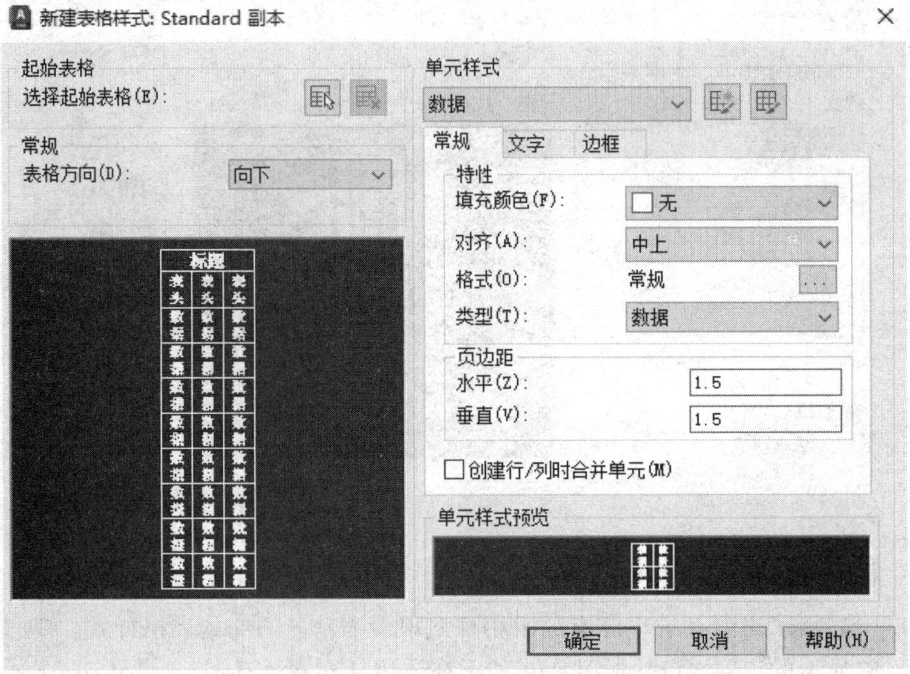

图 3.6.16 “新建表格样式：Standard 副本”窗口

（1）选择起始表格：用户可选择一个系统里已有的表格来做新建表格的样式，单击后面的按钮进行表格选择。

（2）表格方向：设置创建成的表格标题行和列标题行的位置，包括“向下”和“向上”两种方向。“向下”创建出的表格是由上而下读取的，标题行和列标题行位于表格的顶部，单击“插入行”并单击“下”时，将在当前行的下面插入新行；“向上”创建出的表格是由下而上读取的，标题行和列标题行位于表格的底部，单击“插入行”并单击“上”时，将在当前行的上面插入新行。

（3）单元样式：包含表头、标题和数据三个选项，需要设置哪个，在下拉列表中选中，就可以设置该选项的常规、文字、边框对应的选项卡内容。

（4）常规：设置表格的填充颜色、对齐方式、格式等，如图 3.6.17 所示。

“填充颜色”可以指定表格单元的背景色，直接单击下拉箭头，在下拉列表中选择需要的颜色即可。“对齐”用来设置表格单元中文字的对正和对齐方式，文字相对于单元的顶部边框和底部边框进行居中对齐、上对齐或下对齐，文字相对于单元的左边框和右边框进行居中对正、左对正或右对正。

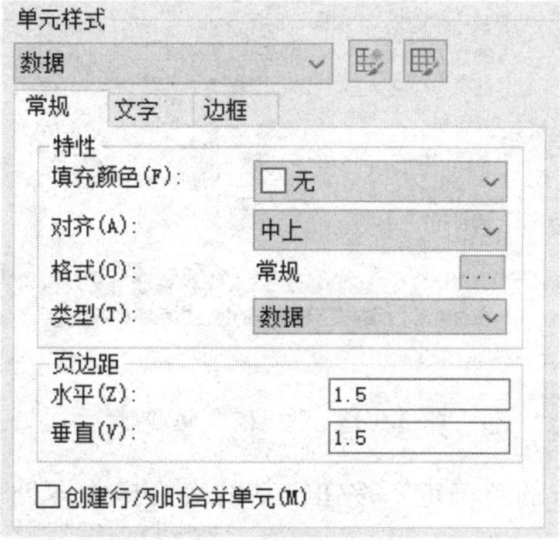

图 3.6.17 “常规”选项卡

“格式”为表格中的“数据”“列标题”或“标题”行设置数据类型和格式，单击该按钮将显示“表格单元格式”对话框，从中可以进一步定义格式选项。

“类型”将单元样式指定为标签或数据。

“页边距”控制单元边框和单元内容之间的间距。单元边距设置应用于表格中的所有单元。默认设置为 0.06（英制）和 1.5（公制）。

“创建行/列时合并单元”将使用当前单元样式创建的所有新行或新列合并为一个单元。可以使用此选项在表格的顶部创建标题行。

（5）文字：主要设置文字属性，包括文字样式、高度、颜色、角度，如图 3.6.18 所示。“文字样式”栏显示了当前正在使用的文字样式，也可选择其他文字样式，单击后面的 ... 按钮，则弹出“文字样式”窗口，用户可以对现有文字样式进行修改或创建一个新的文字样式；“文字高度”是设置表格中文字大小；“文字颜色”指设置表格当中的文字颜色；“文字角度”指设置文字的旋转角度。

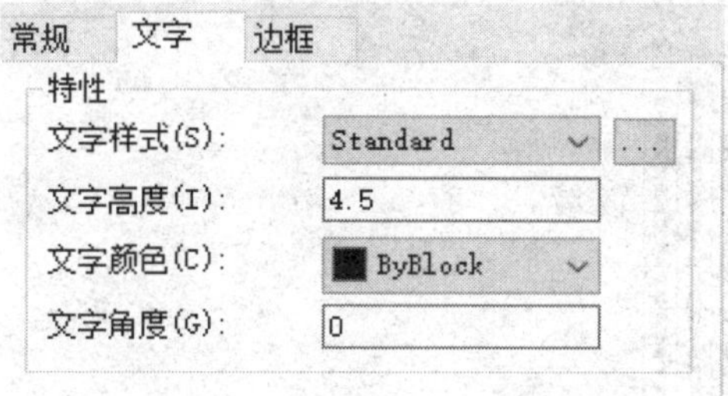

图 3.6.18 “文字”选项卡

（6）边框：设置表格的边框样式，包括线宽、线型、颜色、间距等，如图 3.6.19 所示。

该窗口中“线宽”指表格边框的宽度，可以在下拉列表中选择；“线型”指表格边框的图线类型，如用直线还是虚线等；“颜色”指设置表格边框的颜色；“双线”指将表格边界设置成双线；“间距”是用来设置双线边界的间距；最下方的边框按钮是用来控制边框的外观，即把设置的特性应用到哪条边框上去。

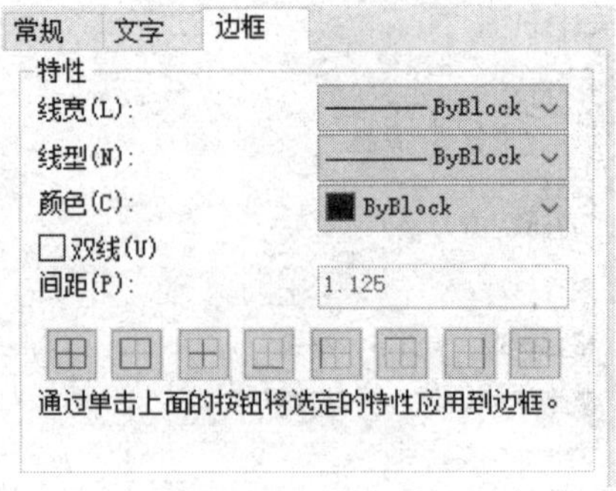

图 3.6.19 “边框”选项卡

设置完成后单击最下方的“确定”按钮，新的表格样式即创建成功。

2）插入表格

表格样式设置好之后，就可以在绘图区直接插入表格了。

（1）执行方式。

命令行：TABLE。

菜单栏：单击菜单栏中的“绘图”选项卡，在下拉列表中选择“表格”。

（2）操作步骤。

执行插入表格命令后，系统弹出“插入表格”窗口，如图 3.6.20 所示。其中，“表格样式”是用来选择要使用的表格样式，单击后面的按钮，则弹出“表格样式”窗口，可以修改当前表格样式或新建一个新的表格样式。

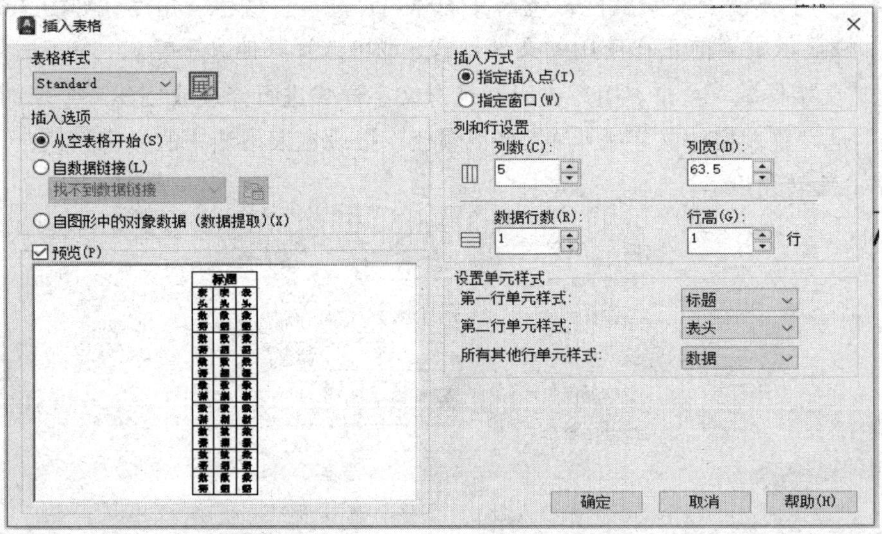

图 3.6.20 “插入表格”窗口

“插入选项”提供了“从空表格开始”“自数据链接”或“自图形中的对象数据”三个选项供用户选择。

“插入方式”用来确定表格是使用“指定插入点”还是“指定窗口”的方法进行插入。

“列和行设置”用来设置要插入的表格行列数，以及行高和列宽。

“设置单元样式”指定了插入表格的每一行内容，都可设置为标题、表头或数据，用户根据需要对每一行进行选择设置即可。

设置完成后单击“确定”，在绘图区即出现设置好的几行几列的表格，接下来需要对表格进行编辑，在空白的单元格内添加相应的内容。

3）表格编辑

表格插入到绘图区后，就可以开始编辑表格内容。在要编辑的单元格内单击鼠标左键，则弹出“表格”选项卡，如图 3.6.21 所示。

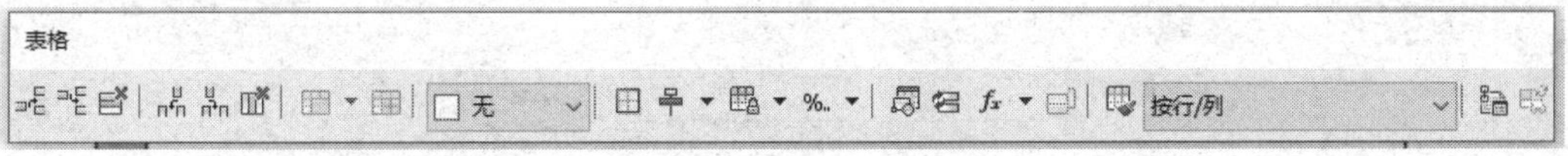

图 3.6.21 “表格”选项卡

在该窗口中主要包括以下几个选项：

（1）图标：对表格进行行插入及编辑。三个图标分别表示“在上方插入”“在下方插入”和“删除”，指明了表格中添加行的具体位置。

（2）图标：对表格进行列插入及编辑。三个图标分别表示“在左侧插入”“在右侧插入”和“删除”，指明了表格中添加列的具体位置。

（3）图标：对表格中的单元格进行合并和取消合并操作。该功能只能在选择多个单元格时才能执行，否则为淡灰色显示，不能进行选择设置。

（4）无：颜色窗口。单击后面的下拉按钮，可以在下拉菜单中选择单元格的填充颜色。

（5）：给选中的单元格设置边框特性，包括线宽、线型、颜色等。单击此“按钮”，系统自动弹出“单元边框特性”窗口（见图 3.6.22），用户根据需要进行设置即可，各选项功能同前面介绍的相同。

（6）：设置单元格中文字在其中所处的位置，单击右侧倒三角符号，在下拉列表中选择即可，如图 3.6.23 所示。

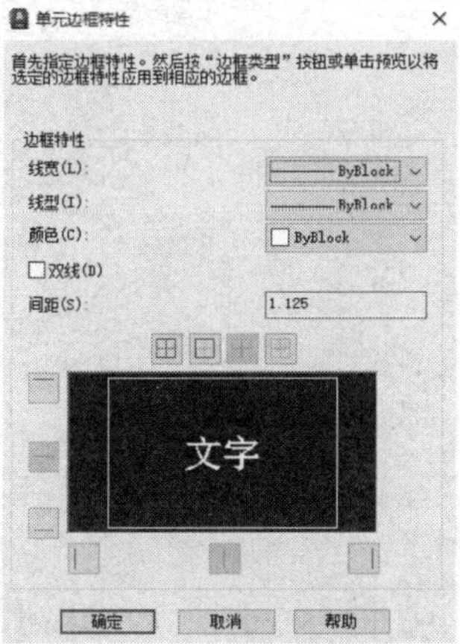

图 3.6.22 “单元边框特性”窗口

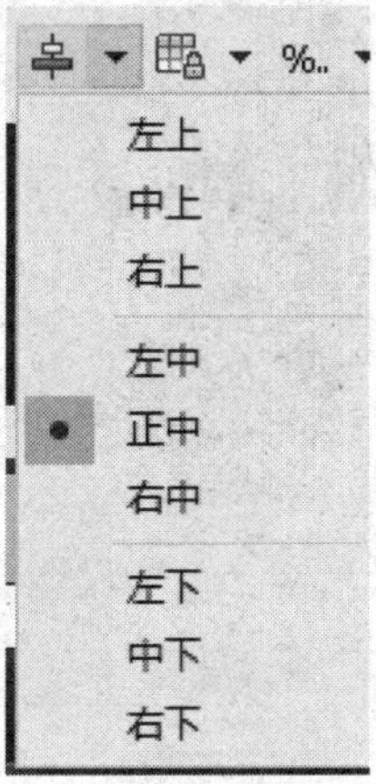

图 3.6.23 文字位置设置菜单

（7）：设置表格锁定情况，主要包括“解锁”“内容已锁定”“格式已锁定”和“格式和内容已锁定”四种，用户根据需要进行选择即可。

（8）%.. ▾：选择要输入的字符格式，单击后面的倒三角符号，在下拉列表中选择要使用的字符格式即可，如角度、货币、日期、小数、常规、百分比等。

（9）：在表格中插入图块，单击该按钮，会弹出“在表格单元中插入块”窗口（见图 3.6.24），根据需要在窗口中设置图块的插入比例及旋转角度等参数。

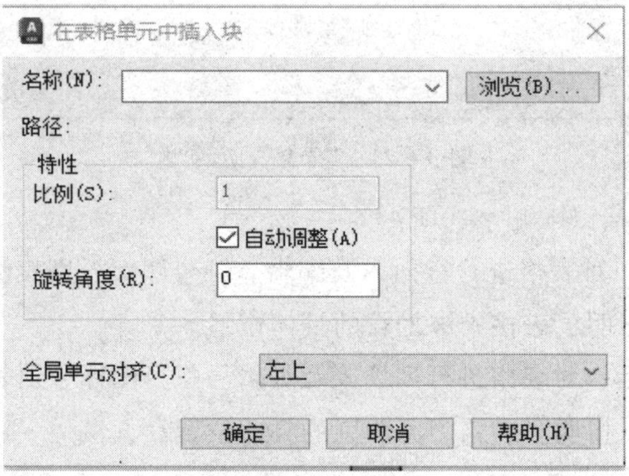

图 3.6.24 “在表格单元中插入块”窗口

（10）：设置表格中的字段类别，单击此按钮，则弹出“字段”窗口，供用户进行相关设置，如图 3.6.25 所示。

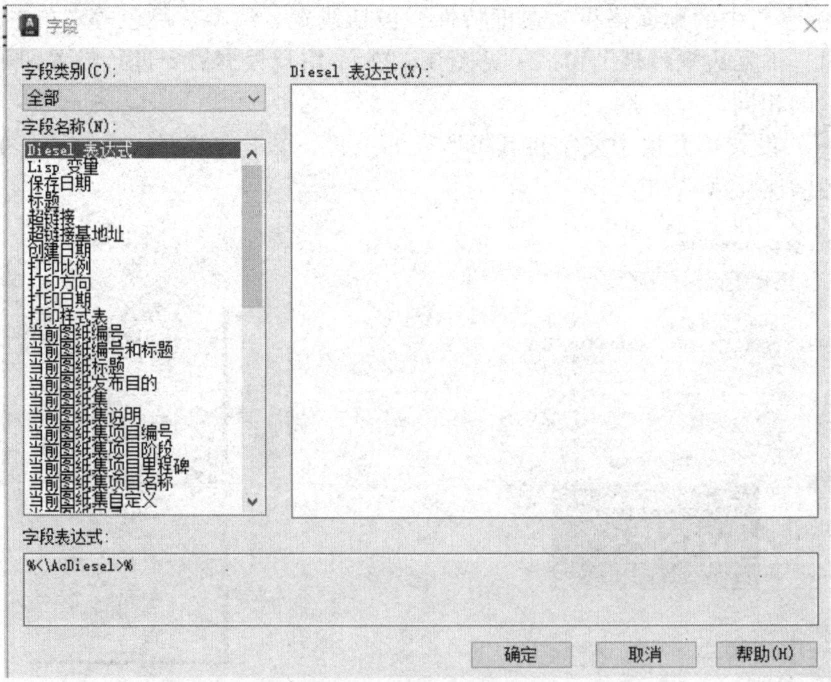

图 3.6.25 “字段”窗口

（11）fx ▾：在表格中插入公式，包括“求和”“均值”“计数”“单元”“方程式”，在后面的倒三角符号的下拉列表中选择即可。

（12）：指管理单元格内容。

（13）：格式刷，可以对已经设置好的单元格格式进行复制，把选择的其他单元格设置成和其相同的格式。

（14）按行/列：设置表格中每一行的填充内容，选择是标题、表头还是数据。

（15）：链接单元，单击此按钮，系统自动弹出“选择数据链接”窗口，可把外部的数据表格进行导入，如图 3.6.26 所示。

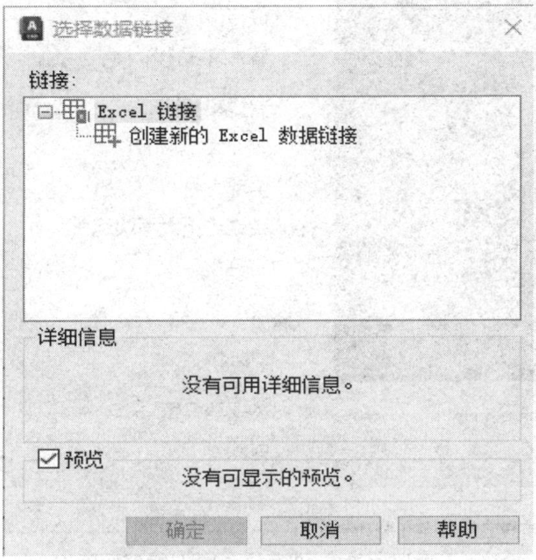

图 3.6.26 “选择数据链接”窗口

4）表格内容编辑

表格插入到绘图区相应位置后，就需要对单元格内容进行编辑。用户可以直接在单元格双击鼠标左键，系统会自动弹出“文字格式”窗口（见图 3.6.27），即多行文字编辑器，用法与多行文本输入相同。该编辑器功能强大，方便用户对表格内容进行快速输入，提高作图效率。

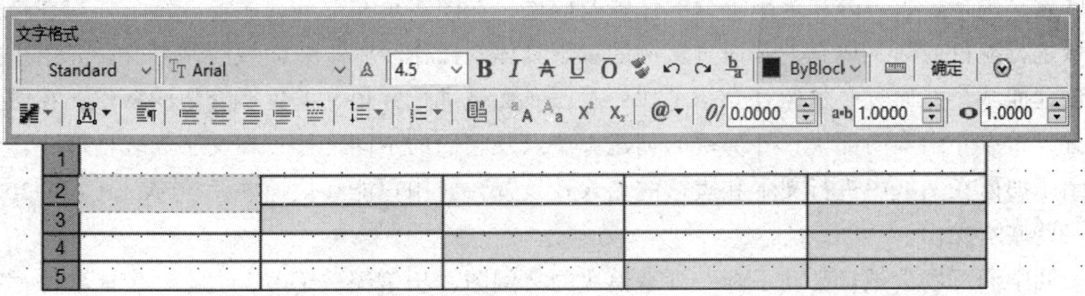

图 3.6.27 “文字格式”窗口

在单元格内，单击鼠标右键，会弹出下拉菜单（见图 3.6.28），用户也可通过使用下拉菜单中的内容对表格进行编辑或修改。

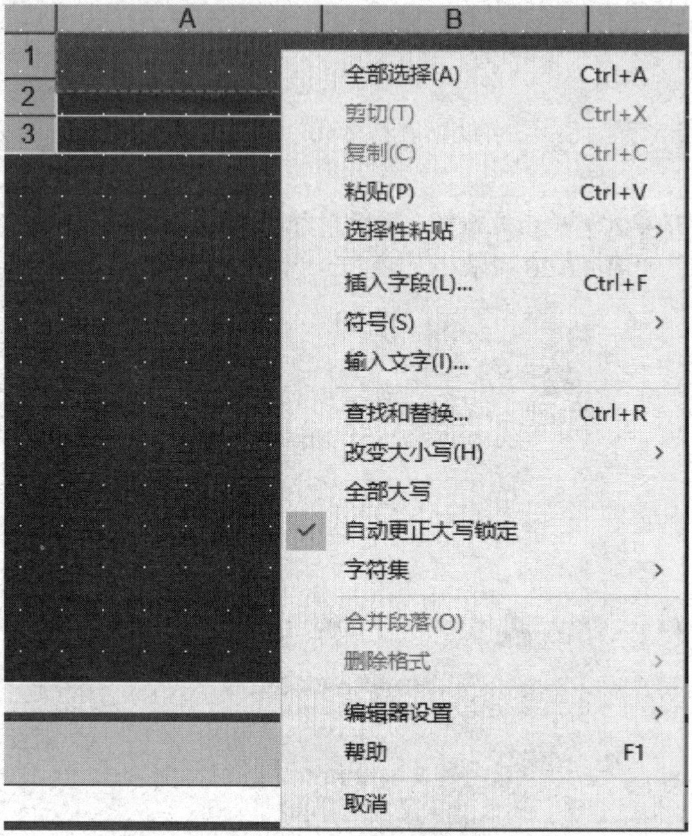

图 3.6.28 “表格编辑”菜单

本模块小结

本模块主要介绍二维绘图命令的使用、点的应用、图案填充和面域绘制，以及图块的创建、文字和表格设置几个部分。在二维绘图命令部分，详细介绍了每个绘图命令的使用方法及设置，同时结合相关案例描述绘图命令的应用；在点的应用部分，重点介绍了如何标识出特殊点，包括定数等分和定距等分的设置及应用；在图案填充部分，主要介绍了如何在指定区域进行颜色或图案填充，并通过实例演示了具体的操作步骤；在面域绘制部分，介绍了如何创建面域，并通过布尔运算介绍了如何对已有面域进行并集、差集、交集的操作；在图块部分，重点介绍了内部块、外部块的创建方法以及它们的不同之处；在文字和表格部分详细介绍了如何在图纸中进行文本和表格的输入及设置，使用户能够快速熟悉对 AutoCAD 2023 的一些基本操作。

同学们可以尝试自己动手画一画本模块的案例图，相信经过练习，大家一定能熟练掌握这些命令的应用方法，绘制出需要的图形。

拓展与实训

根据所学绘图命令及定数等分等方法绘制图 3.7.1 中的图形。

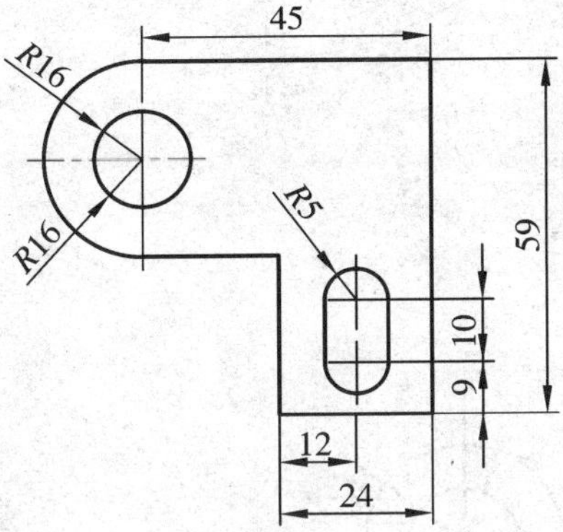

（a）

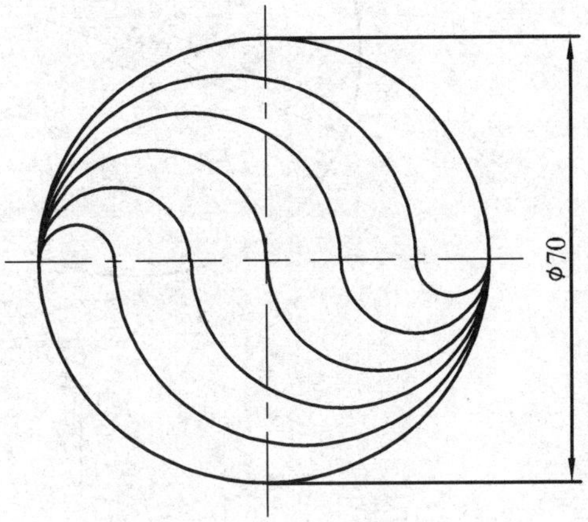

（b）

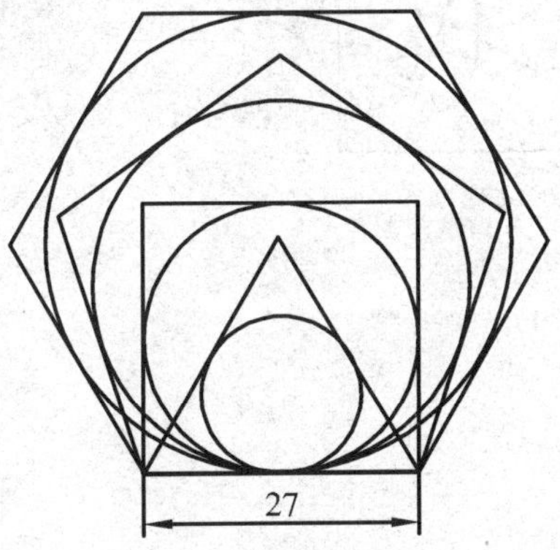

（c）

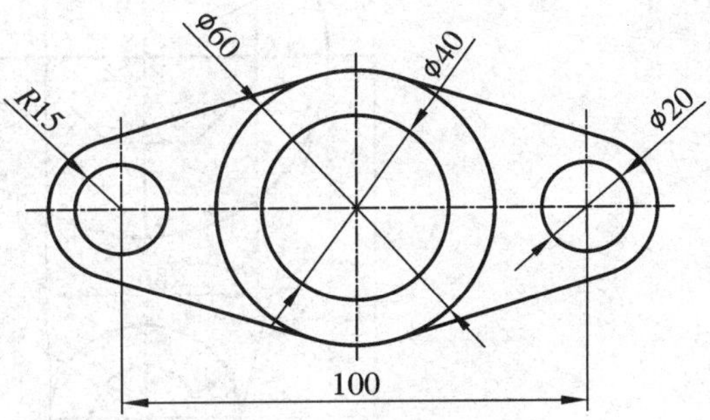

（d）

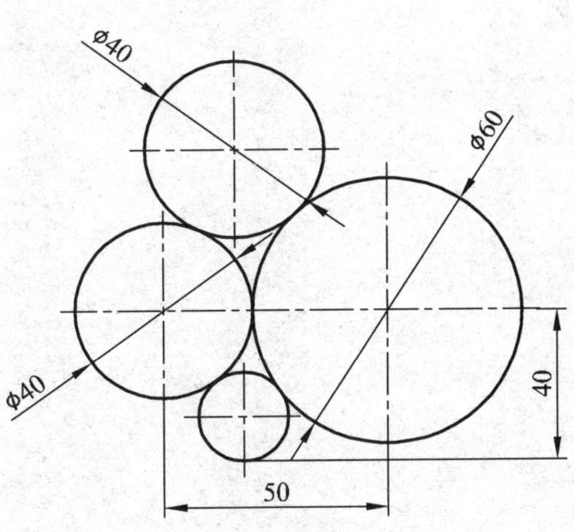

（e）

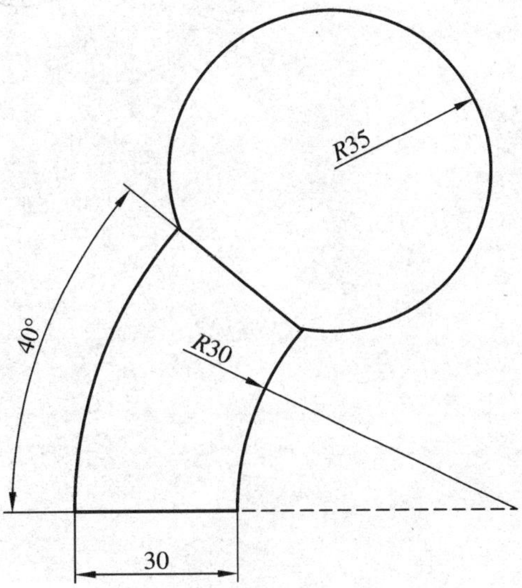

（f）

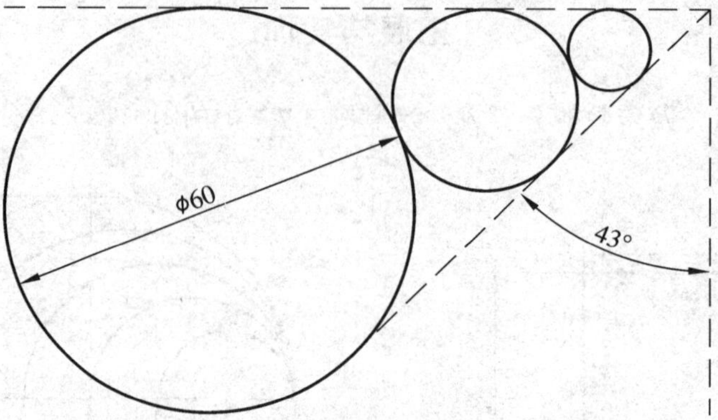

（g）

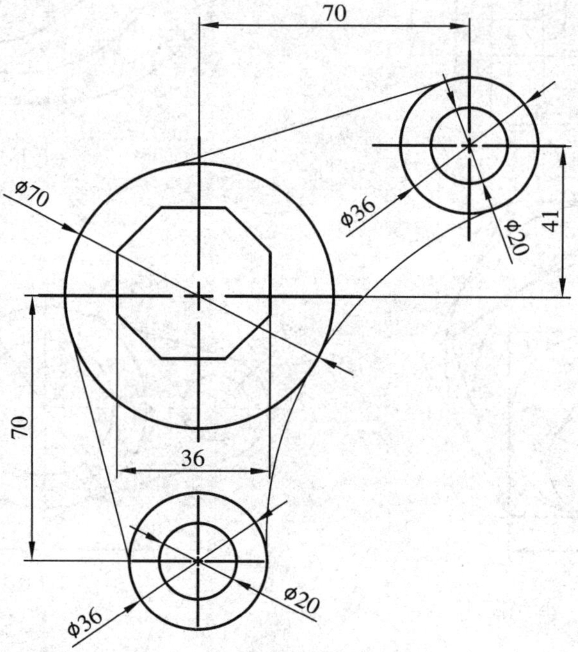

（h）

图 3.7.1 样例

模块 4　AutoCAD 2023 图形编辑及应用

教学重点

AutoCAD 2023 基本编辑命令。

尺寸标注、文字标注的应用。

教学难点

尺寸标注、文字标注的设置方法。

图层的应用。

二维图形编辑是指对已创建的平面图形对象进行删除、复制、镜像、偏移、阵列及其他修改操作。这些编辑命令可配合使用绘图命令，从而进一步完成图形绘制的复杂工作；还可以帮助用户合理安排和组织图形，从而保证作图准确，减少重复工作。用户可以通过熟练掌握编辑命令来提高设计和绘图效率。

本模块主要介绍删除、阵列、旋转、倒角、圆角等基本编辑命令，如何给图形对象设置并添加尺寸标注、文字标注，以及在 AutoCAD 2023 中分图层绘图方法等。

4.1　基本编辑命令

4.1.1　图形对象的选择

在 AutoCAD 2023 中，提供了多种选择对象的方法，其中最常用的有 3 种，分别是命令点选法、圈围选择法和圈交选择法。当需要选择对象的时候，可以直接在绘图区域用鼠标指针进行选择，也可在命令区输入选择对象的命令“Select”。

“Select”命令既能够单独使用，也可以在其他编辑命令执行过程中自动调用。不管是采用哪种方法，AutoCAD 2023 都会提示用户选择对象，鼠标指针的形状也会由十字光标变为拾取框，方便进行对象的选择。

1）执行方式

命令行：Select。

2）操作步骤

在命令行输入“Select”命令后，直接单击“Enter”键，系统会提示选择对象。

命令: _SELECT

选择对象: 找到 1 个（选择第一个对象）

选择对象: 找到 1 个，总计 2 个（选择下一个对象，选完单击“Enter”键，结束对象的选择）

选择对象:

3）命令说明

在命令区提示选择对象时，用户可以使用点选法、圈围法或圈交法中的任意一种方式进行对象的选择。

（1）点选法。

点选法是最基本、最简单的一种对象选择方式，此种方式一次仅能选择一个对象。在命令行的“选择对象”的提示下，系统自动进入点选模式，此时光标指针切换为矩形选择框状，如图 4.1.1 中的淡色矩形框。将选择框放在对象的边沿上单击，即可选择该图形，被选择的图形对象以虚线显示。

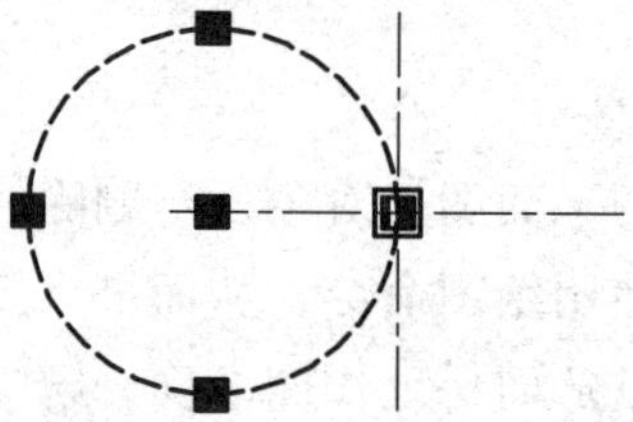

图 4.1.1　点选法

（2）圈围法。

圈围法也是一种常用的选择方式，使用此方式一次可以选择多个对象。在命令行“选择对象”的提示下，从左向右顺时针拖动鼠标指针创建一个不规则的多边形，此多边形即为圈围选择框，如图 4.1.2（a）所示。选择框以实线显示，内部以浅蓝色填充，不规则多边形内的所有对象都能被选中，且系统自动把第一个顶点跟最后一个顶点进行封闭，形成一个闭合的不规则多边形，圈住要选择的所有对象，如图 4.1.2（b）。

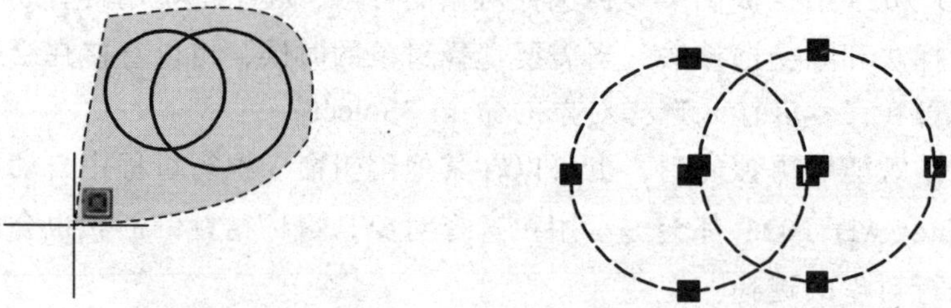

（a）　（b）

图 4.1.2　圈围法

使用圈围法，一定要注意在创建不规则多边形时，要把所有需要选择的对象都覆盖到，圈进多边形里面，不能与多边形相交或相切，这样才可以把所有的对象都选中。

（3）圈交法。

圈交法也是绘图过程中使用频率非常高的选择方式，使用此方式一次也可以选择多个对象。在命令行“选择对象”的提示下从右向左逆时针拖动鼠标指针创建一个不规则的多边形，此多边形就是圈交选择框，选择框以虚线显示，内部以绿色填充，如图 4.1.3（a）所示。该多边形也可以是任意形状。该方法不仅能选中多边形内的图形对象，与多边形边界相交的对象也能被选中，如图 4.1.3（b）所示。

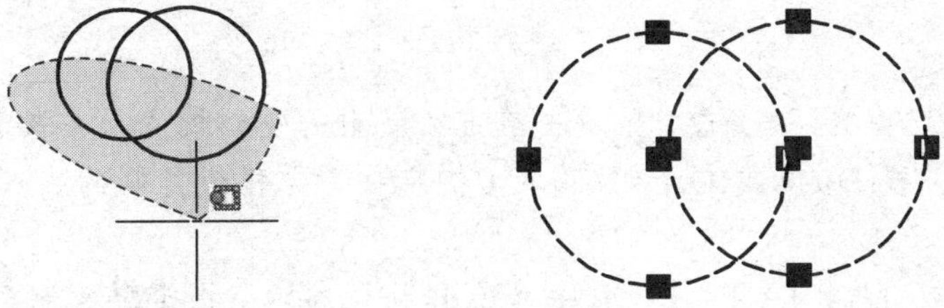

（a）　　　　（b）

图 4.1.3　圈交法

4.1.2　删　除

删除的主要功能是删除已有对象。

1）执行方式

命令行：EARSE。

菜单栏：单击菜单栏中的“修改”选项卡，在下拉列表中选择“删除”。

工具栏：在右侧的“编辑工具栏”中选择“删除”按钮。

2）操作步骤

命令: _erase

选择对象: 找到 1 个（选择要删除的第一个对象）

选择对象: 找到 1 个，总计 2 个（选择要删除的下一个对象，按“Enter”键结束对象的选择）

选择对象:

只有对象存在时，才能使用“删除”命令，否则无法执行该命令。

3）命令说明

删除时，除了使用“删除”命令，也可以使用快捷键，选中要删除的对象后，直接使用“Enter”键，或者单击鼠标右键，选择删除；或按键盘上的“Delete”键进行删除。

4.1.3　复　制

将一个对象复制成多个相同的对象，并使其在指定位置生成复制对象。

1）执行方式

命令行：COPY。

菜单栏：单击菜单栏中的“修改”选项卡，在下拉列表中选择“复制”。

工具栏：在右侧的“编辑工具栏”中选择“复制”按钮。

2）操作步骤

命令: _copy（执行复制命令）

选择对象: 找到 1 个（选中要复制的第一个对象）

选择对象: 找到 1 个，总计 2 个（选中要复制的下一个对象，选完按“Enter”键结束对象的选择）

选择对象:

当前设置: 复制模式 = 多个（显示当前正在使用的复制模式是一次复制多个对象出来）

指定基点或 [位移(D)/模式(O)] <位移>:（指定一个点作为复制的基点或指定位移、修改复制模式）

指定第二个点或 [阵列(A)] <使用第一个点作为位移>:（指定要复制到的下一个位置）

指定第二个点或 [阵列(A)/退出(E)/放弃(U)] <退出>:（再指定一个要复制到的位置，复制完按“Enter”键，结束对象的复制）

指定第二个点或 [阵列(A)/退出(E)/放弃(U)] <退出>:

3）命令说明

（1）指定基点：指定复制对象时的一个参照点，即基准点。

（2）位移：复制对象时，如果已知复制的具体位置和距离，则可以根据偏移距离来进行复制。

命令: _copy

选择对象: 找到 1 个

选择对象: 找到 1 个，总计 2 个

选择对象:

当前设置: 复制模式 = 多个

指定基点或 [位移(D)/模式(O)] <位移>: d（以指定位移的方法确定复制位置）

指定位移 <0.0000, 0.0000, 0.0000>: 150,200（输入复制对象的位移）

（3）模式：复制模式有单个或多个两种。设置为单个模式，则一次复制命令只能复制出一个对象，如图 4.1.4 所示；若设置复制模式为多个模式，则一次命令可以复制出多个对象，如图 4.1.5 所示。

当前设置: 复制模式 = 多个

指定基点或 [位移(D)/模式(O)] <位移>: O（选择设置复制模式）

输入复制模式选项 [单个(S)/多个(M)] <多个>: S（设置复制模式为单个复制）

指定基点或 [位移(D)/模式(O)/多个(M)] <位移>: M（设置复制模式为多个复制）

指定基点或 [位移(D)/模式(O)/多个(M)] <位移>:

指定第二个点或 [阵列(A)] <使用第一个点作为位移>:

指定第二个点或 [阵列(A)/退出(E)/放弃(U)] <退出>:

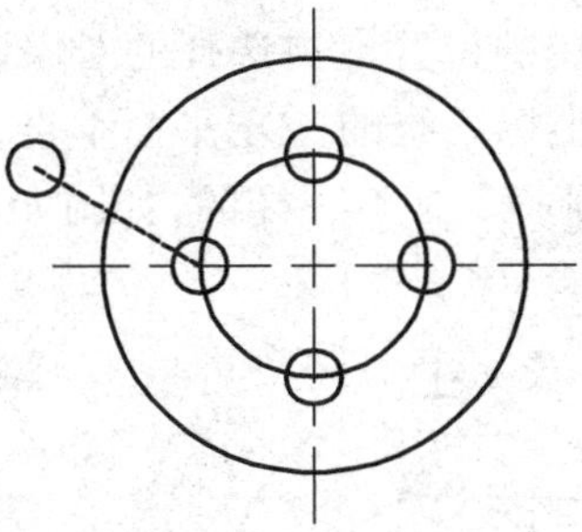

图 4.1.4 单一复制模式

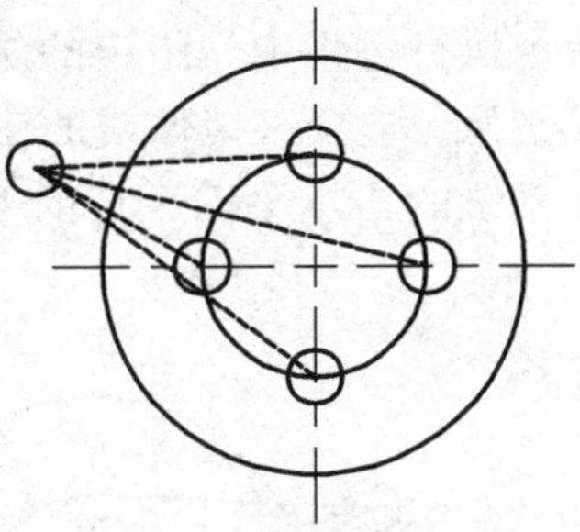

图 4.1.5 多个复制模式

除了采用“复制”命令对图形对象复制外，还可以在选中图形对象后，按快捷键“Ctrl+C”进行复制，再按“Ctrl+V”在相应的位置进行粘贴。不管采用哪种复制方式，在复制对象时，既可以复制一个图形对象，也可以复制整个图形。

4.1.4 镜 像

镜像命令是对一个图形对象作它的轴对称图形，对称轴就是镜像线，在镜像线的另一边会生成一个和源对象完全对应的轴对称图形。镜像做完后，既可以保留源对象，也可以将源对象删除，只保留镜像后的图形对象。

1）执行方式

命令行：MIRROR（快捷命令 MI）。

菜单栏：单击菜单栏中的“修改”选项卡，在下拉列表中选择“镜像”命令。

工具栏：在右侧的“编辑工具栏”中选择“镜像”按钮。

2）操作步骤

命令: _mirror

选择对象:找到 1 个（使用点选法选择一个要镜像的图形对象）

选择对象:找到 1 个，总计 2 个（使用点选法选择下一个图形对象）

指定镜像线的第一点:（选择镜像线的第一个点）

指定镜像线的第二点:（选择镜像线的第二个点，镜像线位置确定）

要删除源对象吗？[是(Y)/否(N)] <否>:（选择是否保留源对象，是代表删除源对象，否代表保留源对象，按“Enter”键，镜像生成）

3）命令说明

在选择对象的过程中，如果采用了点选法，命令区会显示“选择对象”，对象选择完按“Enter”键，结束当前对象的选择，同时显示共选择了多少个对象；如果采用圈围法或圈交法，命令区则会显示“窗口(W）套索:”，并提示找到了多少个对象，即在不规则多边形中覆盖了多少个对象。

命令: _mirror

窗口(W）套索: 按空格键可循环浏览选项找到 13 个

选择对象:

在镜像命令执行过程中，指定的两点确定了镜像线的位置，被选择的对象以这条镜像线为对称轴生成镜像。包含该镜像线的镜像平面与用户坐标系统的 *xOy* 平面垂直，即镜像生成在与用户坐标系统的 *xOy* 平面平行的平面上，它和复制命令是不一样的，如图 4.1.6 和图 4.1.7 所示。

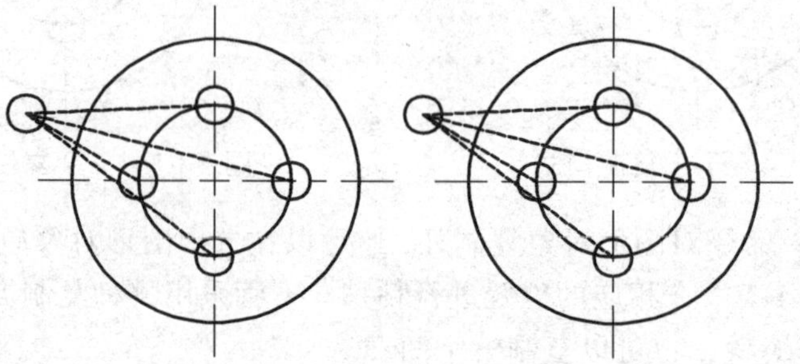

图 4.1.6 “复制”效果

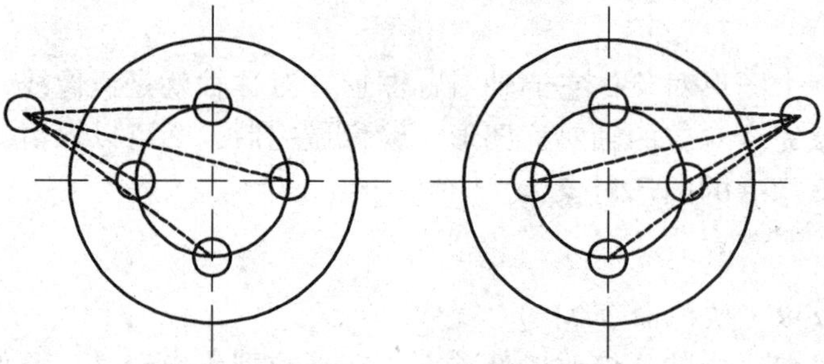

图 4.1.7 “镜像”效果

4.1.5 偏　移

偏移命令是在距离源对象固定间距的位置创建出一个跟源对象形状、大小完全相同的对象，它可以用来创建同心圆、平行线和等距曲线。偏移命令可以在指定距离或通过一个点偏移对象，对象偏移后，可以使用修剪和延伸等有效的方式来创建包含多条平行线和曲线的图形。

1）执行方式

命令行：OFFSET（快捷命令 O）。

菜单栏：单击菜单栏中的“修改”选项卡，在下拉列表中选择“偏移”。

工具栏：在右侧的“编辑工具栏”中选择“偏移”按钮 。

2）操作步骤

命令: _offset

当前设置: 删除源=否　图层=源　OFFSETGAPTYPE=0

指定偏移距离或 [通过(T)/删除(E)/图层(L)] <通过>: 20（指定偏移距离）

选择要偏移的对象，或 [退出(E)/放弃(U)] <退出>:（选择要偏移的对象，按“Enter”键结束对象选择）

指定要偏移的那一侧上的点，或 [退出(E)/多个(M)/放弃(U)] <退出>:（指定向选择对象的哪一侧偏移）

选择要偏移的对象，或[退出(E)/放弃(U)] <退出>:

3）命令说明

（1）指定偏移距离：输入一个固定的间距，或按“Enter”键使用当前默认的距离值，把该距离值作为偏移的距离。

（2）通过（T）：指定偏移后新对象的通过点，命令区提示如下，绘制的图形如图 4.1.8 所示。

命令: _OFFSET

当前设置: 删除源=否　图层=源　OFFSETGAPTYPE=0

指定偏移距离或 [通过(T)/删除(E)/图层(L)] <20.0000>: t（选择指定通过点的方式生成新对象）

选择要偏移的对象，或 [退出(E)/放弃(U)] <退出>:（选择对谁进行偏移）

指定通过点或 [退出(E)/多个(M)/放弃(U)] <退出>:（指定偏移后的对象要通过的点，新对象则生成）

选择要偏移的对象，或 [退出(E)/放弃(U)] <退出>:

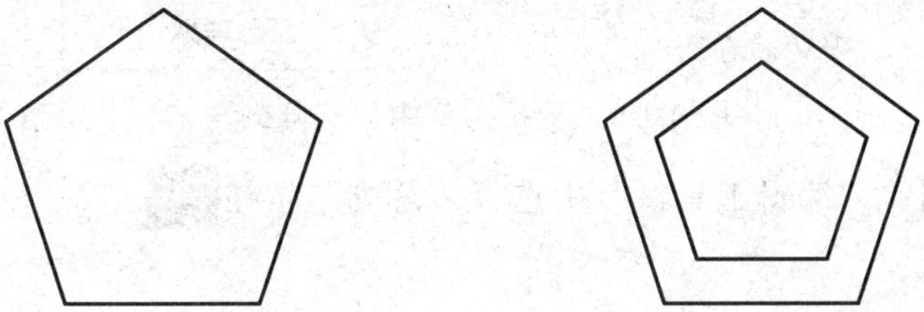

（a）源对象　　（b）通过指定点偏移

图 4.1.8 “通过指定点偏移”绘制图形

（3）删除（E）：对源对象进行偏移后，是否要删除源对象，选择该项后命令区会提示：“要在偏移后删除源对象吗？[是（Y）/否（N）]<当前>:”。

如果需要删除则在命令区输入“Y”，不需要删除则输入“N”。

（4）图层（L）：确定将偏移对象创建在当前图层上，还是创建在源对象所在的图层上，这样则可以在不同图层上偏移对象，选择该项后，命令行提示如下：

“输入偏移对象的图层选项 [当前（C）/源（S）]<当前>:”。

如果偏移对象的图层选择为当前层，那么偏移对象的图层特性与当前图层就是完全相同的。

（5）多个（M）：使用当前设置的偏移距离可以重复进行多次偏移操作，还可以接受附加的通过点。

在 AutoCAD 2023 中可以对指定的直线、圆弧、圆等对象作定距离偏移复制。但当对直线段、射线、构造线等进行偏移时，创建出的是跟源对象完全相同的线条；当对圆、圆弧、椭圆、椭圆弧、多边形等图形对象进行偏移时，创建出的是同心圆、同心圆弧、同心椭圆、同心椭圆弧等。

在实际应用中常利用“偏移”命令的特性创建平行线或等距离分布图形，效果与“阵列”相同。默认情况下，需要先指定偏移距离，再选择要偏移复制的对象，然后指定偏移方向，以复制出需要的对象。

4.1.6 阵 列

阵列是指把一个已知图形对象按照一定的规则生成多个完全相同的对象，并对这些对象进行矩形排列或环形排列。创建为矩形排列的对象称为矩形阵列，创建为环形排列的对象称为环形阵列。

AutoCAD 2023 提供多种阵列模式，不仅能够创建矩形阵列和环形阵列，还能创建路径阵列。

1）矩形阵列

（1）执行方式。

命令行：ARRAYTECT（快捷命令 AR）。

菜单栏：单击菜单栏中的“修改”选项卡，在下拉列表中选择“阵列”下的命令，如图 4.1.9 所示。

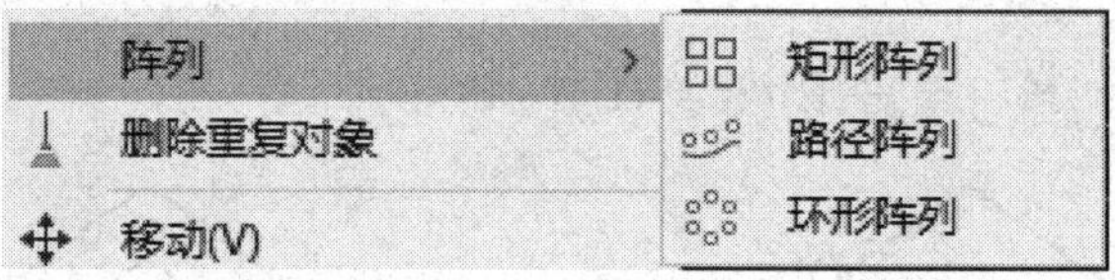

图 4.1.9 下拉列表中的“阵列”

工具栏：在右侧的“编辑工具栏”中选择“阵列”按钮。

（2）操作步骤。

命令: _arrayrect

选择对象: 找到 1 个（选择要做矩形阵列的对象）

选择对象:

类型 = 矩形 关联 = 是（提示当前使用的类型是矩形阵列，并且是相关联的）

选择夹点以编辑阵列或 [关联(AS)/基点(B)/计数(COU)/间距(S)/列数(COL)/行数(R)/层数(L)/退出(X)] <退出>: COU（设置矩形阵列对象的总个数）

输入列数数或 [表达式(E)] <4>:（设置矩形阵列的列数，按“Enter”键）

输入行数数或 [表达式(E)] <3>:（设置矩形阵列的列数，按“Enter”键）

选择夹点以编辑阵列或 [关联(AS)/基点(B)/计数(COU)/间距(S)/列数(COL)/行数(R)/层数(L)/退出(X)] <退出>: S（选择设置矩形阵列的间距）

指定列之间的距离或 [单位单元(U)] <66.1069>: 20（设置矩形阵列的列间距，按“Enter”键）

指定行之间的距离 <66.1069>: 15（设置矩形阵列的行间距，按“Enter”键）

选择夹点以编辑阵列或 [关联(AS)/基点(B)/计数(COU)/间距(S)/列数(COL)/行数(R)/层数(L)/退出(X)] <退出>:

（3）命令说明。

① 关联（AS）：阵列中的关联是指创建出的阵列中的所有项目都处于相互关联的状态。用户既可以单独修改、替换阵列中的某个项目，也可编辑阵列的行列数等特性。在命令区显示让选择阵列参数的时候，输入“AS”，按“Enter”键，根据提示“是否创建关联阵列？[是(Y)/(N)]<是>:”选择，创建关联阵列，则输入“Y”；不创建关联阵列输入“N”。

命令: _arrayrect

选择对象: 找到 1 个

选择对象:

类型 = 矩形　关联 = 是

选择夹点以编辑阵列或 [关联(AS)/基点(B)/计数(COU)/间距(S)/列数(COL)/行数(R)/层数(L)/退出(X)] <退出>: AS

创建关联阵列 [是(Y)/否(N)] <是>:

选择夹点以编辑阵列或 [关联(AS)/基点(B)/计数(COU)/间距(S)/列数(COL)/行数(R)/层数(L)/退出(X)] <退出>:

选择关联阵列后，阵列中所有对象可以看成是一个整体，选择阵列中的某一个对象，则整个阵列都会被选中，如图 4.1.10 所示。也可以对阵列中的单个对象或多个对象单独进行修改，不仅可以使用关联阵列修改项目的数据及间距，还可以使用阵列中的夹点或"特性"面板来编辑阵列特性，如间距或项目数等。点击阵列中的任意夹点，选择基点后，可以对列之间的距离进行修改，选定距离后单击即可完成编辑。

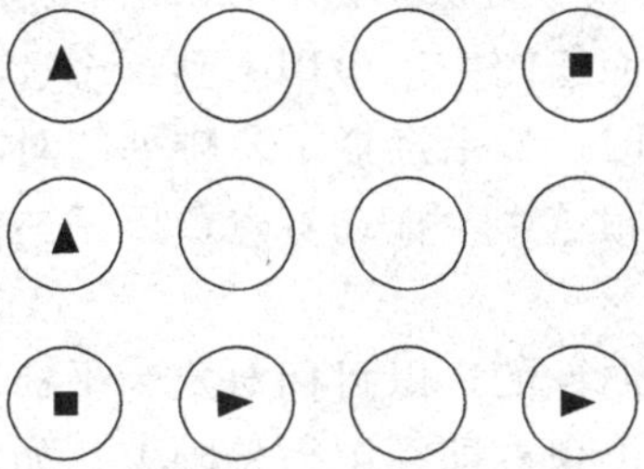

图 4.1.10 "关联"阵列

② 基点（B）：确定创建阵列所在位置的一个参照点；

③ 计数（COU）：在 AutoCAD 2023 中，矩形阵列新增加了计数功能，可以对指定区域内的对象或块实例进行统计，即计算创建的矩形阵列中共有多少个对象。

④ 间距（S）：设置要创建的矩形阵列中的行间距和列间距。

矩形阵列行列间距的设置不是两个图形对象之间的间距，而是从一个对象的某一点到相邻行或相邻列对象的同一点之间的间距，如图 4.1.11 所示。行间距对应的是坐标系 y 轴上的值，列间距对应的是坐标系 x 轴上的值，这一点特别容易混淆，如果区分不清行列间距，做出来矩形阵列很难符合需求。

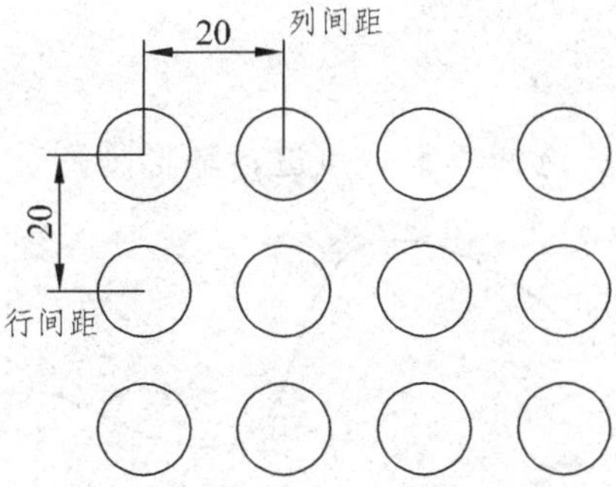

图 4.1.11　矩形阵列间距设置

矩形阵列列间距过小，会出现列和列之间的对象重叠，如图 4.1.12（a）所示，行间距过小，会出现行和行之间的对象重叠，如图 4.1.12（b）所示；行列间距都过小，则会出现所有对象都重叠的现象，如图 4.1.12（c）所示。

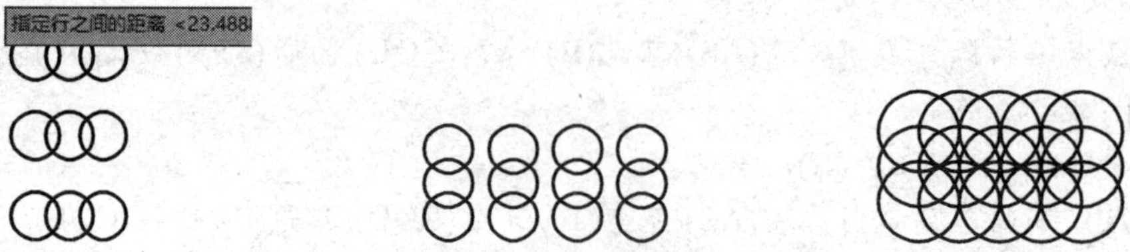

（a）列间距过小　　（b）行间距过小　　（c）行列间距都小

图 4.1.12　矩形阵列间距小

⑤ 列数（COL）：设置要创建的矩形阵列中有多少列。

⑥ 行数（R）：设置要创建的矩形阵列中有多少行。

⑦ 层数（L）：在 AutoCAD 2023 中，矩形阵列新增加了层数的设置，在命令区输入“L”，单击“Enter”键，输入需要的层数，再次单击“Enter”键，系统会切换到“三维视图”，可以通过层数创建三维阵列。在平面绘图中一般用不到这个选项。

在使用创建矩形阵列的命令时，如果选择了要排列的对象，并按下“Enter”键，则会自动显示默认的矩形阵列。在阵列预览中，拖动夹点可以调整间距以及行数和列数。

⑧ 方向性。

矩形阵列的创建，是具有方向性的，以目标对象为坐标原点，当行间距和列间距数值为正数时，阵列生成在源对象的右上角，即在第一象限上；如需改变方向，需将间距值调整为负值。如当行间距为正，列间距为负，则生成的阵列的目标对象的左上角；若行列间距均为负，则生成阵列在目标对象的左下角；若行间距设置为负，列间距设置为正，则生成阵列在目标对象的右下角。

2）环形阵列

以某个点为圆心，创建出沿圆周方向排列或沿部分圆弧排列的、由多个源对象所构成的环形阵列。

（1）执行方式。

命令行：ARRAYPOLAR（快捷命令 PO）。

菜单栏：单击菜单栏中的“修改”选项卡，在下拉列表中选择“阵列”下的“环形阵列”命令。

（2）操作步骤。

将图 4.1.13 所示的源对象，选择其上一点进行环形阵列。

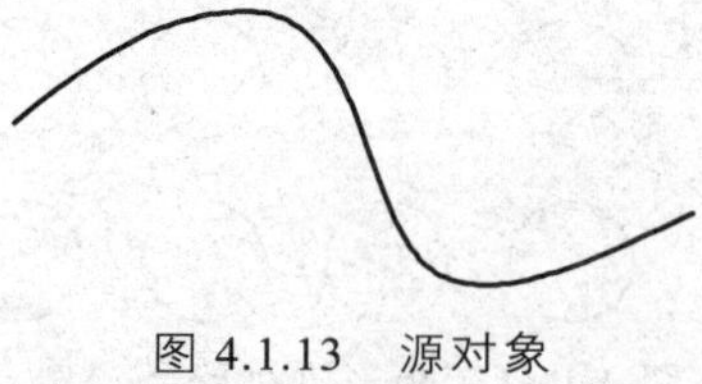

图 4.1.13　源对象

命令: _arraypolar

选择对象: 找到 1 个（选择要生成环形阵列的对象，单击“Enter”键）

选择对象:

类型 = 极轴 关联 = 是（提示当前所创建的阵列类型及项目间是否关联）

指定阵列的中心点或 [基点(B)/旋转轴(A)]:（选择一点作为环形阵列的中心点，则直接生成系统默认项目数的环形阵列，见图 4.1.14，可根据需要进行修改）

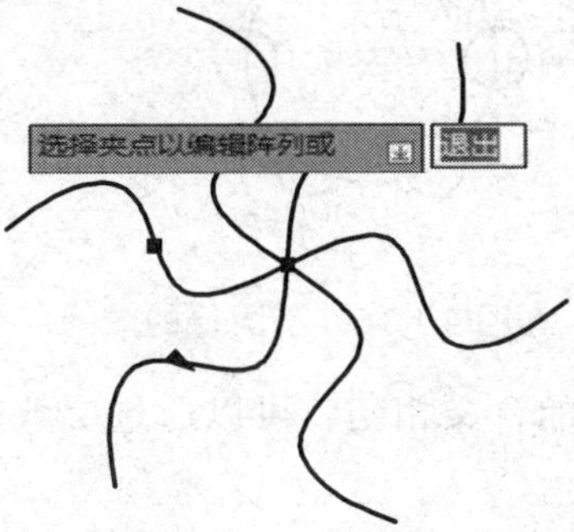

图 4.1.14 系统默认的项目数生成阵列

选择夹点以编辑阵列或 [关联(AS)/基点(B)/项目(I)/项目间角度(A)/填充角度(F)/行(ROW)/层(L)/旋转项目(ROT)/退出(X)] <退出>: I（选择设置环形阵列项目数）

输入阵列中的项目数或 [表达式(E)] <6>: 8（把默认的 6 个项目数改成 8 个，单击“Enter”键）

选择夹点以编辑阵列或 [关联(AS)/基点(B)/项目(I)/项目间角度(A)/填充角度(F)/行(ROW)/层(L)/旋转项目(ROT)/退出(X)] <退出>:（根据设置生成对应的环形阵列，见图 4.1.15）

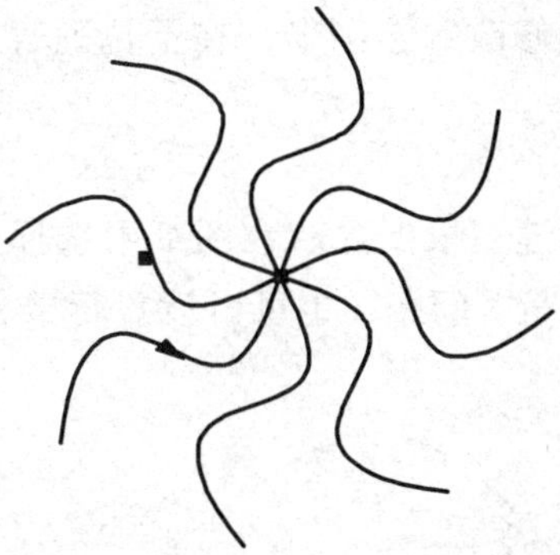

图 4.1.15 重新设置项目数后生成的环形阵列

（3）命令说明。

① 中心点：指生成环形阵列的中心点，即环形阵列的圆心。

② 基点（B）：确定创建阵列所在位置的一个参照点。

③ 旋转轴（A）：创建环形阵列时，可以绕一个轴进行阵列生成，即旋转轴。

④ 关联（AS）：同矩形阵列的关联作用相同，即创建出的环形阵列中每个项目构成一个整体。

⑤ 项目（I）：在创建出的阵列中共有多少个对象。

⑥ 项目间角度（A）：相邻项目间的夹角。

⑦ 填充角度（F）：生成环形阵列覆盖的角度，即阵列的填充范围。

⑧ 行（ROW）：是指生成了几行对象，也即阵列往外填充了几行，不同的行数阵列效果如图 4.1.16 所示。

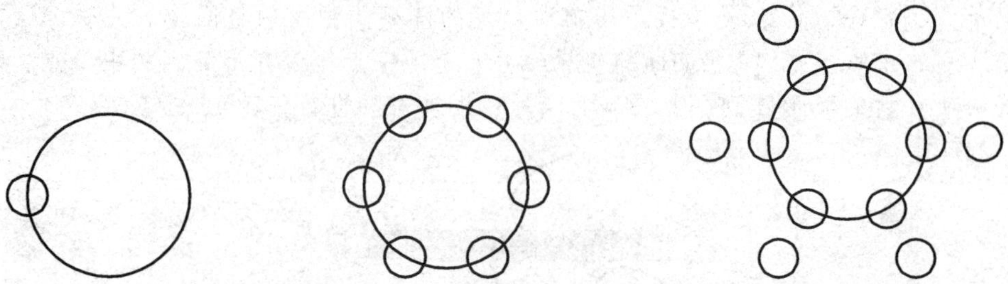

（a）原图　　（b）行设置为 1　　（c）行设置为 2

图 4.1.16　不同行的效果

⑨ 层（L）：跟矩形阵列中的含义相同，可以通过层数创建三维阵列，在平面绘图中一般用不到。

⑩ 旋转项目（ROT）：可以对源对象进行角度旋转，使用旋转后的对象创建环形阵列。

其中，⑤、⑥、⑦即项目、项目间角度、填充角度，是环形阵列的三个参数，只需要确定其中任意两个参数，环形阵列就可生成，不需要全部设置。

3）路径阵列

路径阵列是沿整个指定路径或部分路径平均分布源对象副本。

（1）执行方式。

命令行：ARRAYPATH（快捷命令 PA）。

菜单栏：单击菜单栏中的“修改”选项卡，在下拉列表中选择“阵列”下的命令“路径阵列”。

（2）操作步骤。

输入“PA”，点击“Enter”键，根据提示在图纸中选择路径曲线，即可沿选定的路径线阵列图形，可以设置沿路径的数量、间距，也可以设置行数、级别，可调整阵列对象的基点、方向等，如图 4.1.17 所示。

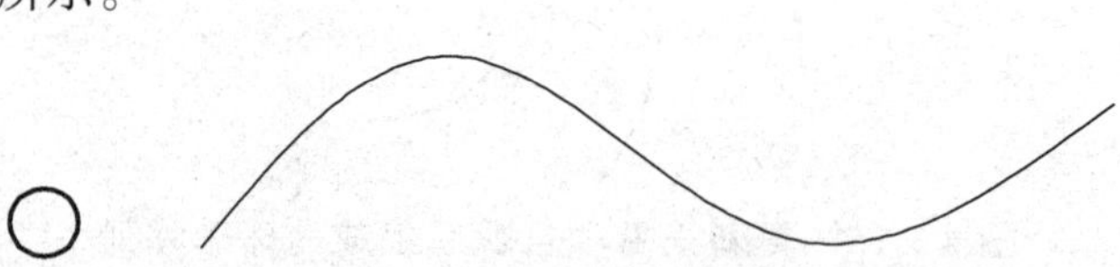

图 4.1.17　源对象和路径曲线

命令: _arraypath

选择对象: 找到 1 个（选择要生成路径阵列的源对象，点击“Enter”键结束对象选择）

选择对象:

类型 = 路径　关联 = 是（提示用户当前使用的阵列模式及创建成的路径阵列项目间是否关联）

选择路径曲线:（路径曲线选择后，系统会自动生成具有默认项目数的路径阵列，见图 4.1.18）

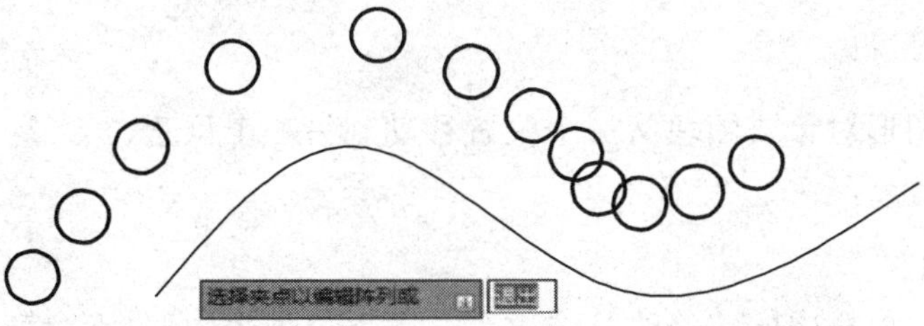

图 4.1.18　系统默认项目数的路径阵列

选择夹点以编辑阵列或 [关联(AS)/方法(M)/基点(B)/切向(T)/项目(I)/行(R)/层(L)/对齐项目(A)/z 方向(Z)/退出(X)] <退出>: I（系统默认项目数不符合需求，输入 I，重新设置路径阵列中包含的项目数）

指定沿路径的项目之间的距离或 [表达式(E)] <21.0686>: 25（设置项目间的距离）

最大项目数 = 12（创建出的路径阵列中最多有 12 个项目）

指定项目数或 [填写完整路径(F)/表达式(E)] <10>:（根据需要重新设置项目个数，单击“Enter”键，见图 4.1.19）

选择夹点以编辑阵列或 [关联(AS)/方法(M)/基点(B)/切向(T)/项目(I)/行(R)/层(L)/对齐项目(A)/z 方向(Z)/退出(X)] <退出>:（根据具体需求设置的路径阵列生成）

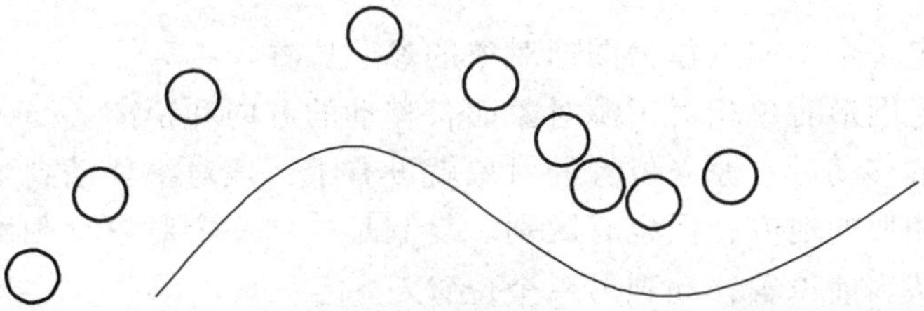

图 4.1.19　重新设置项目间距和项目数后生成的路径阵列

（3）命令说明。

在执行路径阵列之前，需要有一个创建阵列的源对象，还需要有一条路径曲线，二者皆备的情况下，才能创建路径阵列。要生成的路径阵列可以使用系统默认的项目间距和项目数，用户也可以根据需要设置项目间距和项目数。

4）案　例

把图 4.1.20 中的样例图分别生成三行四列的矩形阵列和项目数为 6 的环形阵列。

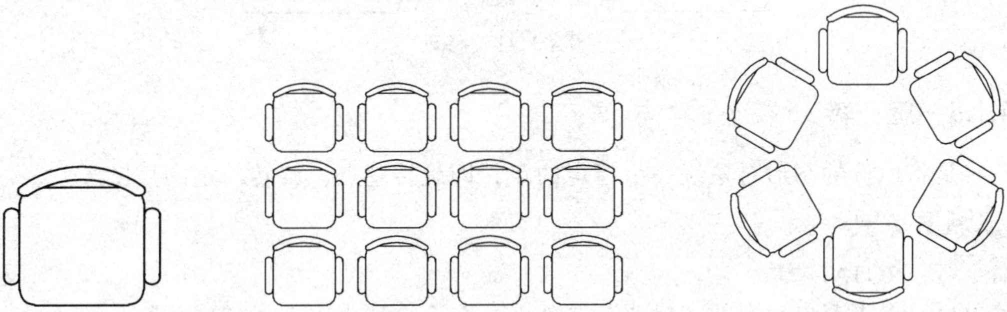

（a）原图　（b）矩形阵列　（c）环形阵列

图 4.1.20　阵列的运用

4.1.7 移　动

移动是将一个图形对象或图块从一个位置移动到另一个位置。

1）执行方式

命令行：MOVE。

菜单栏：单击菜单栏中的“修改”选项卡，在下拉列表中选择“移动”。

工具栏：在右侧的“编辑工具栏”中选择“移动”按钮。

快捷菜单：选择要移动的图形对象，在绘图区单击鼠标右键，选择快捷菜单中的“移动”命令。

2）操作步骤

命令: _move

选择对象: 找到 1 个（选择要移动的图形对象，对象全部选完按“Enter”键）

选择对象:

指定基点或 [位移(D)] <位移>:（选择一个点作为基点移动已选对象）

指定第二个点或 <使用第一个点作为位移>:（指定要移动到的点位置）

3）命令说明

（1）基点：指定一个参照点作为图形对象的参照位置。

（2）位移：指定图形对象相对于源对象而言移动的方向和距离。

图形对象在经过移动后，原来位置的对象就没有了，该对象移动到了一个新的位置。该命令跟“复制”有相似的地方，但也有区别。复制是根据一个对象复刻出多个相同的对象；移动是把一个对象从当前位置移动到另一个位置。

如图 4.1.21 所示，把左侧图中的小圆移动到右侧图的位置，只有小圆的位置改变了，其他都不变。

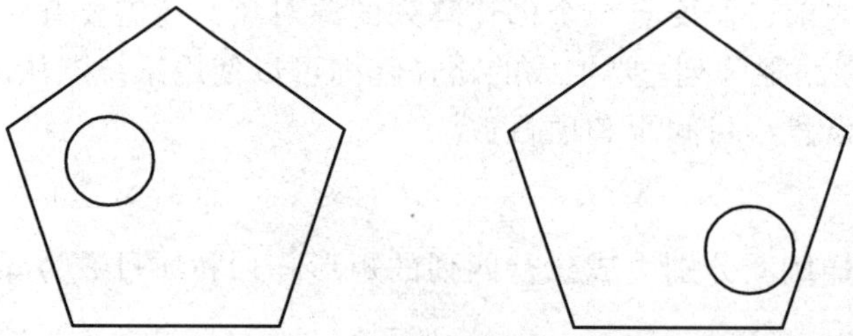

图 4.1.21　移动

4.1.8 旋　转

旋转是将所选的图形对象绕一个指定的点，即旋转基点，旋转一定的角度。

1）执行方式

命令行：ROTATE。

菜单栏：单击菜单栏中的“修改”选项卡，在下拉列表中选择“旋转”。

工具栏：在右侧的“编辑工具栏”中选择“旋转”按钮。

快捷菜单：选中要旋转的对象，在绘图区单击鼠标右键，在快捷菜单中选择“旋转命令”。

2）操作步骤

命令: _rotate

UCS 当前的正角方向: ANGDIR=逆时针　ANGBASE=0

选择对象: 找到 1 个（选择要旋转的对象）

选择对象:

指定基点:（指定一个选择基点）

指定旋转角度，或 [复制(C)/参照(R)] <0>:（指定对象选择的角度）

3）命令说明

（1）复制（C）：在命令栏输入“C”单击“Enter”，可以把原图形对象复制一份旋转到指定的角度，原图形对象的位置不变，如图 4.1.22 所示。

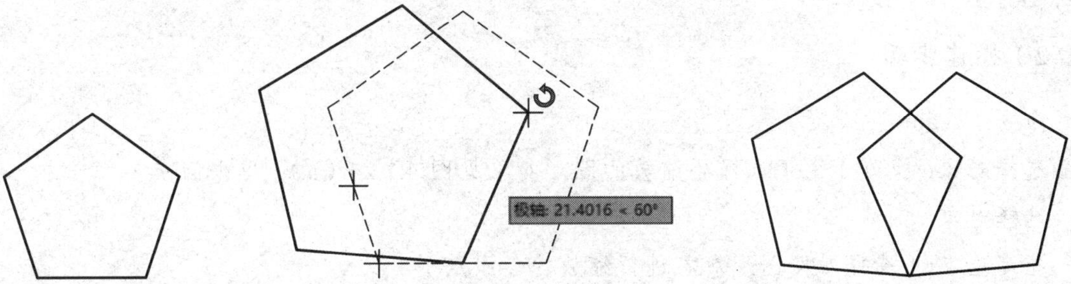

（a）原图　（b）选择复制旋转角度　（c）复制旋转

图 4.1.22　复制旋转效果

（2）参照（R）：在命令栏输入“R”单击“Enter”键回车，命令行提示输入一个参照角度值，再输入一个新角度值，则对象最终旋转的角度是新角度值减去参照角度值，如图 4.1.23 所示。

命令: _rotate

UCS 当前的正角方向:　ANGDIR=逆时针　ANGBASE=0

选择对象: 找到 1 个

选择对象:

指定基点:

指定旋转角度，或 [复制(C)/参照(R)] <300>: R

指定参照角 <0>: 30（参照角输入后，会从基点位置出现一条极轴）

指定新角度或 [点(P)] <0>: 60

（a）源对象　（b）参照旋转后的对象

图 4.1.23　参照旋转效果

在输入角度的时候，如果输入角度为正值，则图形对象逆时针旋转一定的角度；若输入角度为负值，则图形对象顺时针旋转一定角度。

4.1.9 缩 放

缩放是将图形对象根据指定的基点，按照一定的比例放大或缩小。

1）执行方式

命令行：SCALE。

菜单栏：单击菜单栏中的“修改”选项卡，在下拉列表中选择“缩放”。

工具栏：在右侧的“编辑工具栏”中选择“缩放”按钮。

快捷菜单：选择要缩放的对象，在绘图区单击鼠标右键，在下拉列表中选择“缩放”命令。

2）操作步骤

命令: _scale

选择对象: 找到 1 个（选择要缩放的图形对象见图 4.1.24（a），单击回车）

选择对象:

指定基点:（选择对按图形对象进行缩放的参照点）

指定比例因子或[复制(C)/参照(R)]: 2（输入放大或缩小的具体数值，效果见图 4.1.24（b））

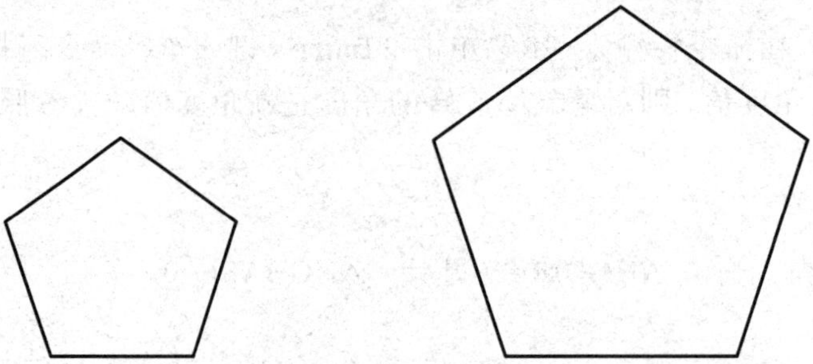

（a）原图　　（b）缩放后的图

图 4.1.24　缩放效果

3）命令说明

（1）基点：以一个固定的参照点对图形对象放大或缩小。

（2）比例因子：指对图形放大或缩小的倍数，输入比例因子值大于 1 的时候，是对图形对象进行放大；输入比例因子值小于 1 的时候，对图形对象进行缩小；比例因子为 1 时，跟原图形大小相同。

（3）复制（C）：指复制一个缩放对象，对它按一定比例放大或缩小，源对象保留不变，如图 4.1.25 所示。

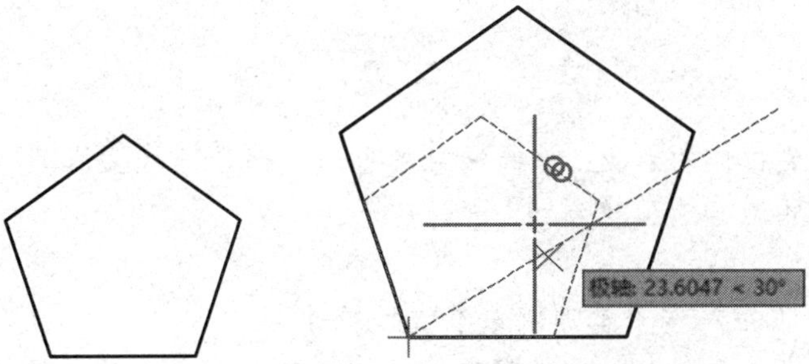

（a）原图　　（b）使用复制缩放　　（c）缩放后

图 4.1.25　复制缩放

（4）参照（R）：在命令区输入“R”，采用参照方式缩放对象，命令行会提示：

指定比例因子或 [复制(C)/参照(R)]: R

指定参照长度 <1.0000>:

指定新的长度或 [点(P)] <1.0000>: 0.5

系统默认参照长度是 1，可以重新输入以修改参照长度，如果输入的新长度大于参照长度，则图形对象会放大；如果新长度小于参照长度，则图形对象会缩小（见图 4.1.26）。如果选择“点（P）”则是可以重新选择两点去定义新的长度。

（a）原图　　（b）缩放后的图

图 4.1.26　参照缩放

除了上述方法可以对图形对象进行缩放外，还可以用鼠标拖拽的方式来缩放对象。先选择对象并指定一个基点，这时从基点到当前十字光标的位置会出现一条连线，连线的长度代表了缩放比例的大小。拖拽鼠标，缩放对象就会动态地随着连线长度的变化而放大或缩小，单击“Enter”键进行确定即可完成缩放。

缩放命令改变了图形对象的实际大小，而不是改变图形的显示大小。

4.1.10　拉　伸

拉伸是对图形中选中的一部分对象进行移动，其他没选中的部分保持不变。图形不会因为有的部分改变有的部分不变而断开，它还是一个整体，只是被选中的部分边界会被拉伸或压缩边形。

1）执行方式

命令行：STRETCH。

菜单栏：单击菜单栏中的“修改”选项卡，在下拉列表中选择“拉伸”。

工具栏：在右侧的“编辑工具栏”中选择“拉伸”按钮。

2）操作步骤

命令: _stretch
以交叉窗口或交叉多边形选择要拉伸的对象...（选择对象中的一部分进行拉伸）
窗交(C）套索　按空格键可循环浏览选项找到 1 个
选择对象:
指定基点或 [位移(D)] <位移>:（指定一个基点或位移进行拉伸）
指定第二个点或 <使用第一个点作为位移>:（确定拉伸到的位置）

3）命令说明

（1）窗交（C）：在命令行输入“C”，说明以窗交方式选择对象，也可采用圈交法进行选择。要注意在选择一个图形中的部分对象时，要从右向左选，而不能从左向右选，如图 4.1.27（b）所示。

（2）位移（D）：指定拉伸的距离和方向，如图 4.1.27（c）所示。

（3）指定第二个点或“<使用第一个点作为位移>:”通过指定拉伸基点和拉伸第二点之间的间距确定拉伸距离。

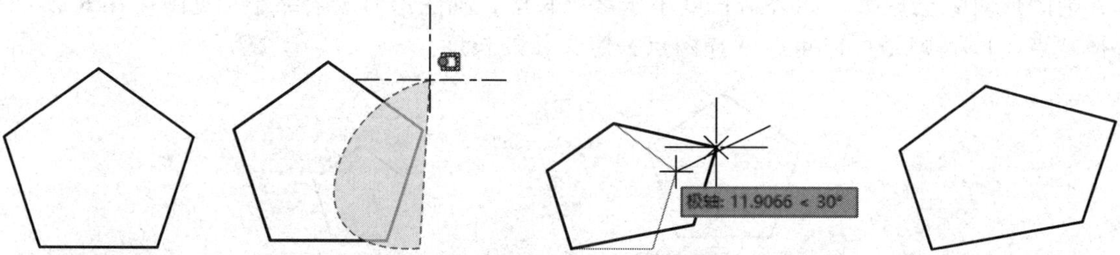

（a）原图　（b）圈交法选对象　（c）选择拉伸位置　（d）拉伸后的图

图 4.1.27

拉伸只针对一个图形对象中的某一部分做拉伸变形，而不是对整个图形做拉伸，选择对象的时候要特别注意别选错了。有些对象是不能被拉伸的，如圆、椭圆和图块，不规则的多边形可以被拉伸。

拉伸命令只改变窗交区域内的顶点和端点，而在窗交区域外的顶点和端点是不能被拉伸的。拉伸命令不修改三维实体、多段线的宽度、切线方向或者拟合曲线的信息。

4.1.11 拉　长

拉长命令可以对已有对象增加长度。

1）执行方式

命令行：LENGTHEN（快捷命令：LEN）。

菜单栏：单击菜单栏中的“修改”选项卡，在下拉列表中选择“拉长”。

2）操作步骤

命令: _lengthen

选择要测量的对象或 [增量(DE)/百分比(P)/总计(T)/动态(DY)] <总计(T)>:（选择要拉长的对象）

当前长度: 24.1071（测定出拉长对象的当前长度）

选择要测量的对象或 [增量(DE)/百分比(P)/总计(T)/动态(DY)] <总计(T)>: DE（选择以哪种方式进行拉长）

输入长度增量或 [角度(A)] <0.0000>: 20（输入要拉长的具体长度）

选择要修改的对象或 [放弃(U)]:（选定要拉长对象的某一端进行拉长）

3）命令说明

（1）增量（DE）：指需要把对象再增加多少的具体长度或角度。

（2）百分比（P）：用指定增量占原对象长度百分比的方式改变对象的长度。

（3）总计（T）：通过指定新的总长度或总角度的方法修改对象的长度或角度，如图 4.1.28 所示。

命令: _lengthen

选择要测量的对象或 [增量(DE)/百分比(P)/总计(T)/动态(DY)] <增量(DE)>:

当前长度: 44

选择要测量的对象或 [增量(DE)/百分比(P)/总计(T)/动态(DY)] <增量(DE)>: T

指定总长度或 [角度(A)] <1.0000>: 50（把总长度 44 的线段拉长为总长度为 50）

选择要修改的对象或 [放弃(U)]:

（a）源对象　　（b）通过总计拉长后的对象

图 4.1.28　总计拉长

（4）动态（DY）：采用拖拽鼠标的方式动态地修改对象的长度或角度。

（5）角度（A）：如果对圆弧或椭圆弧进行拉长，可以选择此命令，给定角度的具体增量，如图 4.1.29 所示。

命令: _lengthen

选择要测量的对象或 [增量(DE)/百分比(P)/总计(T)/动态(DY)] <总计(T)>:

当前长度: 31.4716，夹角: 61

选择要测量的对象或 [增量(DE)/百分比(P)/总计(T)/动态(DY)] <总计(T)>: DE

输入长度增量或 [角度(A)] <20.0000>: A（选择通过输入角度增量的方法拉长）

输入角度增量 <0>: 50（输入角度增量，在原来 61°的基础上增加 50°）

选择要修改的对象或 [放弃(U)]:

（a）原图　　（b）通过角度拉长后

图 4.1.29　角度拉长

4.1.12 修 剪

对图形对象中多余的线条进行修剪。

1）执行方式

命令行：TRIM。

菜单栏：单击菜单栏中的“修改”选项卡，在下拉列表中选择“修剪”。

工具栏：在右侧的“编辑工具栏”中选择“修剪”按钮。

2）操作步骤

命令: _trim

当前设置: 投影=UCS,边=无,模式=快速

选择要修剪的对象，或按住 Shift 键选择要延伸的对象或（选择要修剪掉的对象）

[剪切边(T)/窗交(C)/模式(O)/投影(P)/删除(R)]:

只要不按“Enter”键结束当前命令，就可以一直选择要修剪掉的对象，直到修剪完按“Enter”键结束命令。

3）命令说明

（1）剪切边（T）：用剪切边来裁剪被剪边从而达到修剪的目的，使得修剪对象以适合其他对象的边。

（2）窗交（C）：选择矩形区域（由两点确定）内部或与之相交的对象，某些要修剪的对象的窗交选择不确定。“TRIM”将沿着矩形窗交窗口从第一个点以顺时针方向选择遇到的第一个对象。

（3）模式（O）：将默认修剪模式设置为“快速”。该模式使用所有对象作为潜在剪切边，如图 4.1.30（b）所示。或设置为“标准”，该模式将提示用户选择剪切边。

（4）投影（P）：指定修剪对象时使用的投影方式。

（5）删除（R）：删除选定的对象。此选项提供了一种用来删除不需要的对象的简便方式，而无须退出“TRIM”命令，如图 4.1.30（c）所示。

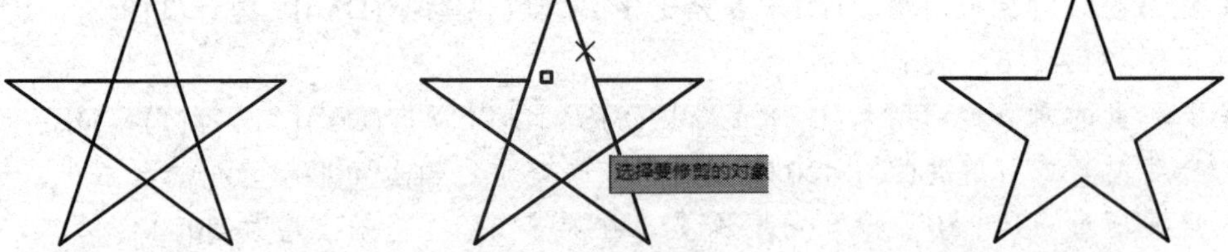

（a）原图　　（b）选择修剪对象　　（c）修剪完成

图 4.1.30　修剪

修剪对象，使它们精确地终止于由选定对象定义的边。对象既可以作为剪切边，也可以是被修剪的对象。可以将对象修剪到与其他对象最近的交点处，不是选择剪切边，而是按“Enter”键，然后选择要修剪的对象时，最新显示的对象将作为剪切边。

4.1.13 延 伸

延伸命令是可以对一个图形对象延伸到另一个对象的边界线处。延伸对象可以是线段、弧线、多段线等，而边界可以是另一条线段、弧线、圆、多段线等。

1）执行方式

命令行：EXTEND（快捷命令 EX）。

菜单栏：单击菜单栏中的“修改”选项卡，在下拉列表中选择“延伸”。

工具栏：在右侧的“编辑工具栏”中选择“延伸”按钮。

2）操作步骤

命令: _extend

当前设置: 投影=UCS,边=无,模式=快速

选择要延伸的对象，或按住 Shift 键选择要修剪的对象或[边界边(B)/窗交(C)/模式(O)/投影(P)]:

3）命令说明

（1）边界边（B）：延伸命令指把一个实体对象（称为延伸边）延伸到另一个实体对象（边界边）的操作，所以这里的边界边指要延伸到的对象，如图 4.1.31（b）所示。

（2）窗交（C）：进入“窗交”模式。通过指定两个点定义选择区域内的所有对象，延伸所有的对象到边界对象。

（3）模式（O）：同“修剪”模式中的含义相同。

（4）投影（P）：选择对象延伸时的投影方式。

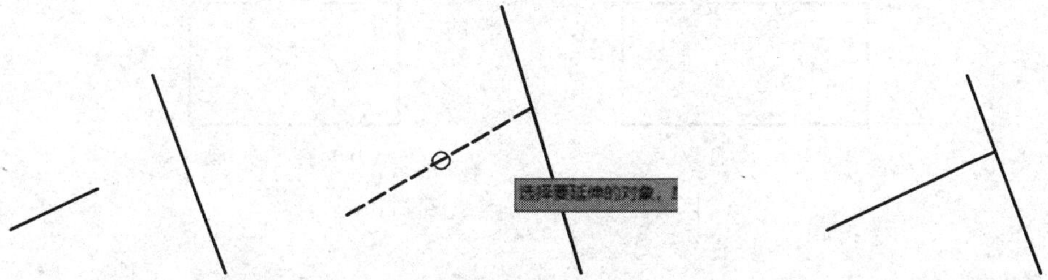

（a）原图　　（b）选择延伸对象　　（c）延伸成功

图 4.1.31　延伸

在延伸的过程中，要确定两个对象经过延伸会相交，像两条平行线通过延伸也不会相交，它是不能进行延伸的。

4.1.14 打 断

打断是把一个图形对象切断，或切掉一个图形对象中的一部分。把一个图形对象切断，可以用“打断于点”的方式，切掉图形对象中的一部分可以用“在两点之间打断”。

1）执行方式

命令行：BREAK。

菜单栏：单击菜单栏中的“修改”选项卡，在下拉列表中选择“打断”。

工具栏：在右侧的“编辑工具栏”中根据需要选择“打断于点”按钮或“打断”按钮。

2）操作步骤

命令: _breakatpoint（使用打断于点的方式对对象进行打断）

选择对象:（选择要打断的对象）

指定打断点:（在对象上选择一点作为打断点，见图 4.1.32（b））

（a）原图　　（b）在边上选择一点打断

图 4.1.32　打断于点

命令: _break（在两点之间进行打断）

选择对象:（选择要打断的对象）

指定第二个打断点 或 [第一点(F)]: F（系统默认直接选择第二个打断点，此时跟打断于点的方式是完全一样的，要在两点之间打断，必须先选择第一点即输入“F”，见图 4.1.33（a））

指定第一个打断点:

指定第二个打断点:

（a）选择打断点　　（b）打断完成

图 4.1.33　在两点之间打断

3）命令说明

在使用“打断于点”命令时，它的有效对象包括直线、开放的多段线和圆弧，并且不能在一点打断一个闭合对象，如圆、椭圆、多边形等。

在使用“在两点之间打断”命令时，可以在对象上的两个点之间创建间隔，从而把一个对象打断为两个对象。如果选择的打断点不在对象上，则会自动投影到该对象。

当对封闭的对象进行打断时，要使用在两点之间打断，特别是对于圆或椭圆，在打断的时候，被切掉的部分是按逆时针的方向，从第一打断点开始到第二打断点进行打断的，如果不注意两个打断点所处的方向，可能打断的会是需要保留的一段圆弧或椭圆弧。

如图 4.1.34 所示，在选择两个打断点时，先选择点 1，再选择点 2，被打断的就是点 1 到点 2 之间逆时针的一段圆弧，如图 4.1.34（b）所示；若先选择点 2，再选择点 1，打断的就是完全相反的一段圆弧，如图 4.1.34（c）所示。

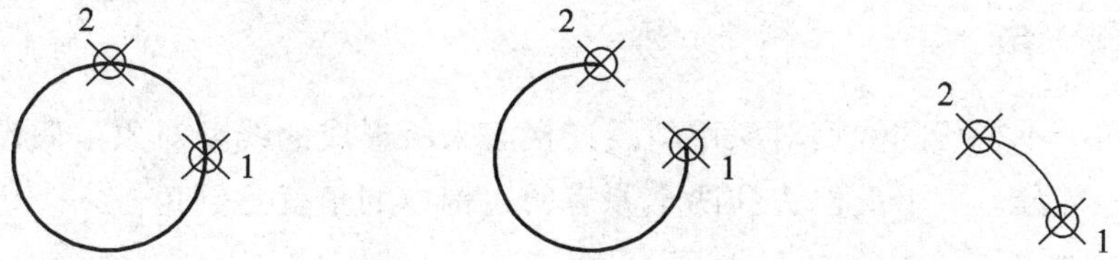

（a）　　　　（b）　　　　（c）

图 4.1.34　打断部位选择

4.1.15　合　并

合并相似对象从而形成一个完整的对象。只有通过合并能形成完整对象的情况下才可以做合并操作。

1）执行方式

命令行：JOIN。

菜单栏：单击菜单栏中的“修改”选项卡，在下拉列表中选择“合并”。

工具栏：在右侧的“编辑工具栏”中选择“合并”按钮。

2）操作步骤

命令: _join

选择源对象或要一次合并的多个对象: 找到 1 个

选择要合并的对象: 找到 1 个，总计 2 个

选择要合并的对象:

2 条直线已合并为 1 条直线（见图 4.1.35）

（a）　　　　（b）

图 4.1.35　合并

3）命令说明

合并对象可以选择直线、圆弧、多线段、椭圆弧或样条曲线等。合并多个对象时，无须指定源对象。

合并共线能够产生直线对象。直线的端点之间有间隙也可以合并的；对具有相同圆心和半径的共面圆弧进行合并，可以生成圆弧或圆，圆弧的端点之间可以存在间隙。如果合并的圆弧能够形成一个完整的圆，那么就会产生圆对象。把椭圆圆弧、样条曲线或螺旋进行合并，或合并到其他对象，则会产生样条曲线，而且这些对象是可以不共面的。

如果对直线、多段线、圆弧或三维多段线进行合并则会生成多段线；对不弯曲的非共面对象进行合并会产生三维多段线。

4.1.16 倒 角

倒角是把两个不平行的线型对象用斜线连接起来所形成的线型对象。假设把一个桌子的一角用刀砍掉一部分，剩下的斜边和两个原有的边构成的角就是倒角。

1）执行方式

命令行：CHAMFER（快捷命令 CHA）。

菜单栏：单击菜单栏中的“修改”选项卡，在下拉列表中选择“倒角”。

工具栏：在右侧的“编辑工具栏”中选择“倒角”按钮。

2）操作步骤

命令: _chamfer

（“修剪”模式）当前倒角距离 1 = 0.0000，距离 2 = 0.0000（系统默认的两个倒角距离均为 0）

选择第一条直线或 [放弃(U)/多段线(P)/距离(D)/角度(A)/修剪(T)/方式(E)/多个(M)]: D（选择一种方式确定倒角的大小，这里选择设置距离）

指定 第一个 倒角距离 <0.0000>: 15

指定 第二个 倒角距离 <15.0000>: 20（见图 4.1.36（b））

选择第一条直线或 [放弃(U)/多段线(P)/距离(D)/角度(A)/修剪(T)/方式(E)/多个(M)]:（选择的第一条直线上的倒角距离就是第一倒角距离）

选择第二条直线，或按住 Shift 键选择直线以应用角点或 [距离(D)/角度(A)/方法(M)]:（选择的第二条直线上的倒角距离就是第二倒角距离）

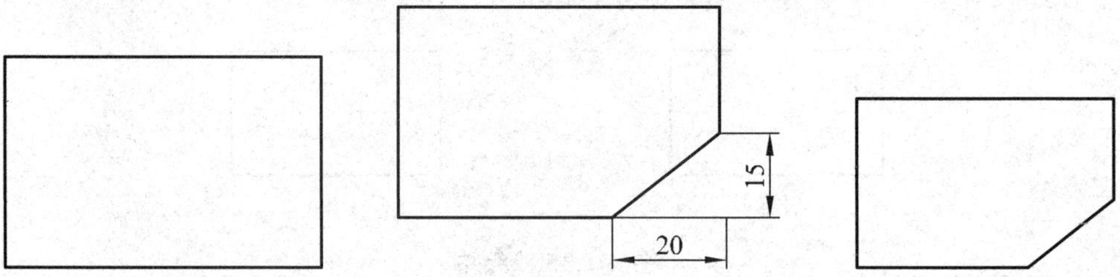

（a）　　　（b）　　　（c）

图 4.1.36　倒角

3）命令说明

（1）放弃（U）：放弃上一次的操作。

（2）多段线（P）：把多段线所形成的每个角的位置设置为倒角，一般情况下，把斜线的长度设置成相等的值，然后系统将根据指定的斜线距离在每个多段线的交叉的位置都做斜线连接，斜线将成为多段线的一个新的组成部分。

（3）距离（D）：选择设置第一倒角和第二倒角的距离。

（4）角度（A）：选择设置所选择的第一条直线的斜线距离及其倒角角度，执行该选项后，系统会提示“指定第一条直线的倒角长度”或“指定第一条直线的倒角角度”。

（5）修剪（T）：指在选择倒角时是否对该倒角相应的边进行修剪，系统会提示“输入修剪模式选项[修剪(T)/不修剪(N)]”。

（6）方式（E）：选择倒角是用“距离”方式还是用“角度”方式来设置。

（7）多个（M）：设置一次倒角距离，可以对多个对象进行修改编辑。

如果形成倒角的两条直线的图层、颜色和线型都相同，那么生成的倒角边也与两条直线的这些属性相同；否则，倒角边使用当前所处图层的线型和颜色。

4）案　例

将图 4.1.37 中的八边形的每个角点都设置成倒角（距离 1=15，距离 2=15）。

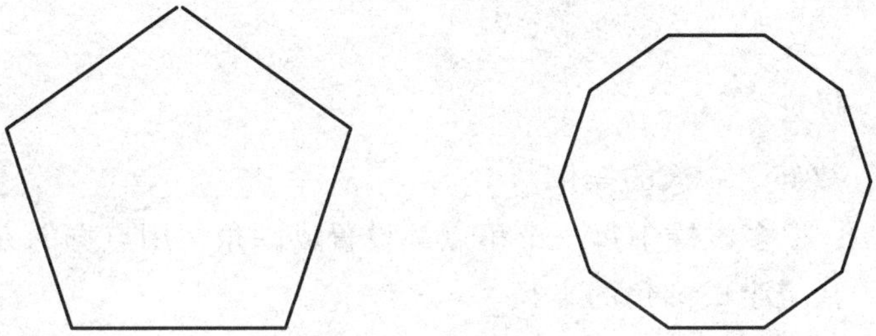

图 4.1.37　倒角样例

命令: _polygon 输入侧面数 <8>: 5

指定正多边形的中心点或 [边(E)]:

输入选项 [内接于圆(I)/外切于圆(C)] <I>: I

指定圆的半径:

命令: _chamfer

(“修剪”模式）当前倒角距离 1 = 15.0000，距离 2 = 15.0000

选择第一条直线或 [放弃(U)/多段线(P)/距离(D)/角度(A)/修剪(T)/方式(E)/多个(M)]: D

指定 第一个 倒角距离 <15.0000>: 15

指定 第二个 倒角距离 <15.0000>: 15

选择第一条直线或 [放弃(U)/多段线(P)/距离(D)/角度(A)/修剪(T)/方式(E)/多个(M)]: M

选择第一条直线或 [放弃(U)/多段线(P)/距离(D)/角度(A)/修剪(T)/方式(E)/多个(M)]:

选择第二条直线，或按住 Shift 键选择直线以应用角点或 [距离(D)/角度(A)/方法(M)]:

4.1.17　圆　角

圆角是指用一定半径的圆弧去平滑连接两条边所形成的对象，圆弧可以平滑地对直线段、样条曲线、射线、圆弧、椭圆弧、圆等进行连接。

1）执行方式

命令行：FILLET（快捷命令 F）。

菜单栏：单击菜单栏中的“修改”选项卡，在下拉列表中选择“圆角”。

工具栏：在右侧的“编辑工具栏”中选择“圆角”按钮。

2）操作步骤

命令: _fillet

当前设置: 模式 = 修剪，半径 =0.0000（系统默认圆角半径为 0）

选择第一个对象或 [放弃(U)/多段线(P)/半径(R)/修剪(T)/多个(M)]: R（选择设置圆角半径）

指定圆角半径 <0.0000>: 10（指定圆角半径）

选择第一个对象或 [放弃(U)/多段线(P)/半径(R)/修剪(T)/多个(M)]:（选择生成圆角的一条边）

选择第二个对象，或按住 Shift 键选择对象以应用角点或 [半径(R)]:（选择生成圆角的另一条边）

3）命令说明

（1）放弃（U）: 放弃上一次的操作。

（2）多段线（P）: 把多段线中每一个角点都设置成圆角，用点选的方式去选择多段线。

（3）半径（R）: 指定生成圆角的半径。

（4）修剪（T）: 选择指定圆角时，是否要修剪对应的圆角边。

（5）多个（M）: 把多个角生成具有相同半径的圆角。

4）案　例

把图 4.1.38 所示矩形的各个角设置成圆角，圆角半径为 20。

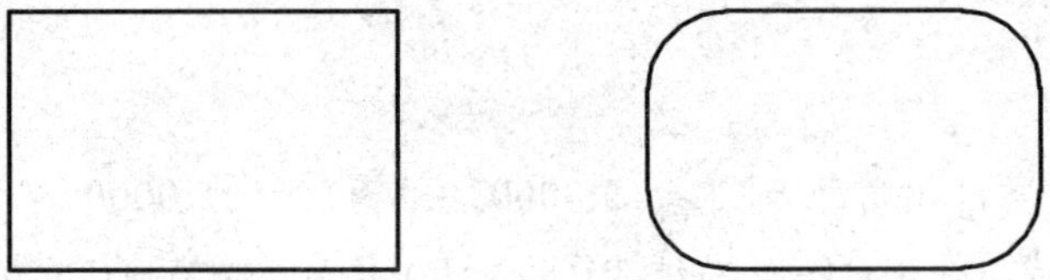

图 4.1.38　圆角

命令: _fillet

当前设置: 模式 = 修剪，半径 =10.0000

选择第一个对象或 [放弃(U)/多段线(P)/半径(R)/修剪(T)/多个(M)]: R

指定圆角半径 <10.0000>: 20

选择第一个对象或 [放弃(U)/多段线(P)/半径(R)/修剪(T)/多个(M)]: M

选择第一个对象或 [放弃(U)/多段线(P)/半径(R)/修剪(T)/多个(M)]:

选择第二个对象，或按住 Shift 键选择对象以应用角点或 [半径(R)]:

在设置圆角时，如果有多个对象角都要做成相同半径的圆角，则选择“多个”命令，直接选择要设置成圆角的各个边即可。

4.1.18　分　解

分解命令是在绘图过程中经常用到的一个命令，主要用来把用多段线、正多边形等命令绘制出的统一的整体图形对象分解成多条独立的线条，图块也是可以进行分解的，以方便用户对分解后的图形进行编辑和修改。

1）执行方式

命令行：EXPLODE（快捷命令 EX）。

菜单栏：单击菜单栏中的“修改”选项卡，在下拉列表中选择“分解”。

工具栏：在右侧的“编辑工具栏”中选择“分解”按钮。

2）操作步骤

命令: _explode（执行该命令后选择要分解的对象）

选择对象: 找到 1 个（统计选中的对象个数）

对象被选择后，直接从整体被分解成独立的个体线条，系统会继续提示选择对象，用户可根据需要，继续选择对象进行分解。

如一个用多边形命令绘制出的五边形是一个整体，通过分解命令可以把它分解成五条独立的线条，如图 4.1.39 所示。

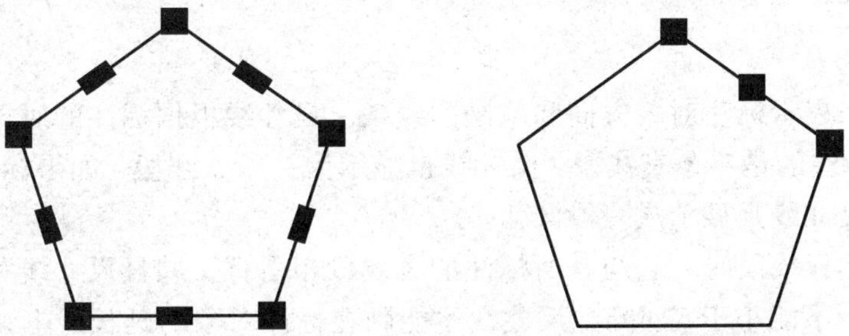

图 4.1.39　分解

3）命令说明

使用分解命令可以对一个合成图形进行分解，像单纯的圆、椭圆是不能被分解的，而且对于有宽度的直线来说，经过分解后就失去了它的宽度属性。

4.2　尺寸标注

尺寸标注是图纸绘制过程中必不可少的环节，图纸主要用来表达物体形状、大小及具体位置等信息，而尺寸标注就是来标识物体大小。特别在通信工程图纸中，尺寸标注显得尤为重要。工程施工人员要严格按照图纸中的具体数据进行施工建设，如果没有尺寸标注或标注不够严谨，都会影响整个工程建设项目的施工和质量。因此，如何正确地设置尺寸标注样式，并依据通信行业要求及规则进行尺寸标注，是每个绘图员及设计员都需要掌握的技能。

AutoCAD 2023 提供了丰富、便捷的功能帮助用户进行准确的尺寸标注。

4.2.1　尺寸标注的构成

一个完整的尺寸标注包括尺寸数字、尺寸线、尺寸界线及其终端四个部分，如图 4.2.1 所示。尺寸标注是通过实地测量，将测量数据在图纸中进行准确标记的一个重要元素。

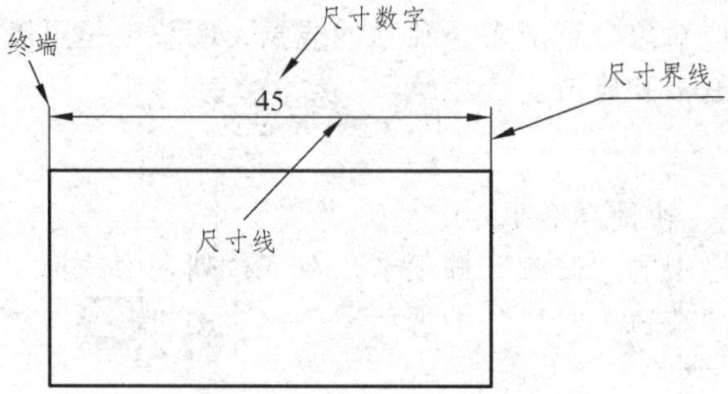

图 4.2.1　尺寸标注

1）尺寸数字

尺寸数字主要指图纸中标识图形对象实际尺寸的数值，不仅仅只能用数字表示，也可以用其他图形符号或尺寸公差等进行表示。

一般情况下，尺寸数字的位置是固定的，多数情况下尺寸数字标注在尺寸线的上方或左侧，或者标注在尺寸线的中断处。尺寸数字在标注过程中不能被其他线条所覆盖或重叠，也不能出现字压线或线压字的情况。

2）尺寸线

尺寸线是用来表示标注对象方向和范围的线条。尺寸线根据标注的对象不同，会显示不同的格式，如果标注的是一条直线段，尺寸线也显示为一条直线段；如果标注的是一个角度、圆弧或椭圆弧，尺寸线则显示成一段圆弧。

尺寸线在标注直线段时，它与其所标注的直线段相平行，并且尺寸线和其他与它平行的轮廓线之间的间距不能小于 7 mm。尺寸线不能画在标注对象的延长线上，也不能和其图线相重合。

3）尺寸界线

尺寸界线是用来标志所标注对象的起始位置的线条，如直线段的两端、圆弧的起点和终点、角的两条边的端点等。尺寸界线一般与尺寸线相垂直，并略超出尺寸线，特殊情况时，也可不与尺寸线垂直，但同一标注的两条尺寸界限应相平行。

4）尺寸终端

尺寸终端在尺寸线的两端和尺寸界线的连接处。终端的标示样式有很多种，不同的终端代表了不同建筑标记，用户可根据具体的需求选择合适的样式标记在尺寸标注中，其中箭头和斜线是最常用的终端符号。

为了保持图纸的干净整洁，一般要求在同一张图纸中不能采用多种终端样式，只能采用一种样式进行尺寸标注，从而使图纸更加美观。

尺寸标注可以通过设置不同的颜色，来区分它和其他类型线条的不同，但是在一张图纸中要使用统一线型、统一格式、统一颜色的尺寸标注。

4.2.2　创建标注样式

在给标注对象做尺寸标注之前，首先要设置好标注样式，给尺寸标注的各组成部分设置相应的参数，如尺寸线、尺寸界线、尺寸终端的样式等。用户可以创建一个新的标注样式，把所有的要素都按需求设置好，从而提高标注效率，也可以对已有的标注样式进行修改，以满足需求。

1）执行方式

命令行：DIMSTYLE（快捷命令：D）。

菜单栏：单击菜单栏中的“格式”选项卡，在下拉列表中选择“标注样式”或单击菜单栏的“标注”选项卡，选择“标注样式”。

2）选项说明

执行 DIMSTYLE 命令后，系统会弹出“标注样式管理器”窗口，如图 4.2.2 所示。

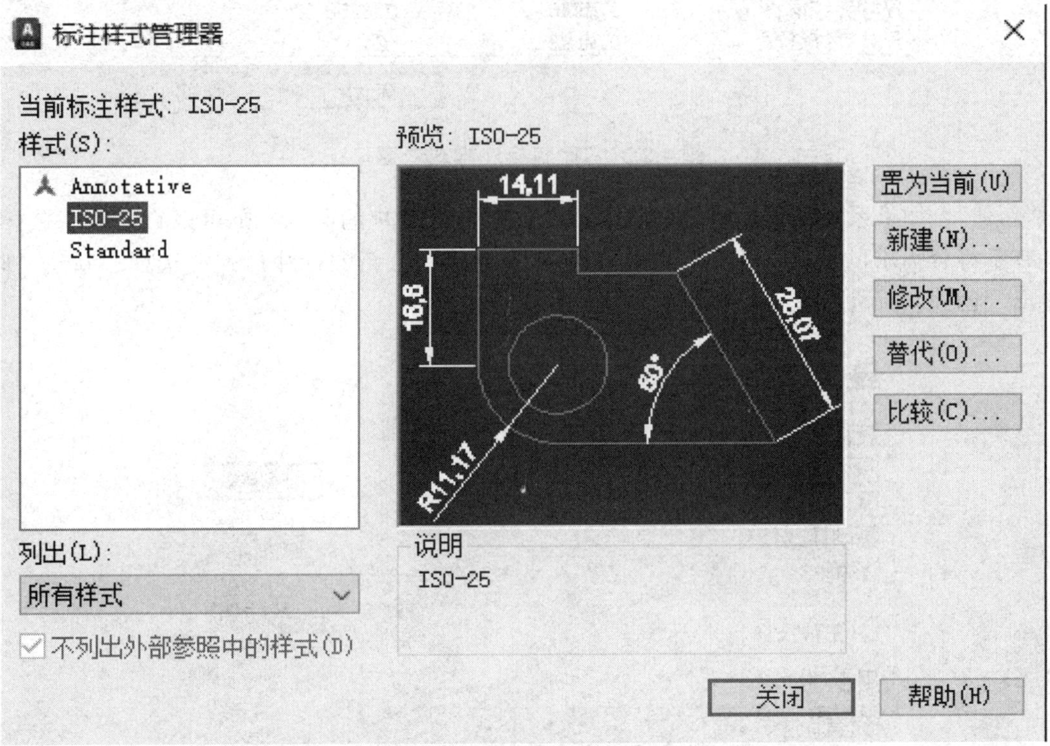

图 4.2.2 “标注样式管理器”窗口

在窗口中显示了当前使用的是系统默认的标注样式“ISO-25”，在预览框里显示了“ISO-25”的常用各项具体标注样式。

“置为当前”：把选择的要使用的“标注样式”设置为当前样式。

“替代”：可设置临时的尺寸标注样式进行覆盖，单击此按钮后弹出的“替代当前样式”窗口中各选项和“新建标注样式”窗口是完全一样的。

“比较”：比较两种标注样式之间的参数区别，或浏览一种标准样式的具体参数，选择此按钮，系统会弹出“比较标注样式”窗口，如图 4.2.3 所示。

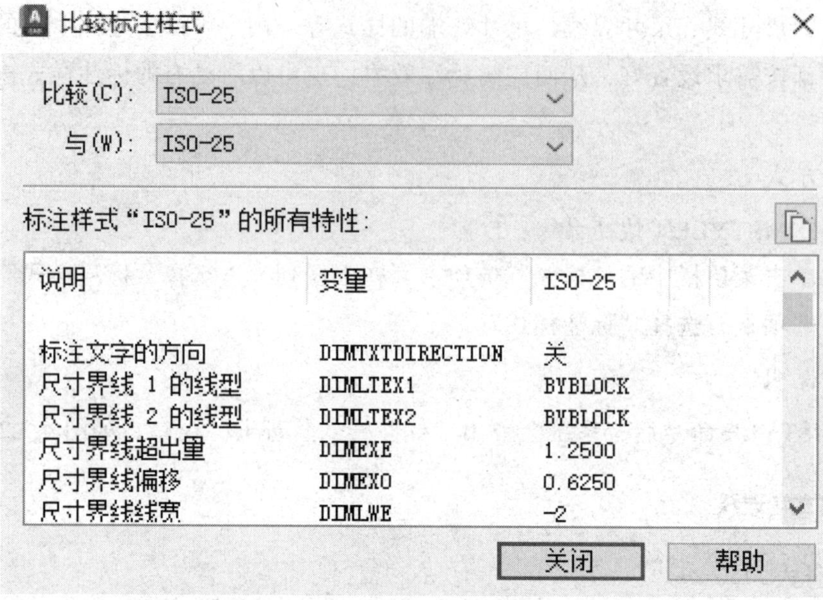

图 4.2.3 “比较标注样式”窗口

“新建”：如果系统默认的标注样式“ISO-25”符合用户的需求，则可以直接使用该样式；如果有不符合需求的选项，则可以单击“新建”创建一个新的标注样式。选择“新建”时，则弹出“创建新标注样式”，如图 4.2.4 所示。

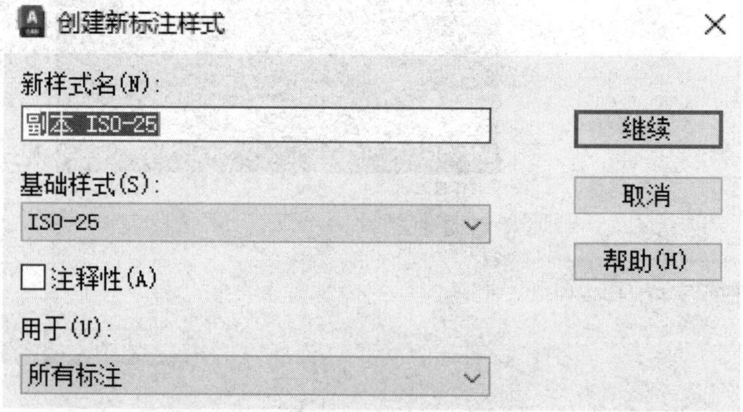

图 4.2.4 “创建新标注样式”窗口

此时，需要给新建样式命名，系统默认名称为“副本 ISO-25”，用户可修改其名称。“基础样式”下拉列表框可以从下拉列表里选择一种样式作为新建样式的基准，即新样式是在所选择的样式基础上进行修改。“用于”下拉列表框可以指定该新建标注样式可应用于哪些尺寸类型，可选择“所有标注”“线性标注”“角度标注”“半径标注”“直径标注”“坐标标注”或“引线和公差”。

前面的项目都设置好后，则单击“继续”按钮，进入“新建标注样式”对话框（见图 4.2.5），开始设置新建标注样式的各个特性，包括线、符号和箭头、文字、主单位等。

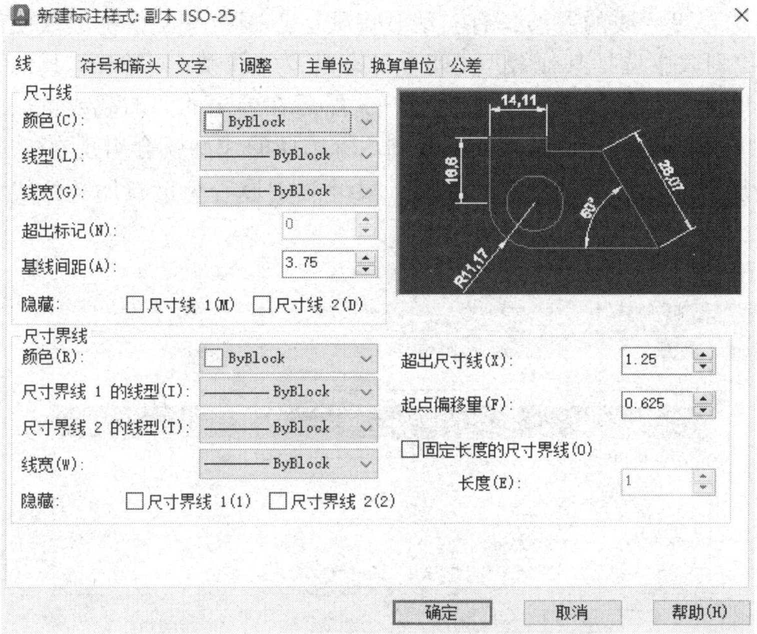

图 4.2.5 “新建标注样式”设置窗口

（1）线。

该选项卡主要用来设置尺寸线、尺寸界线及延伸线的线型、线宽、颜色等特性。

① 尺寸线。

颜色（C）：用来设置尺寸线的颜色，可在下拉列表中直接选择需要的颜色，如果列表中颜色不够准确，可以单击“选择颜色”，系统弹出“选择颜色”对话框（见图 4.2.6），选择要用的颜色单击“确定”即可。

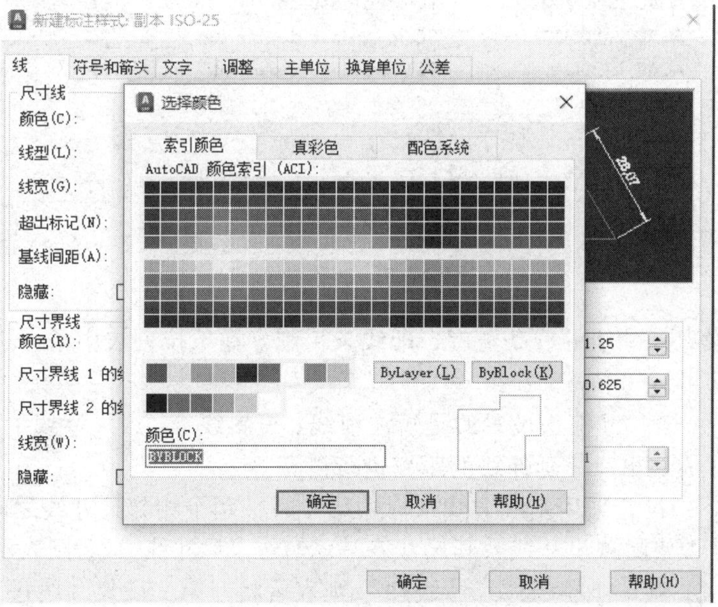

图 4.2.6 “选择颜色”窗口

线型（L）：选择尺寸线的线型，有实线、虚线、点画线等。系统默认使用细实线用作尺寸线，也可在下拉列表中选择其他线型。如果没有需要的线型，则单击“其他”，在弹出的“选择线型”窗口中单击“加载”[见图 4.2.7（a）]，然后在弹出的“加载或重载线型”窗口中选择要用的线型，单击“确定”[见图 4.2.7（b）]。所选择的线型就会出现在“选择线型”窗口，需要再次选中刚加载的线型进行确定。此时，尺寸线则设置为最新加载的线型。

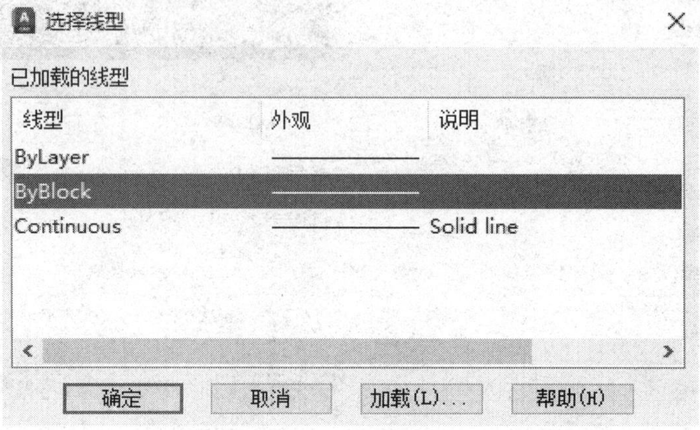

（a）

（b）

图 4.2.7　加载线型

线宽（G）：设置尺寸线的线条宽度，即线条粗细。在下拉列表中单击选择要使用的线宽名称及对应宽度即可。

超出标记（N）：若尺寸箭头设置的是短波浪线、短斜线等，或尺寸线上没有箭头显示时，可利用此框对尺寸线超出尺寸延伸线的距离进行微调。

基线间距（A）：设置采用基线方式来标注尺寸时，两个相邻尺寸线之间的距离。

隐藏：选择是否要隐藏尺寸线及其尺寸终端。勾选“尺寸线 1”，则表示要对第一段尺寸线进行隐藏[见图 4.2.8（a）]；勾选“尺寸线 2”，则表示将对第二段尺寸线进行隐藏[见图 4.2.8（b）]。

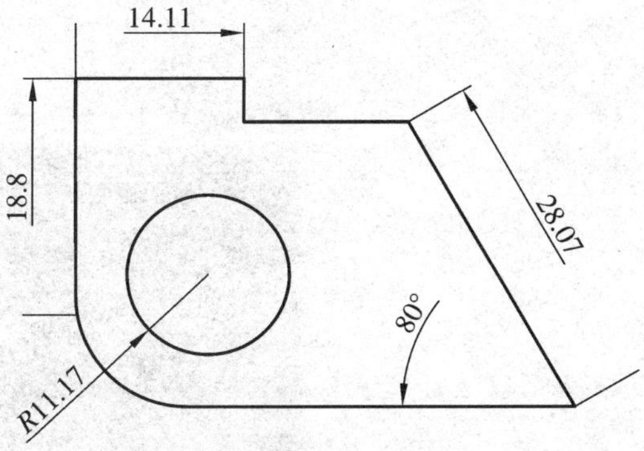

（a）隐藏尺寸线 1

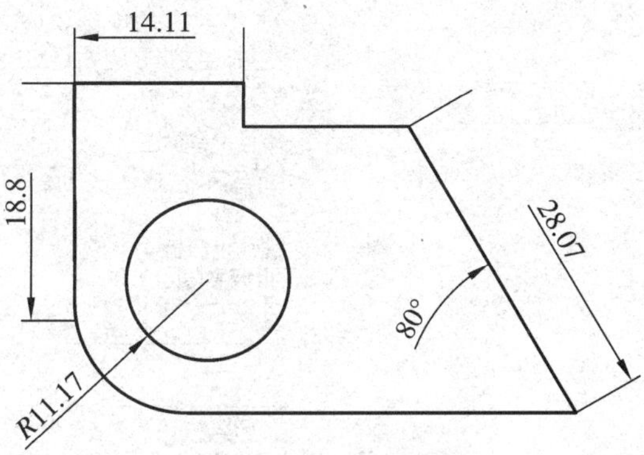

（b）隐藏尺寸线 2

图 4.2.8　隐藏尺寸线

② 尺寸界线。

颜色（R）：设置尺寸界限要使用的颜色，具体方法同尺寸线，但是同一张图纸中一般使用和尺寸线相同的颜色。

尺寸界线 1 的线型（I）：尺寸标注有两条相平行的尺寸界线，两条尺寸界线可采用不同的线型，这里先设置一条尺寸界线的线型。

尺寸界线 2 的线型（T）：设置另一条尺寸界线的线型。

线宽（W）：设置尺寸界线线型的宽度。

超出尺寸线（X）：设置尺寸界线超过尺寸线的长度。

起点偏移量（F）：设置实际尺寸界线的起始点相对于屏幕指定尺寸界线的起始点的偏移数值。

长度（E）：当选择 “固定长度的尺寸界线” 时，指定尺寸界限的具体数值，用确定的尺寸界线长度进行尺寸标注。

隐藏：两条尺寸界线，可以分别选择是否要对其进行隐藏，隐藏哪一条尺寸界线。

（2）符号和箭头。

符号和箭头选项卡主要是设置尺寸标注中用到的箭头或圆心标记、折断标注、弧长符号等的类型和大小（见图 4.2.9），通常在一张图纸中所有尺寸标注采用一种规格，即使用相同的箭头或大小进行标记。在 AutoCAD 2023 中有 20 种不同类型的箭头可供用户使用，用户也可自己定义箭头样式（见图 4.2.10）。

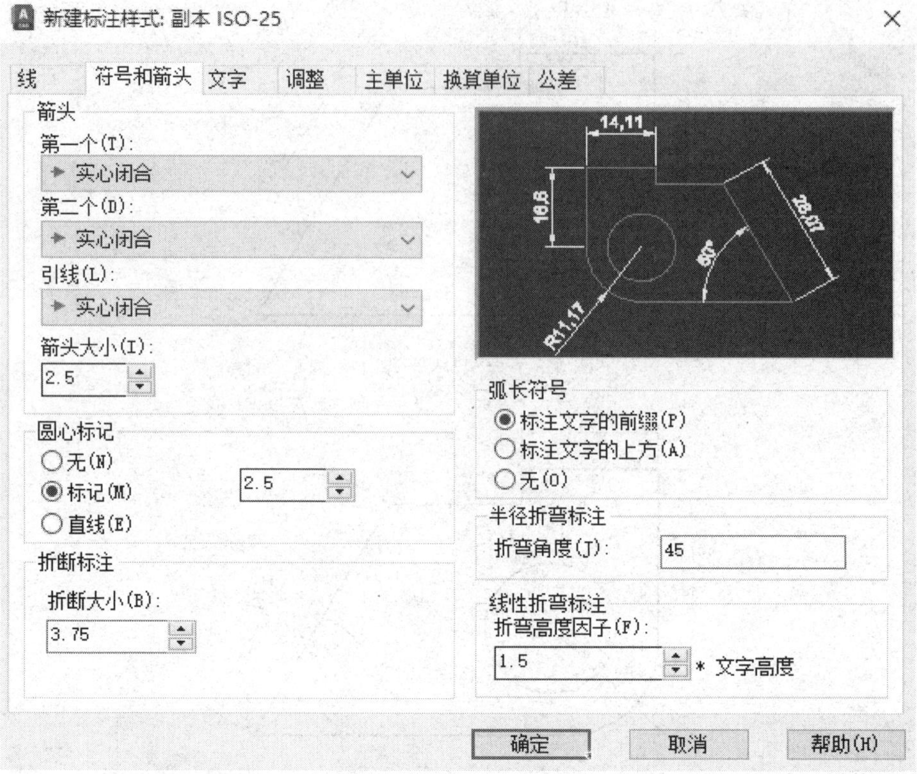

图 4.2.9 “符号和箭头”选项

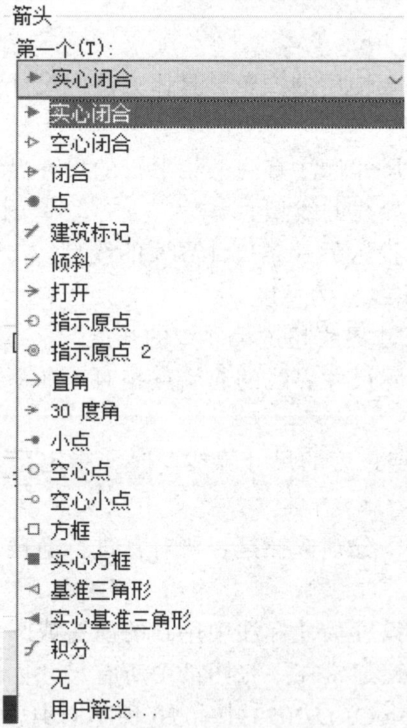

图 4.2.10 “箭头”下拉列表

① 箭头。

这里的箭头主要指尺寸终端，一个尺寸标注有两个终端，分别在尺寸线的起始点和终点处。两个终端可以使用相同的符号，也可使用不同的符号，在通信工程图纸中一般采用相同的符号，即第一和第二箭头相同。不仅终端可以设置不同样式的箭头，引线也可以进行相同的设置。

箭头的大小可以直接输入数据进行调整，数值越大，箭头越大，箭头的大小要和尺寸标注相匹配，过大或过小都不美观。

② 圆心标记：可以选择无标记、标记或直线，标记的大小也可以直接设置。

③ 折断标注：需要标注折断大小的时候，进行具体数据的输入。

④ 弧长符号：在标注圆弧或椭圆弧的弧长时，弧长符号可以标注在文字的前方或文字上方，也可以设置无标注，需要使用哪一种，选中即可。

⑤ 半径折弯标注：设置半径折弯的角度。

⑥ 线性折弯标注：设置线性折弯标注的高度因子，

用户如需自己定义箭头样式，则要创建一个图块，在需要使用该图块箭头时在该窗口中输入图块名即可。

（3）文字。

这里的文字在尺寸标注中主要指尺寸数字，在“文字”设置窗口可以设置文字外观、文字位置和文字对其方式等，如图 4.2.11 所示。

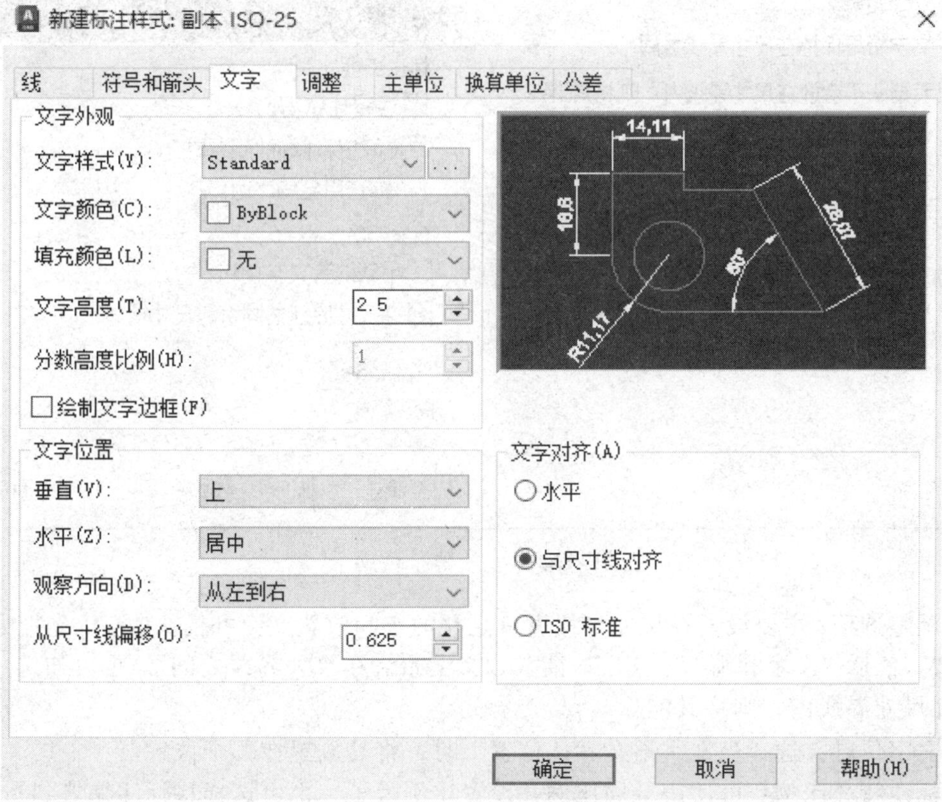

图 4.2.11 “文字”设置窗口

① 文字外观：主要设置尺寸标注中文字的样式、文字颜色、填充颜色。文字高度就是指文字的大小，高度越高，文字越大。如果需要给尺寸数字添加边框，则可勾选“绘制文字边框”。

② 文字位置：从水平方向、垂直方向和观察方向来设置尺寸数字在尺寸标注中所处的位置，一般应在尺寸线的上方或左侧。还可以设置跟尺寸线之间的偏移间距。

③ 文字对齐：主要包括水平、与尺寸线对齐和 ISO 标准三种，用户可根据需要进行选择。

（4）调整。

“调整”选项卡主要对文字位置、标注特征比例等进行微调，如图 4.2.12 所示。

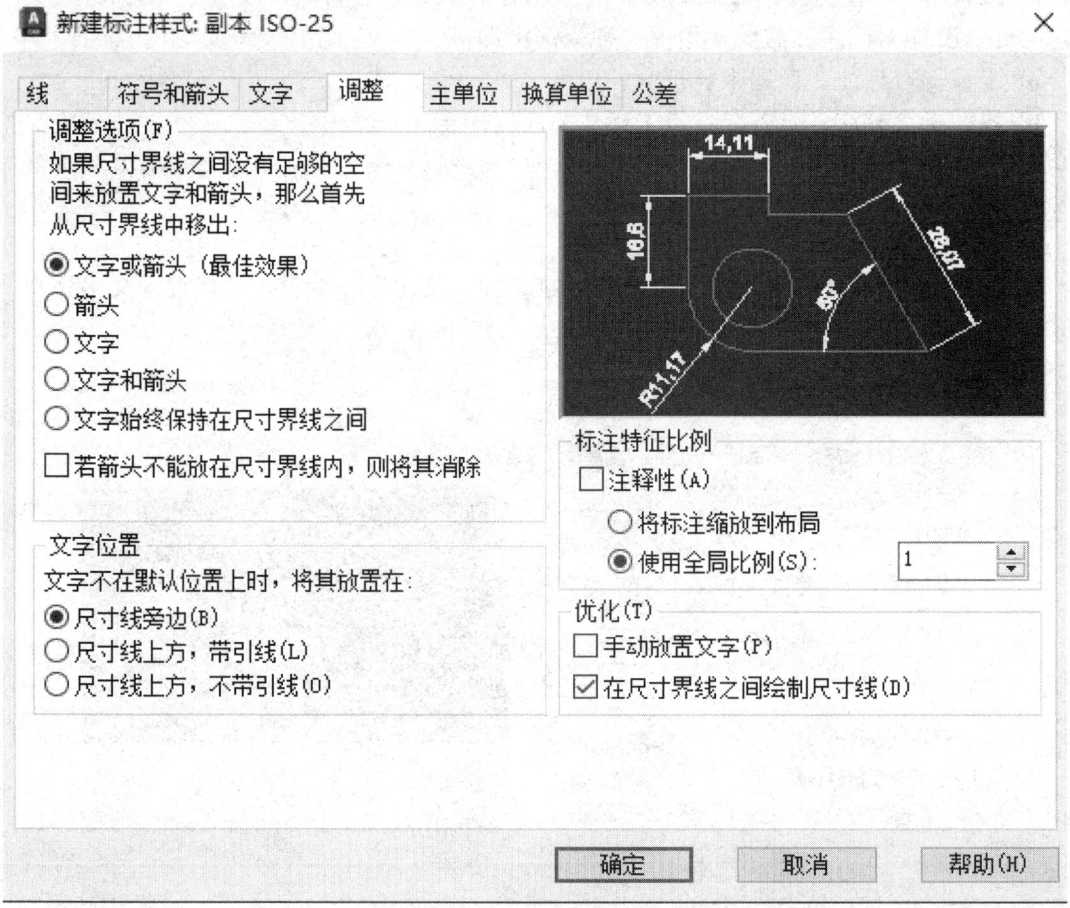

图 4.2.12 “调整”选项卡

① 调整选项：主要设置在尺寸界线没有足够的空间放置文字和箭头时，优先把哪一项移出尺寸线，包括“文字和箭头、文字、箭头、文字始终在尺寸界线之间”。也可勾选“若箭头不能放在尺寸界线内，则将其消除”。

② 文字位置：选择当文字不在默认位置上时，将其放置在哪个位置。

③ 标注特征比例：可使用全局比例并设置比例因子，也可选择将标注缩放到布局。

④ 优化：设置手动放置文字或在尺寸界线之间绘制尺寸线。

（5）主单位。

主单位选项卡主要用来设置尺寸标注的单位和精度，以及尺寸标注中需要添加的固定前缀或后缀等，包括长度型标注和角度型标注，如图 4.2.13 所示。

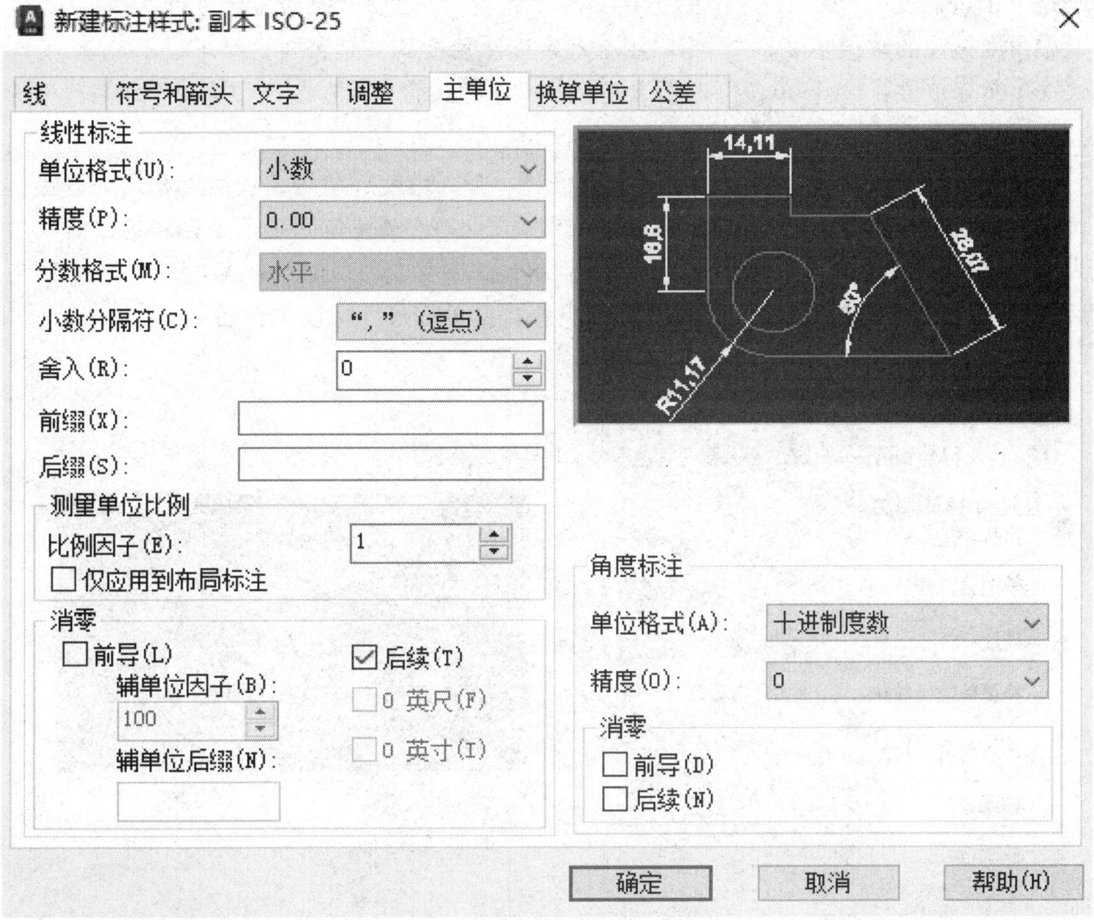

图 4.2.13 “主单位”选项卡

① 线性标注：可以设置尺寸标注的单位格式，包括科学、小数、工程、建筑、分数和 Windows 桌面；“精度”主要指尺寸标注数字的精确度，可以设置成整数，或精确到 0.0、0.00、0.000 等；当单位格式设置为分数时，分数格式才可选，否则是暗灰色显示，是不能进行设置的，“分数格式”包括水平、对角和非堆叠三种；“小数分隔符”有逗点“,”、句点“.”和空格“　”三个可选项；“舍入”用来设置除了角度以外的尺寸测量的圆整规则，文本框内输入 1，则测量值均圆整为整数。

“前缀”指给尺寸标注设置一个固定前缀，这个前缀可以是文本，也可以是使用控制符产生的特殊字符；“后缀”是给尺寸标注设置固定后缀。

② 测量单位比例：主要确定 AutoCAD 2023 进行尺寸标注的测量时使用的比例因子。如果选择“仅应用到布局标注”，则设置的比例并不适用所有尺寸标注，只适用于布局标注；“消零”用来设置尺寸标注中的 0 是否省略显示，勾选“前导”说明尺寸数字高位的 0 不显示，

如 0.8000 标注为.8000；勾选“后续”说明尺寸标注小数点后面末尾的 0 不显示，如 6.5000 标注为 6.5，60.000 标注为 60。

③ 角度标注：设置尺寸标注中角度标注的单位，AutoCAD 2023 提供了四种角度单位，分别是“十进制度”“度/分/秒”“百分度”和“弧度”，用户可根据需求进行选择；“精度”指设置角度标注的数值精度；“消零”用来确定标注角度的 0 是否要省略不显示。

（6）换算单位：“换算单位”选项卡是在“标注样式管理器”窗口中选择了“替代”选项后需要进行设置的，主要对替换单位进行设置。

选项卡中的单位格式、精度、换算单位倍数、舍入精度、前缀、后缀都是用来设置替换单位的，具体含义前面已经介绍过，如图 4.2.14 所示。“辅单位因子”是把辅单位的数量设置为一个单位，当距离小于一个单位时就用辅单位来计数标注距离，如后缀是“m”，而辅单位后缀是“mm”，则输入 1000；“位置”是设置替换单位尺寸标注的位置。

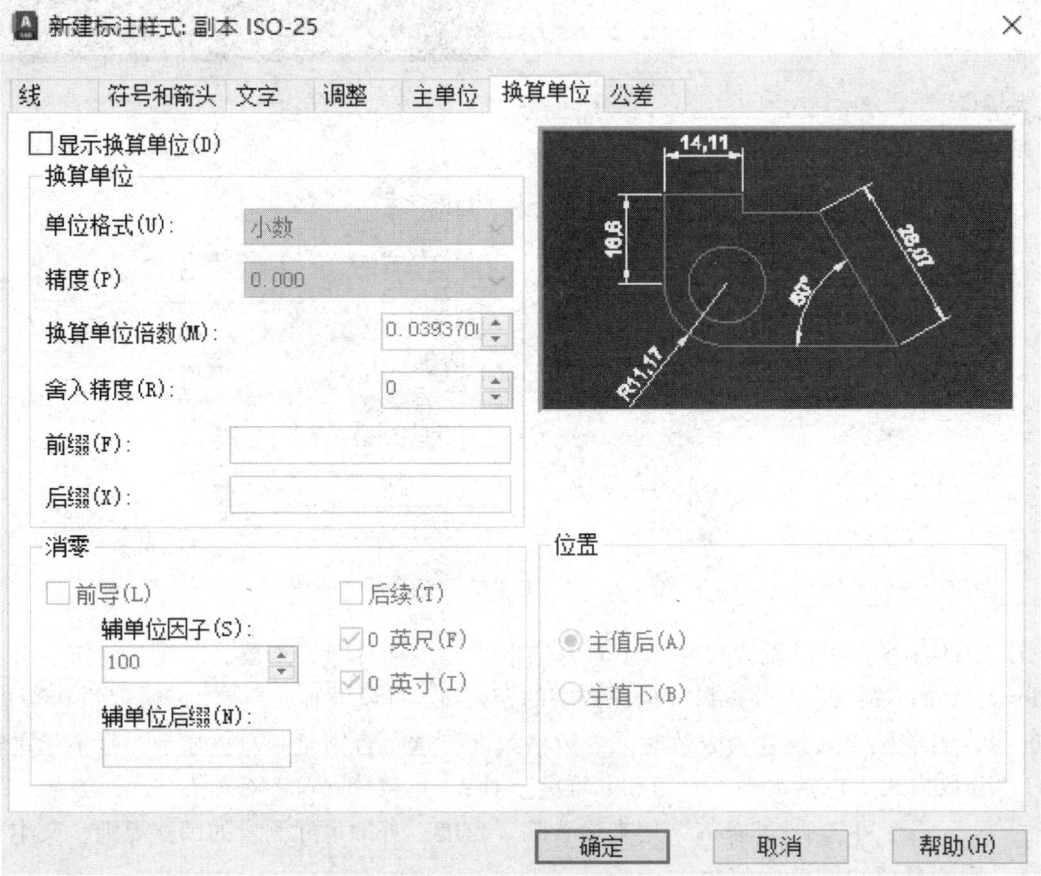

图 4.2.14 “换算单位”窗口

（7）公差。

“公差”选项卡主要用来设置公差的标注方式，如图 4.2.15 所示。

“公差格式”用来设置公差的方式，主要包含“无”“对称”“极限偏差”“极限尺寸”“基本支持”五种方式，其他选项跟前面选项卡中的介绍相同。

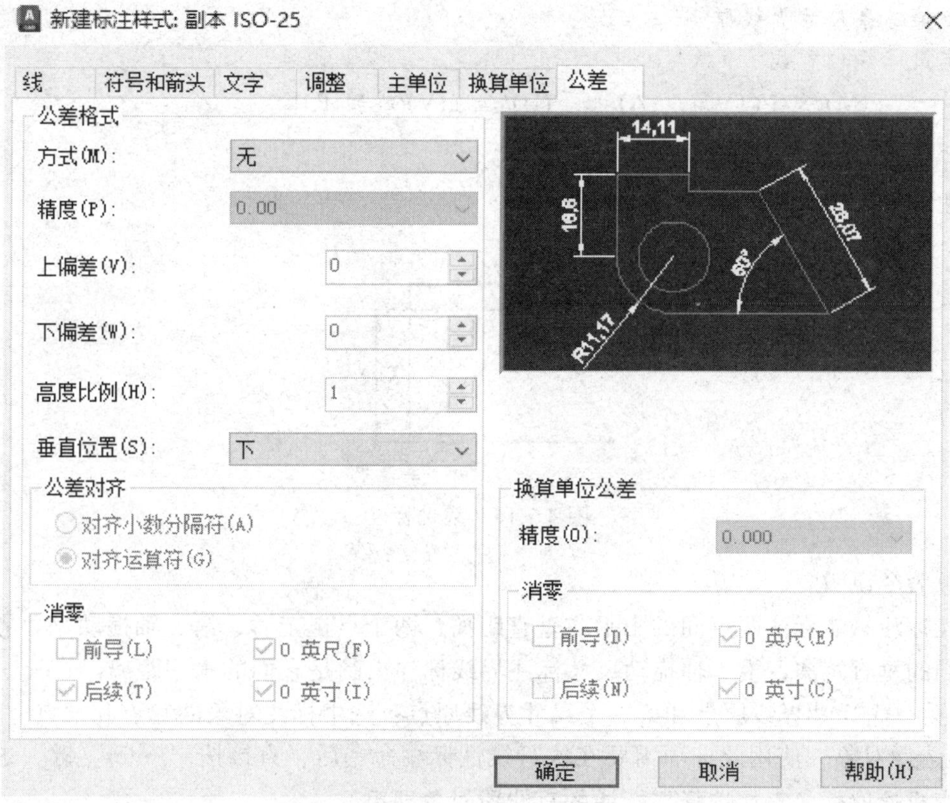

图 4.2.15 “公差”窗口

如果当前默认的标注样式不能满足需求，除了新建标注样式外，还可以单击右侧的“修改”框，对当前样式进行修改，单击“修改”，系统弹出的窗口跟新建标注样式的窗口内容是完全一致的，根据上文介绍进行设置即可。

4.2.3 尺寸标注应用

AutoCAD 2023 提供了完整且丰富的尺寸标注命令，用户可以通过菜单栏中“标注”选项卡的下拉菜单迅速完成尺寸标注，主要包括线性、对齐、弧长、坐标、半径、折弯等标注命令。

1）线性标注

线性标注用来标注图形对象中任意两点间的水平距离或垂直距离，注意它不一定是两点间直线的长度。

（1）执行方式。

命令行：DIMLINEAR（快捷命令：DLI）。

菜单栏：单击菜单栏中的“标注”选项卡，在下拉列表中选择“线性”。

（2）操作步骤。

命令: _dimlinear

指定第一个尺寸界线原点或 <选择对象>:

指定第二条尺寸界线原点:

指定尺寸线位置或

[多行文字(M)/文字(T)/角度(A)/水平(H)/垂直(V)/旋转(R)]:

标注文字 =31

标注结果如图 4.2.16 所示。

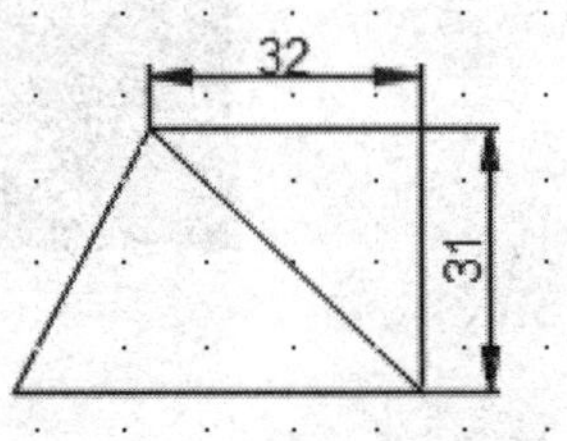

图 4.2.16　线性标注

（3）命令说明。

线性标注只能标注两点间的水平或垂直距离，两个点选定后，沿 x 轴拖动尺寸界线标注的是它们的垂直距离，沿 y 轴拖动尺寸标注界线标注出的是它们的水平距离。

① 第一个尺寸界线原点和第二个尺寸界线原点：选中标注对象的起点和端点。

② 选择对象：使用此选项需要在执行线性标注命令后，直接按“Enter”键，这时鼠标指针会变成拾取框，直接选择要标注的直线段对象即可。

③ 指定尺寸线位置：根据尺寸界线的拖动确定尺寸线的位置，按“Enter”键或在屏幕上单击指定尺寸线所在位置，AutoCAD 2023 就自动标注出该对象的测量长度。

④ 多行文字（T）：使用多行文本编辑器编辑尺寸数字。

⑤ 文字（T）：直接根据命令行的提示进行尺寸数字的输入和编辑，使用该命令时，命令行会提示“输入标注文字 <31>:”，可直接按“Enter”键使用系统自动测定的长度值，也可根据需要直接在命令后输入要显示的数值，再次按“Enter”键即可。

指定尺寸线位置或

[多行文字(M)/文字(T)/角度(A)/水平(H)/垂直(V)/旋转(R)]: t

输入标注文字 <31>: 50

此时，该对象尺寸标注的标注数字从系统测量的 31 变成 50。

⑥ 角度（A）：指尺寸标注中标注数字的倾斜角度。

⑦ 水平（H）：不论怎么拖动尺寸界线，尺寸线始终是水平的，即只能标注对象的水平距离。

⑧ 垂直（V）：不论怎么拖动尺寸界线，尺寸线始终是垂直的，即只能标注对象的垂直距离。

⑨ 旋转（R）：确定尺寸标注的旋转角度。

2）对齐标注

使用对齐标注时尺寸线平行于标注对象，即尺寸数字标注的是对象的具体长度。

（1）执行方式。

命令行：DIMALIGNED（快捷命令 DAL）。

菜单栏：单击菜单栏中的“标注”选项卡，在下拉列表中选择“对齐”。

（2）操作步骤。

命令: _dimaligned
指定第一个尺寸界线原点或 <选择对象>:
指定第二条尺寸界线原点:
指定尺寸线位置或
[多行文字(M)/文字(T)/角度(A)]:
标注文字 =45

标注结果如图 4.2.17 所示。

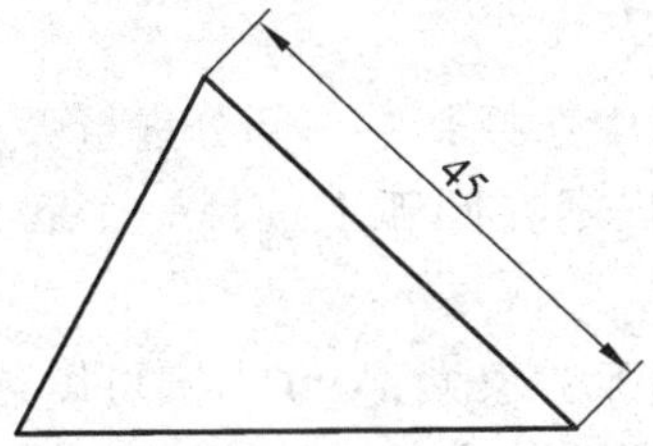

图 4.2.17　对齐标注

（3）命令说明。

对齐标注和线性标注的主要区别是对齐标注和要标注的图形对象是平行的，而线性标注只能标注对象点之间的水平和垂直距离。但当要标注的图形对象本身就在水平方向或垂直方向时，那么使用线性标注和对齐标注都标注的是图形对象本身的长度。

对齐标注中其他各选项同线性标注的选项含义相同。

3）弧长标注

弧长标注主要用来标注一段圆弧、椭圆弧或多段线绘制的弧线的长度。

（1）执行方式。

命令行：DIMARC。

菜单栏：单击菜单栏中的“标注”选项卡，在下拉列表中选择“弧长”。

（2）操作步骤。

命令: _dimarc
选择弧线段或多段线圆弧段:
指定弧长标注位置或 [多行文字(M)/文字(T)/角度(A)/部分(P)/引线(L)]:
标注文字 =54
命令: _dimarc
选择弧线段或多段线圆弧段:
指定弧长标注位置或 [多行文字(M)/文字(T)/角度(A)/部分(P)/引线(L)]:
标注文字 =63

标注结果如图 4.2.18 所示。

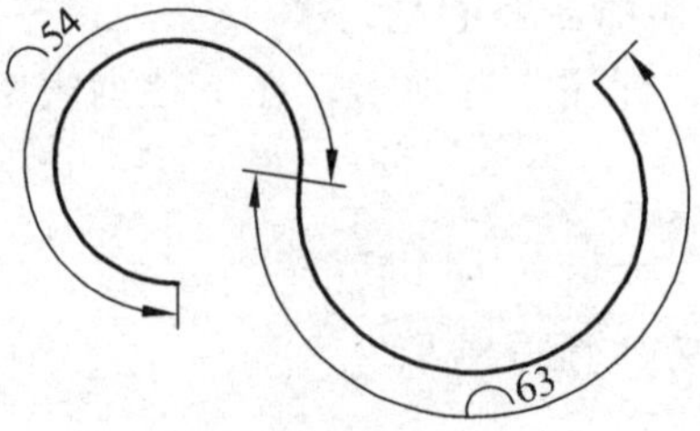

图 4.2.18　弧长标注

（3）命令说明。

弧长标注的使用方法较简单，只需选择要标注的弧确定即可。如图 4.2.18 中用多段线命令绘制出的图形，分别选择两端圆弧，系统会自动识别出圆弧的起点和端点，并进行尺寸标注。命令执行过程中的参数“标注位置”“多行文字”“角度”和线性标注中的含义完全相同。

① 部分（P）：指在某段圆弧中选择其中一部分进行弧长标注，在命令区输入“P”后按“Enter”键，执行该命令，根据提示在圆弧上选择一个起点和终点，标注圆弧上的一部分弧长。

② 引线（L）：如果标注的圆弧对象大于 90°，则可以选择是否添加引线，引线的箭头指向圆弧的圆心。图 4.2.19 中左侧圆弧是没有加引线的弧长标注，右侧圆弧是添加了引线的弧长标注。

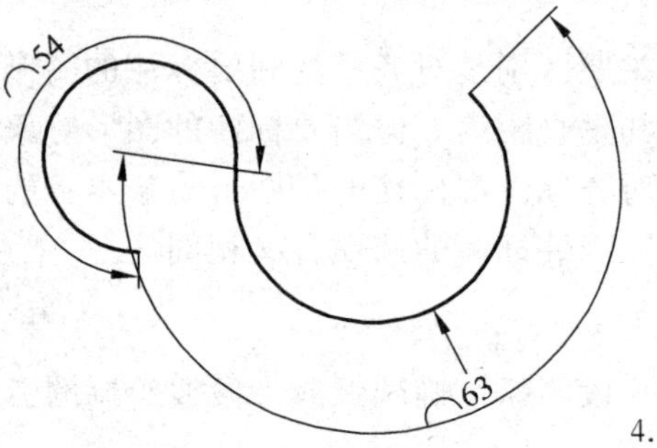

4.

图 4.2.19　“引线”示例

4）坐标标注

坐标标注用来标注一个点的坐标值。

（1）执行方式。

命令行：DIMORDINATE。

菜单栏：单击菜单栏中的“标注”选项卡，在下拉列表中选择“坐标”。

（2）操作步骤。

```
命令: _dimordinate
指定点坐标:（选择要标注的点）
指定引线端点或 [X 基准(X)/Y 基准(Y)/多行文字(M)/文字(T)/角度(A)]:
标注文字 =1259
```

标注结果如图 4.2.20 所示。

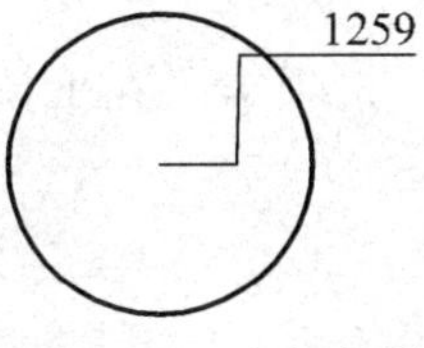

图 4.2.20　坐标标注

（3）命令说明。

使用该命令对点标注坐标时，水平方向拖动引线标注出的是点的横坐标值，垂直方向拖动引线标注出的是点的纵坐标值。其中，使用“X 基准”指只标注横坐标值，使用“Y 基准”说明只标注纵坐标值，其余命令含义同前文。

标注坐标时，坐标值是按照世界坐标系或用户坐标系的原点来进行标注的。

5）半径标注

半径标注用来标记已有圆弧或圆的半径。

（1）执行方式。

命令行：DIMRADIUS。

菜单栏：单击菜单栏中的“标注”选项卡，在下拉列表中选择“半径”。

（2）操作步骤。

```
命令: _dimradius
选择圆弧或圆:
标注文字 =16
指定尺寸线位置或 [多行文字(M)/文字(T)/角度(A)]:
```

标注结果如图 4.2.21 所示。

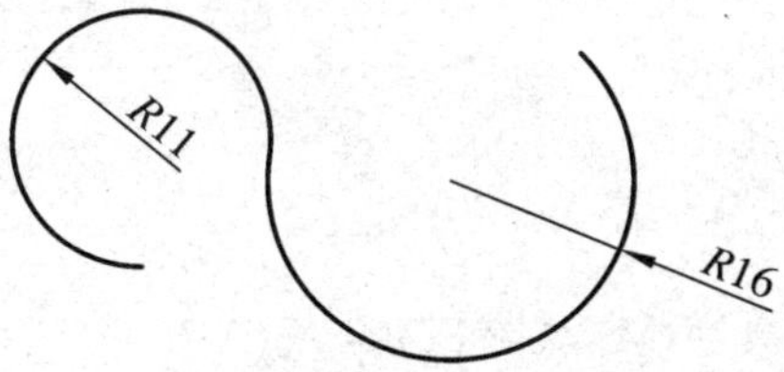

图 4.2.21　半径标注

（3）命令说明。

在执行半径标注命令后，只需选择要标注的对象，然后指定尺寸线所在位置即可显示出此图形对象的半径。通常情况下，圆弧小于或等于半圆时应标注圆弧的半径尺寸，其他参数与前述相同。

6）折弯标注

折弯标注适用于圆或圆弧，主要标注其半径，即半径折弯标注。当圆或圆弧的中心点无法在实际位置显示出来时，可以指定一个中心点来代替原中心点，从而形成折弯标注。

（1）执行方式。

命令行：DIMJOGGED。

菜单栏：单击菜单栏中的“标注”选项卡，在下拉列表中选择“折弯”。

（2）操作步骤。

命令: _dimjogged

选择圆弧或圆:

指定图示中心位置:（即选择一个点作为圆弧的圆心，从而替代圆弧的真实圆心）

标注文字 =60（系统自动测量出圆弧的半径）

指定尺寸线位置或 [多行文字(M)/文字(T)/角度(A)]:

指定折弯位置:（选择一个点作为折弯所处位置）

标注结果如图 4.2.22 所示。

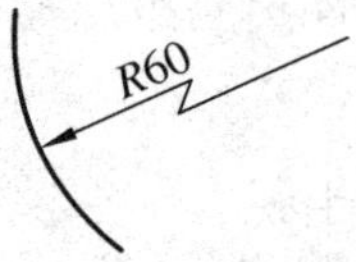

图 4.2.22　折弯标注

（3）命令说明。

一般在圆弧或圆的圆心不在布局之内时，可采用此方法随便指定一个点作为其圆心，从而进行半径标注。

7）直径标注

直径标注用来标注圆或圆弧的直径。

（1）执行方式。

命令行：DIMDIAMETER。

菜单栏：单击菜单栏中的“标注”选项卡，在下拉列表中选择“直径”。

（2）操作步骤。

命令: _dimdiameter

选择圆弧或圆:

标注文字 =22

指定尺寸线位置或 [多行文字(M)/文字(T)/角度(A)]:

标注结果如图 4.2.23 所示。

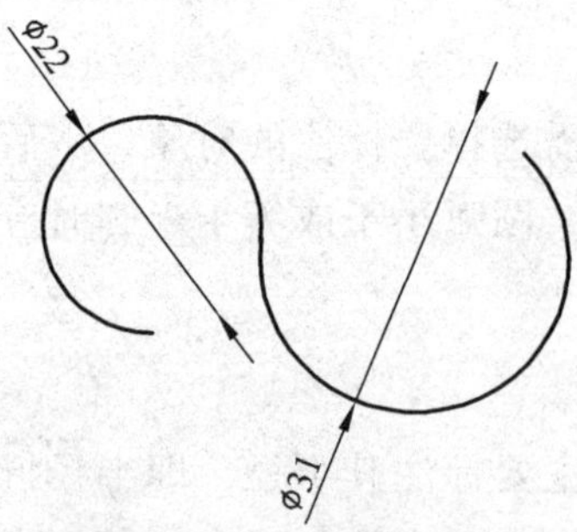

图 4.2.23　直径标注

（1）命令说明。

通常情况下，圆弧大于或等于半圆时应标注圆弧的直径尺寸，其他参数与前述相同。

8）角度标注

角度标注是给已知角标注具体数值。

（1）执行方式。

命令行：DIMANGULAR。

菜单栏：单击菜单栏中的“标注”选项卡，在下拉列表中选择“角度”。

（2）操作步骤。

命令: _dimangular
选择圆弧、圆、直线或 <指定顶点>:（选择要标注角度的对象，选择圆弧按“Enter”键）
指定标注弧线位置或 [多行文字(M)/文字(T)/角度(A)/象限点(Q)]:
标注文字 =97

（3）命令说明。

该命令可用于标注圆弧、圆或直线，当标注对象为圆或直线时，命令区的提示跟标注圆弧是不同的。以上操作步骤是标注对象为圆弧时的具体命令，如果标注对象是圆，具体步骤如下：

命令: _dimangular
选择圆弧、圆、直线或 <指定顶点>:（在圆上指定第一个点）
指定角的第二个端点:（在圆上指定第二个点）
指定标注弧线位置或 [多行文字(M)/文字(T)/角度(A)/象限点(Q)]:
标注文字 =111（标注了第一点、圆心和点直径连线的夹角角度）

标注结果如图 4.2.24 所示。

当标注对象是直线所形成的角时，具体标注步骤为

命令: _dimangular
选择圆弧、圆、直线或 <指定顶点>:（选择形成角的第一条直线对象）
选择第二条直线:（选择形成角的第二条直线对象）
指定标注弧线位置或 [多行文字(M)/文字(T)/角度(A)/象限点(Q)]:
标注文字 =35

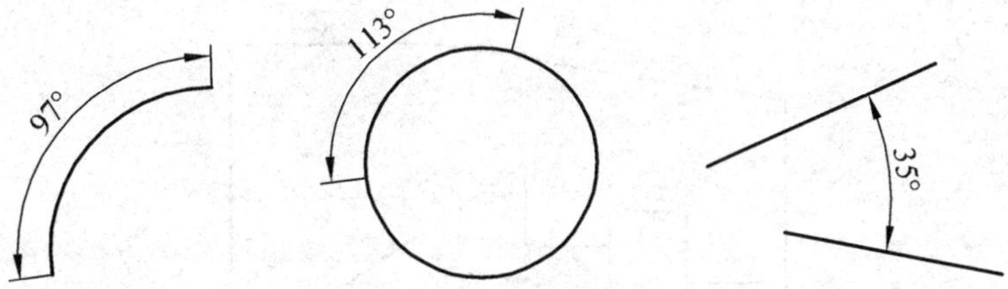

图 4.2.24　角度标注

9）基线标注

当要标注的多个对象是以一条相同的尺寸界线为基准时，则可采用基线标注，主要适用于长度、角度和坐标标注。

（1）执行方式。

命令行：DIMBASELINE。

菜单栏：单击菜单栏中的“标注”选项卡，在下拉列表中选择“基线”。

（2）操作步骤。

命令: _dimlinear（用对齐标注先标注出一段对象的基准标注）
指定第一个尺寸界线原点或 <选择对象>:
指定第二条尺寸界线原点:
指定尺寸线位置或
[多行文字(M)/文字(T)/角度(A)/水平(H)/垂直(V)/旋转(R)]:
标注文字 =14

标注结果如图 4.2.25 所示。

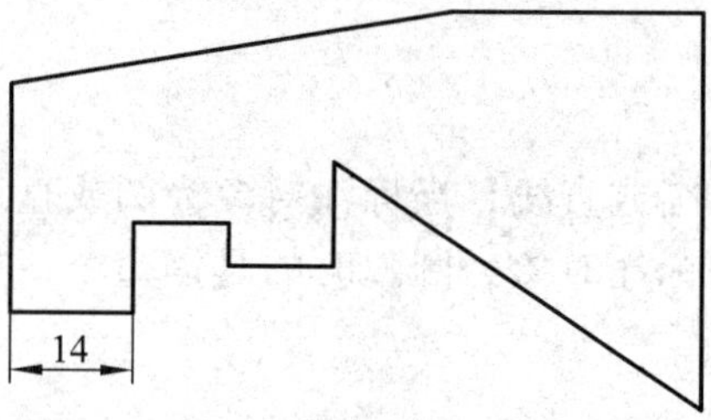

图 4.2.25　基准标注

命令: _dimbaseline
选择基准标注:
指定第二个尺寸界线原点或 [选择(S)/放弃(U)] <选择>:
标注文字 =25
指定第二个尺寸界线原点或 [选择(S)/放弃(U)] <选择>:
标注文字 =37
指定第二个尺寸界线原点或 [选择(S)/放弃(U)] <选择>:
标注文字 =78
指定第二个尺寸界线原点或 [选择(S)/放弃(U)] <选择>:
选择基准标注: *取消*（按 Enter 键结束当前命令）

标注结果如图 4.2.26 所示。

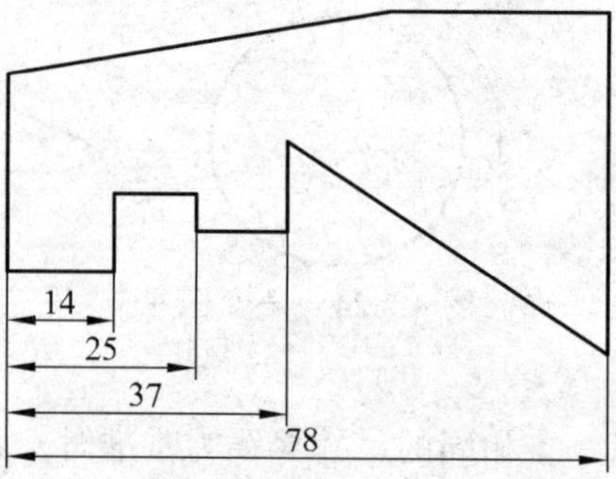

图 4.2.26　基线标注

（3）命令说明。

在使用基准标注命令之前，先要用线性标注去标注出具有一条相同尺寸界线中的其中一个对象，以它为基准尺寸，然后才能使用基准标注命令对其他与基准尺寸具有相同尺寸界线的对象进行标注。

10）连续标注

对多个对象进行标注，并且相邻对象的标注是首尾相连的，即后一个尺寸标注的第一条尺寸界线是前一个对象尺寸标注的第二条尺寸界线，它跟基线标注一样，在使用前需先对其中一个对象做出尺寸标注。

（1）执行方式。

命令行：DIMCONTINUE（快捷命令 DCO）。

菜单栏：单击菜单栏中的“标注”选项卡，在下拉列表中选择“连续”。

（2）操作步骤。

命令: _dimlinear（用对齐标注先标注出一段对象的基准标注）
指定第一个尺寸界线原点或 <选择对象>:
指定第二条尺寸界线原点:
指定尺寸线位置或
[多行文字(M)/文字(T)/角度(A)/水平(H)/垂直(V)/旋转(R)]:
标注文字 = 14

标注结果如图 4.2.27 所示。

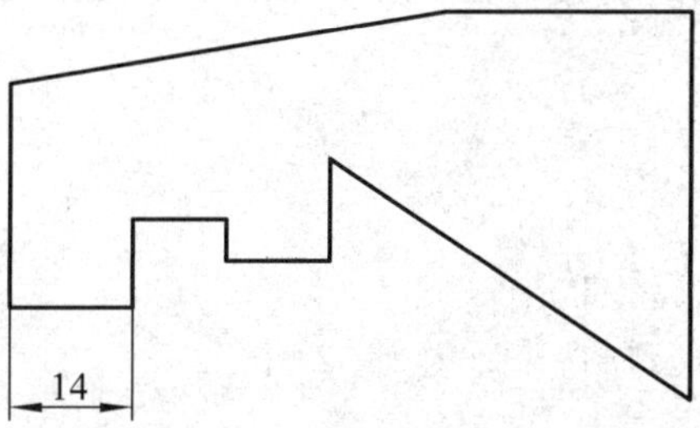

图 4.2.27　第一条对象尺寸标注

命令: _dimcontinue
选择连续标注:
指定第二个尺寸界线原点或 [选择(S)/放弃(U)] <选择>:
标注文字 = 11
指定第二个尺寸界线原点或 [选择(S)/放弃(U)] <选择>:
标注文字 = 12
指定第二个尺寸界线原点或 [选择(S)/放弃(U)] <选择>:
标注文字 = 42

标注结果如图 4.2.28 所示。

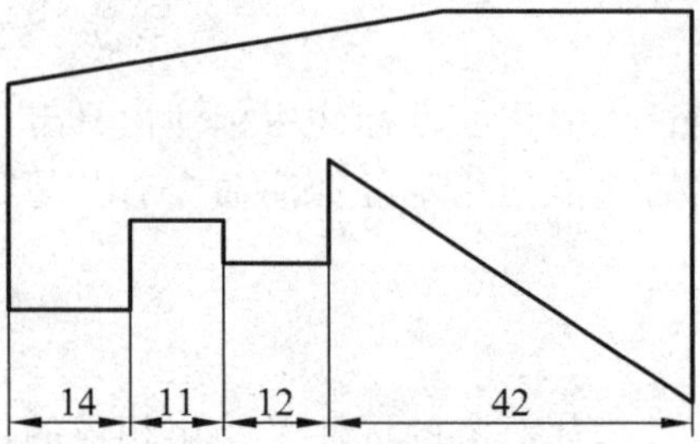

图 4.2.28　连续标注

（3）命令说明。

① 选择连续标注：选择一个对象的尺寸标注做基准尺寸。

② 指定第二尺寸界线原点：选择第一个对象的第二条尺寸界线作为第二个尺寸界线的起点。

③ 放弃（U）：放弃上一步命令操作，即退出连续标注。

④ 选择（S）：系统默认会选择下一个对象的尺寸线起点，当使用该命令时，要选择一个已有的尺寸界线作为下一个对象的尺寸线起点。

11）标注间距

标注间距主要是调整平行线性标注或角度标注尺寸线之间的距离，可以把平行尺寸线之间距离不相等的尺寸标注设置成相等，或者在尺寸线位置相平齐。

（1）执行方式。

命令行：DIMSPACE（快捷命令 EX）。

菜单栏：单击菜单栏中的“标注”选项卡，在下拉列表中选择“标注间距”。

（2）操作步骤。

```
命令: _DIMSPACE
选择基准标注:
选择要产生间距的标注:找到 1 个
选择要产生间距的标注:找到 1 个，总计 2 个
选择要产生间距的标注:
输入值或 [自动(A)] <自动>: 5
```

设置标注间距前后对比如图 4.2.29 和图 4.2.30 所示。

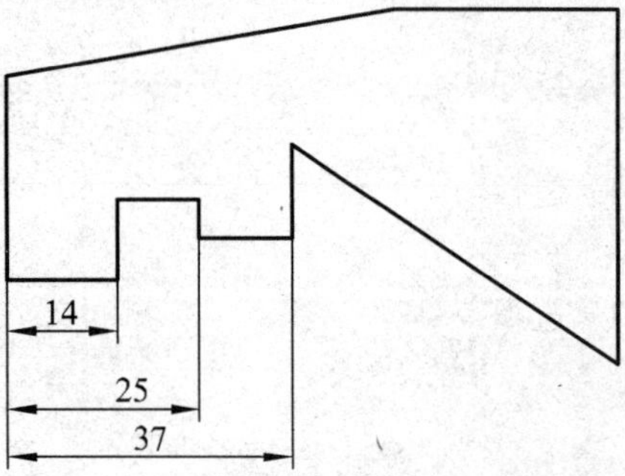

图 4.2.29　未设置标注间距前

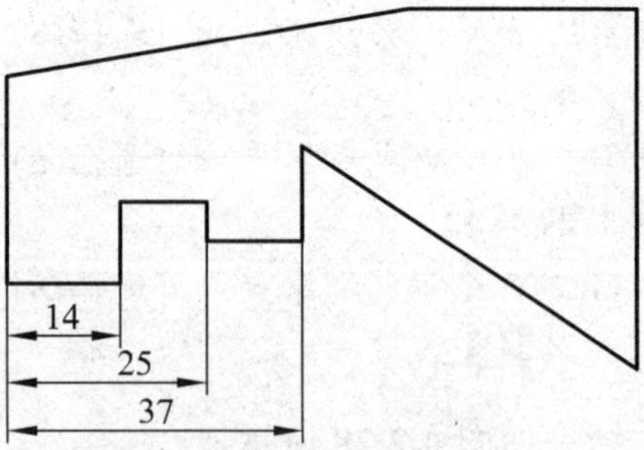

图 4.2.30　设置标注间距后

（3）命令说明。

在设置标注间距前要先给标注对象添加尺寸标注，然后选取其中一个尺寸标注作为基准标注，再选择其他尺寸标注，输入要设置的尺寸间距，按“Enter”键，则原来的尺寸标注间的间距会自动变成设置好的固定间距。

12）标注打断

标注打断与菜单栏“修改”选项卡中的“打断”命令类似，可以对尺寸标注中的线条进行打断。

（1）执行方式。

命令行：DIMBREAK。

菜单栏：单击菜单栏中的“标注”选项卡，在下拉列表中选择“标注打断”。

（2）操作步骤。

命令: _DIMBREAK
选择要添加/删除折断的标注或 [多个(M)]:（选择要修改的尺寸标注线）
选择要折断标注的对象或 [自动(A)/手动(M)/删除(R)] <自动>: M（选择手动折断）
指定第一个打断点:（在尺寸标注线上选择第一打断点）
指定第二个打断点:（在尺寸标注线上选择第二打断点）
1 个对象已修改

打断效果如图 4.2.31 所示。

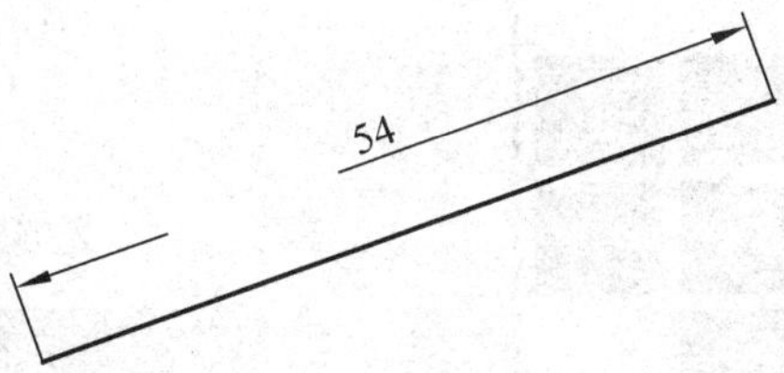

图 4.2.31　打断

（3）命令说明。

要使用标注打断命令，首先要有尺寸标注，然后在这个尺寸标注上做打断操作。

① 多个（M）：指有多个尺寸标注线需要进行打断。

② 自动（A）：按照系统默认的方式自动打断尺寸标注线。

③ 手动（M）：手动操作对尺寸标注线进行打断。

④ 删除（R）：对上一步操作命令进行撤销删除。

13）公　差

公差，也称“形位公差”，主要对图纸中的形状和位置公差进行标注。AutoCAD 2023 提供了丰富的公差标注功能，方便进行图纸的设计。

（1）执行方式。

命令行：TOLERANCE。

菜单栏：单击菜单栏中的“标注”选项卡，在下拉列表中选择“公差”。

（2）操作步骤。

公差命令执行后，系统自动弹出“形位公差”窗口，如图 4.2.32 所示。

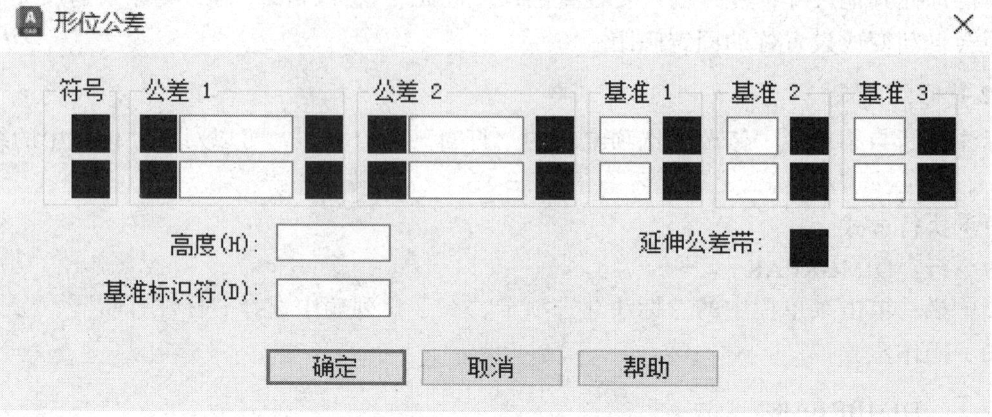

图 4.2.32 “形位公差”窗口

单击该窗口中的“符号”，则弹出“符号”窗口（见图 4.2.33 和图 4.2.34），用户可进行形位公差符号的选择，然后在所选符号后的公差栏填入相应公差值，在后面的基准栏填入基准字母符号。单击基准符号框后面的黑色窗口，则会弹出“包容条件”窗口，可以选择需要的包容条件符号。最后指定形位公差在图中的位置。

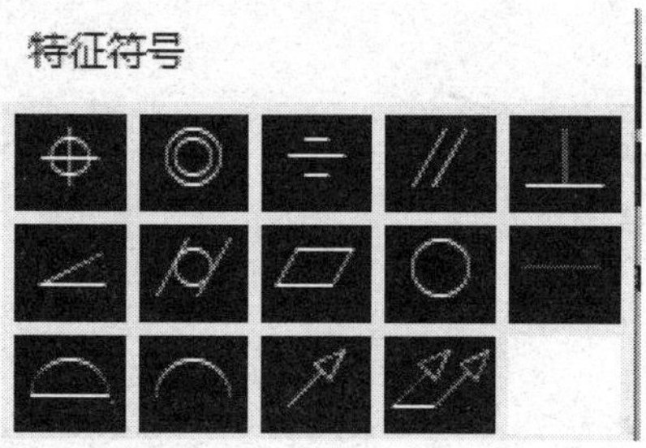

图 4.2.33 “特征符号”窗口

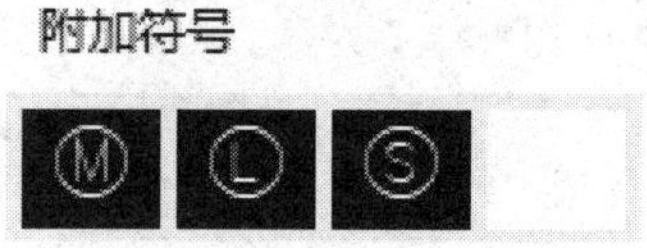

图 4.2.34 “附加符号”窗口

（3）命令说明。

在“形位公差”窗口中可以同时对两行形位公差进行设置，实现复合形位公差的标注。

14）圆心标记

圆心标记主要用来标记圆或圆弧的圆心。

（1）执行方式。

命令行：DIMCENTER。

菜单栏：单击菜单栏中的“标注”选项卡，在下拉列表中选择“圆心标记”。

（2）操作步骤。

命令: _dimcenter

选择圆弧或圆:

标注效果如图 4.2.35 所示。

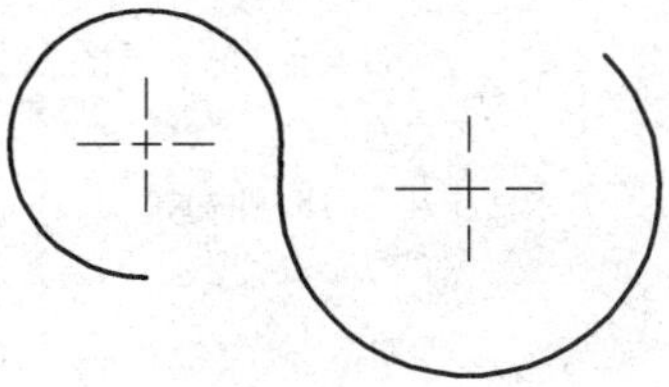

图 4.2.35　圆心标注

（3）命令说明。

圆心标记有三种类型：无、标记和直线。用户可以根据需求进行选择，还可在标注样式窗口中设置圆心标记的大小。

15）折弯线性

在已有的尺寸标注的尺寸线上选择折弯位置，使尺寸线从直线变成带有折弯的线条。

（1）执行方式。

命令行：DIMJOGLINE。

菜单栏：单击菜单栏中的“标注”选项卡，在下拉列表中选择“折弯线性”。

（2）操作步骤。

```
命令: _DIMJOGLINE
选择要添加折弯的标注或 [删除(R)]:
指定折弯位置（或按 Enter 键):
```

折弯效果如图 4.2.36 所示。

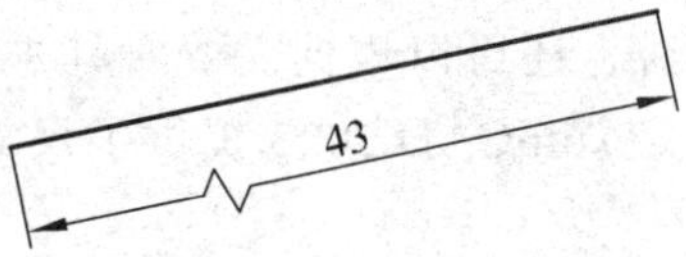

图 4.2.36　折弯线性

（3）命令说明。

使用该命令前，标注对象应该已有尺寸标注，执行本命令，根据提示选择已有标注，在标注上确定折弯位置，则会在尺寸线上的已选位置出现折弯。

16）倾　斜

倾斜是对一个已有的尺寸标注根据需求进行倾斜设置。

（1）执行方式。

命令行：DIMEDIT。

菜单栏：单击菜单栏中的“标注”选项卡，在下拉列表中选择“倾斜”。

（2）操作步骤。

```
命令: _dimedit
输入标注编辑类型 [默认(H)/新建(N)/旋转(R)/倾斜(O)] <默认>: _o
```

选择对象：找到 1 个
选择对象：
输入倾斜角度（按 Enter 表示无）：45

尺寸线倾斜前后对比如图 4.2.37 和图 4.2.38 所示。

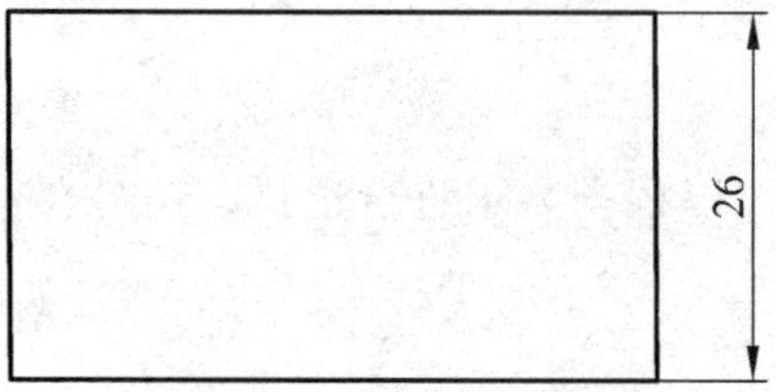

图 4.2.37　标准尺寸标注

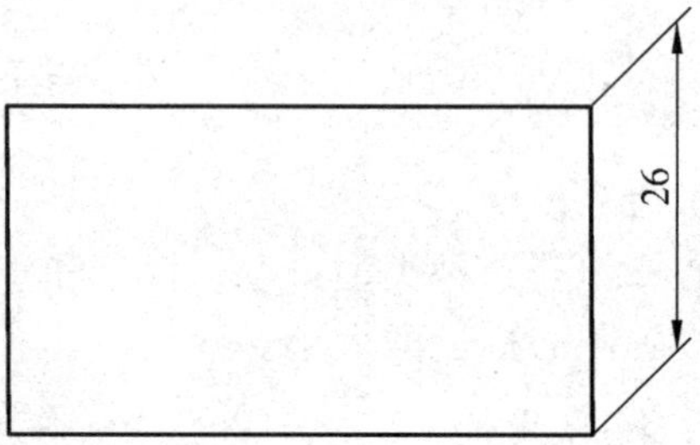

图 4.2.38　倾斜尺寸标注

（3）命令说明。

在使用倾斜命令前，需要先对图形对象进行标注，在不满足需求的情况下，使用倾斜命令对已有标注设置倾斜角度。

① 默认（H）：使用系统默认的标注编辑类型。

② 新建（N）：使用编辑框重新修改尺寸数字。

③ 旋转（R）：对尺寸数字进行旋转。

④ 倾斜（O）：调整尺寸界线的方向。

4.2.4　编辑尺寸标注

在对图形对象进行尺寸标注后，还可以根据需要对其进行编辑和修改，包括尺寸标注中的尺寸数字、尺寸样式或位置等，AutoCAD 2023 提供了尺寸标注的编辑命令。

1）尺寸数字编辑

主要用来修改尺寸数字所处的位置。

（1）执行方式。

命令行：DIMTEDIT。

菜单栏：单击菜单栏中的“标注”选项卡，在下拉列表中选择“对齐文字”（见图 4.2.39），然后根据需要选择文字位置。

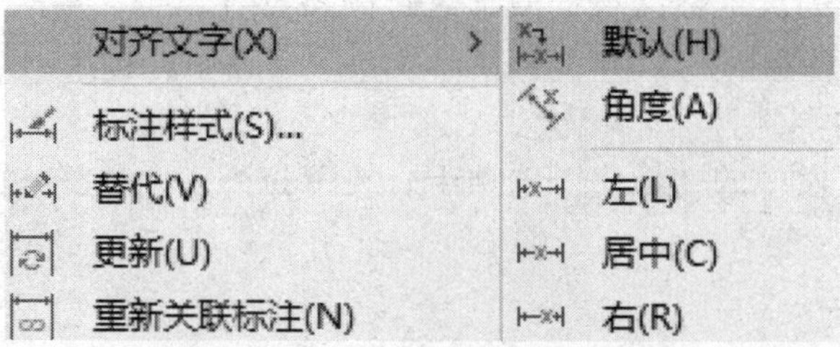

图 4.2.39　“对齐文字”下拉菜单

（2）操作步骤。

命令: _dimtedit
选择标注:
为标注文字指定新位置或 [左对齐(L)/右对齐(R)/居中(C)/默认(H)/角度(A)]:

“对齐文字”编辑前后对比如图 4.2.40 所示。

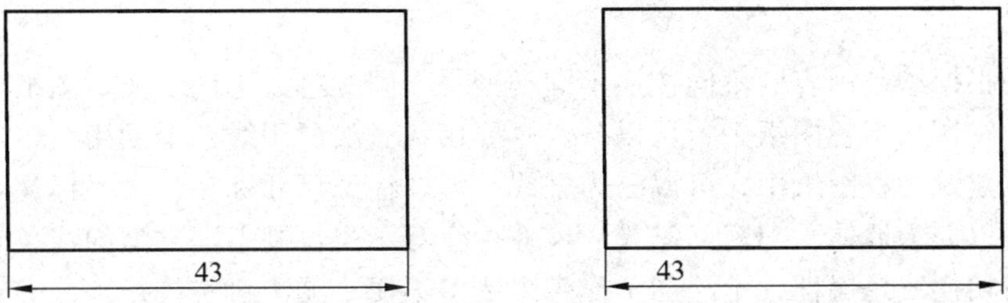

（a）原尺寸标注　　（b）编辑后的尺寸标注

图 4.2.40　对齐文字

（3）命令说明。

① 左对齐（L）：设置尺寸数字在尺寸线的左侧沿尺寸线左对齐，该命令适用于半径、直径和线性标注。

② 右对齐（R）：设置尺寸数字在尺寸线的右侧沿尺寸线右对齐，该命令适用于半径、直径和线性标注。

③ 居中（C）：设置尺寸数字在尺寸线的中间位置居中对齐。

④ 默认（H）：把尺寸数字移动到系统默认的位置。

⑤ 角度（A）：将尺寸数字旋转到指定位置。

2）标注更新

标注更新是对已有的尺寸标注进行设置，改变其外观。

（1）执行方式。

命令行：DIMSTYLE。

菜单栏：单击菜单栏中的“标注”选项卡，在下拉列表中选择“更新”。

（2）操作步骤。

命令: _dimstyle
当前标注样式: ISO-25　　注释性: 否
输入标注样式选项
[注释性(AN)/保存(S)/恢复(R)/状态(ST)/变量(V)/应用(A)/?] <恢复>: _apply
选择对象: 找到 1 个
选择对象:

（3）命令说明。

①“注释性”（AN）：设置标注为可更新的模式。

②“保存”（S）：把当前使用的标注样式进行保存。

③“恢复”（R）：将选定的标注恢复成原来的标注样式。

④“状态”（ST）：把当前标注的设置变量值显示出来。

⑤“变量”（V）：把当前标注的系统变量设置列出来。

⑥“应用”（A）：执行标注设置，新的标注样式会应用到标注对象中，对象将被自动更新。

⑦“？”：列出标注样式。

4.3 图 层

在图纸中根据绘制内容的不同按照不同类型、不同颜色或不同功能对图纸内的线条进行分类。比如，在通信工程图纸中，可以分为主要用线、次要用线、辅助用线、尺寸标注、文字标注等；在建筑工程图纸中，可以分为轴线、墙、柱、尺寸标注、文字标注等；在室内设计图纸中，可以分为墙体、门窗、家具、尺寸标注等。当绘制不同类型的线条时，根据需求不同，要随时切换线条属性，给绘图工作带来诸多不便，无法对实体线条分类查看，也不方便进行图纸查阅。因此，引入了图层的概念，把相同类型的线条放置到同一个图层，从而解决图纸绘制复杂和不便查阅的问题。

4.3.1 图层概念

所谓图层，简单来说就是把位于不同层级的图形对象进行叠加，每个层级相当于一张透明的白纸，在每张纸上绘制有不同类型的线条，把它们叠合在一起后，看起来就像是在一张纸上一样，如图 4.3.1 所示。当把某一张纸抽走，这张纸上的线条就看不到了，但不影响其他纸上的图形显示，也可以对抽走纸上的线条进行修改，修改完再和其他纸叠加形成新的图形对象，也不会影响其他纸上的线条。各图层上的元素是相互独立存在的。这时，每一张纸就相当于一个图层，每个图层可以进行独立的编辑和设置，即每个图层的线型、线条粗细、颜色等属性都是可以单独设置的，通过图层的使用，用户能够方便快捷地对不同类型的线条进行调整和修改，同时不影响原始图形的完整性。

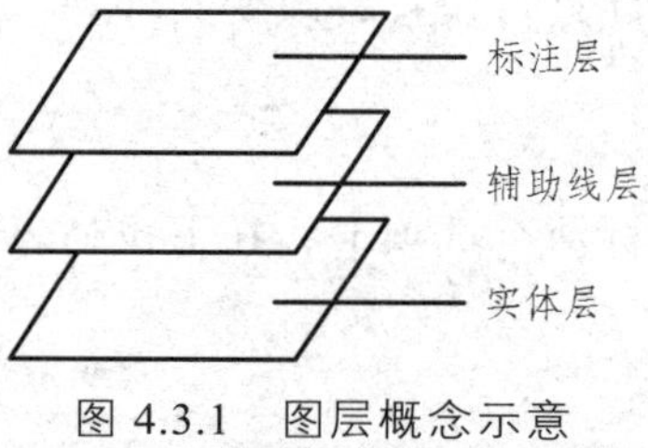

图 4.3.1 图层概念示意

图层中可以包含任意对象，如线条、图片、文本、表格、图块等，也可以图层嵌套图层，都不影响最终图纸的呈现效果。因此，图层就是把每个图形对象或同类型的对象组织成一个群，再给每个群设置图层名称、使用线型 、颜色、线宽及打印样式的工具。如果一个图层中什么都没有，这就是一个空白的图层，可以直接在里面进行图形对象的添加。AutoCAD 2023 提供了丰富的图层工具，用户可以根据需要进行图层的创建和设置。当启动 AutoCAD 2023 时，就自动进入系统默认的“0 图层”，此时所绘制的图形对象都在“0 图层”中。想要查看哪个图层的线条，直接打开，不需要显示的图层线条，关闭该图层即可，用户也可以冻结、锁定、解除锁定某一图层。

在绘图过程中，虽然一张图纸里允许创建多个图层，但用户每次只能对一个图层的内容进行绘制和设置。当需要绘制其他图层的线条时，可把这个图层置为当前。各图层是在相同的坐标系和绘图界限中的。

4.3.2 图层设置

在 AutoCAD 2023 中，系统提供了“图层特性管理器”窗口，方便用户直观地对图层特性进行设置和管理，包括图层的创建、删除、颜色、线型等操作。

1）执行方式

命令行：LAYER。

菜单栏：单击菜单栏中的“格式”选项卡，在下拉列表中选择“图层”。

工具栏：在“图层”工具栏上找到“图层特性管理器”按钮并单击。

2）操作步骤

执行上述命令后，系统弹出“图层特性管理器”窗口，如图 4.3.2 所示。

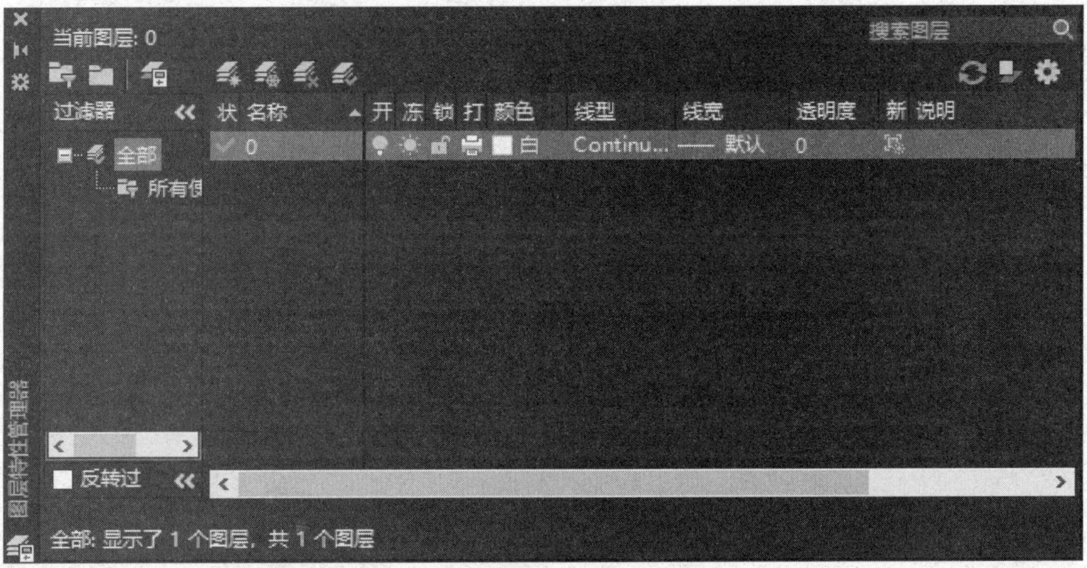

图 4.3.2 “图层特性管理器”窗口

该窗口中左上角的按钮可以设置自动隐藏“图层特性管理器”窗口；按钮可以设置窗口特性，包括移动、大小、关闭、允许固定、锚点居左、锚点居右、自动隐藏和透明度几个选项，用户可根据需求进行选择。

（1）过滤器：指图层过滤器，主要包括新建图层过滤器和图层组过滤器。在有些图纸中包含了众多图层，甚至可达几十或上百个，它可以限制图层名在图层特性管理器或功能区的“图层”控件中的显示，即筛选要查看显示具有某些特性的图层。比如，要过滤显示图层名称中包含“标注”二字并设置为蓝色的所有图层，这时就可以创建一个图层特性过滤器，单击上面的即可创建；也可以单击按钮，创建图层组过滤器（见图 4.3.3），选择特定图层把它包含在组中。比如，可以创建名为“工程设备”的组，把所有和图形中的工程设备相关联的图层都包含在该组中，这时，在图层特性管理器中单击该组，则会显示所有该组中的图层。

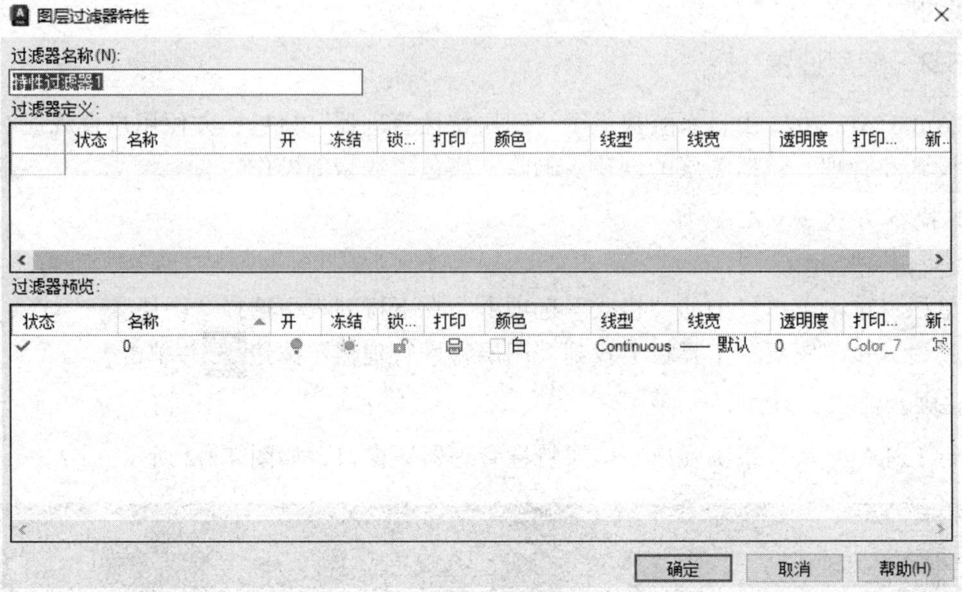

图 4.3.3 “新建图层特性过滤器”设置窗口

（2）图层状态管理器：单击图层特性管理器窗口上方的按钮，则弹出“图层状态管理器”窗口（见图 4.3.4），可以设置把当前图层另存为图层状态，方便应用或恢复到其他图形中。它类似现有图层和创建图层状态时图层设置的快照。

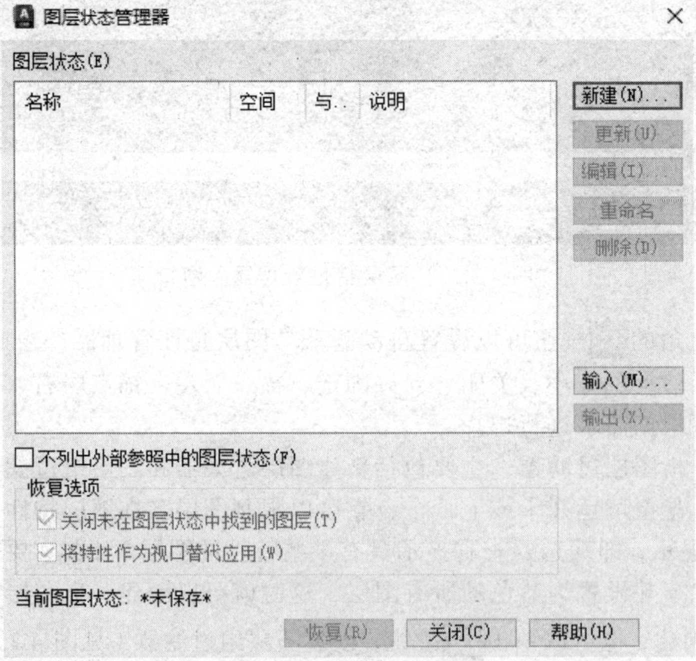

图 4.3.4 “图层状态管理器”窗口

（3）当前图层：显示系统当前所使用的图层名称，默认为“0 图层”，如果要使用其他图层，把其置为当前，则该栏就显示其他图层的名称。但是，已经被冻结的图层是不能设置为当前图层的。

（4）新建图层：单击窗口中的按钮，进行图层的新建，在特性区则会显示一行新图层，如图 4.3.5 所示，默认新建图层的名称为“图层 1”，用户可根据需要对其名称进行修改。

图 4.3.5 “新建图层”窗口

（5）：是在所有视口中都被冻结的新图层视口，指创建新图层，然后在所有布局视口中将其冻结，可以在“模型”选项卡或布局选项卡上访问此按钮。

（6）：删除图层，可以删除已选定图层，但只能删除未被参照的图层，而 0 图层、DEFPOINTS、包含对象或块定义中的图层、当前图层以及依赖外部参照的图层是不能被删除的。

（7）：置为当前，图纸中有很多图层，需要在哪个图层绘图或进行设置，选中这个图层，单击此按钮，即可把它置为当前。

（8）状态：显示哪个图层是当前正在使用的图层，当前图层的状态栏显示为，只能有一个图层作为当前图层。

（9）名称：指图层的名字，每个图层都有名字方便用户进行查找使用。在同一图纸中，不同图层的名称不能设置成相同的，图层名最多可包含 255 个字符，主要包括数字、字母、空格及几种特殊字符，但不能包含“<>:；/\? ='*|”这几种字符。

（10）开：指设置图层对象的可见性，代表图层为打开状态，该图层对象都是可见的；单击此按钮变成，图层关闭，此时该图层的对象都不可见，但是并没有删除。再次单击该按钮，图层打开，对象会重新显示出来。只有打开状态的图层内对象可以被打印出来。在绘图过程中，可以把不需要编辑的图层暂时关闭，从而降低图形读取的复杂性。而且图层关闭的情况下，用户是可以在该图层继续绘图的，至少绘制完的对象不可见，当图层打开，这些对象就会显示出来。

（11）冻结：冻结或解冻整个图层中的图形。跟打开或关闭状态类似，冻结图层的对象也不可见，并且冻结图层不允许进行任何编辑，通常做绘图时的参考。代表图层未冻结或被解冻，单击该按钮变成，代表图层被冻结。

（12）锁定：设置图层为锁定或解锁状态。被锁定的图层，图形对象的颜色会变淡，而且锁定的图层上的图形对象是不能被编辑的，只能作为参照，但不能改变图形对象的大小位置及参数。代表图层为解锁状态，代表图层为锁定状态。

（13）打印：确定整个图层中的图形是否都可被打印。

（14）颜色：设置该图层所使用的线条颜色，单击，弹出“选择颜色”窗口（见图 4.3.6），根据需要进行选择即可。

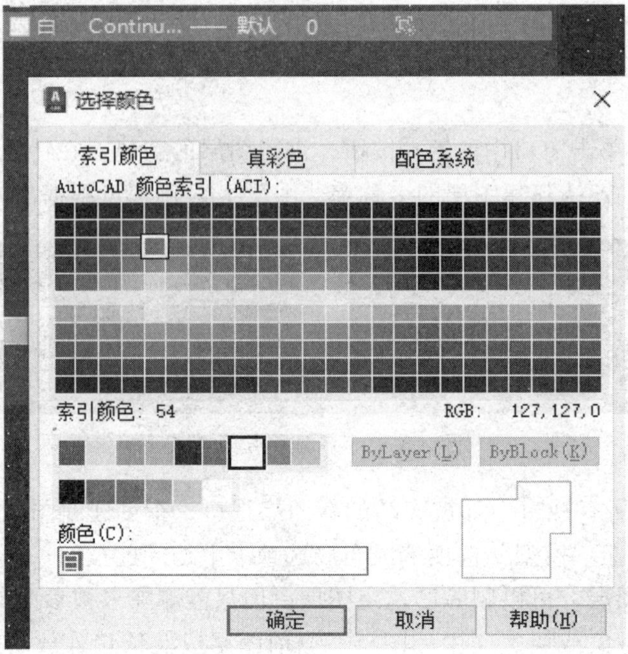

图 4.3.6 “选择颜色”窗口

（15）线型：设置图层要使用的图线类型，包括直线、虚线、点画线或双点画线等。单击“选择线型”窗口（见图 4.3.7），如果该窗口中没有要使用的线型，则单击加载即可。

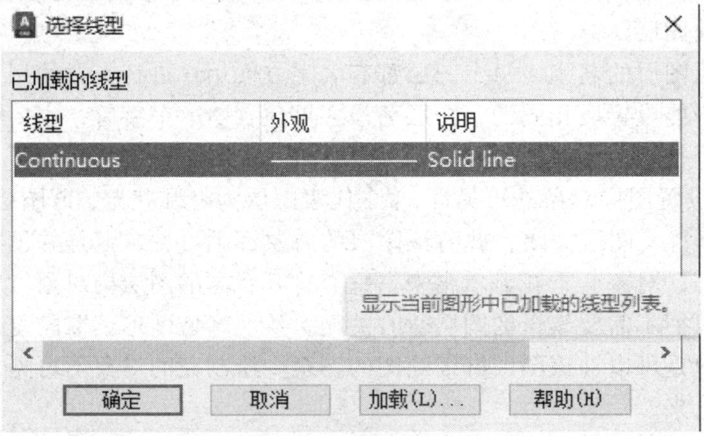

图 4.3.7 “选择线型”窗口

（16）线宽：设置图线宽度，直接单击，在弹出的窗口中选择要用的图线宽度。

（17）透明度：更改整个图形的透明度。

（18）新视口冻结：视口冻结新创建视口中的图层。

（19）说明：更改整个图形中的说明。

通过以上设置，图层中的各项特性就设置完成了，接下来就可以选择要使用的图层置为当前去进行图形对象的绘制，绘制过程中一定要记得切换图层。在绘图中一旦对图层特性进行了重新修改或设置，该图层的线条都会随之改变，显示为最新的图层特性。

4.3.3 图层应用

使用 AutoCAD 2023 绘制图 4.3.8，要求绘图过程中分三个图层进行对象绘制，分别为“辅助线层”“实体层”和“标注层”，并且每个图层使用不同颜色的线条进行区分。

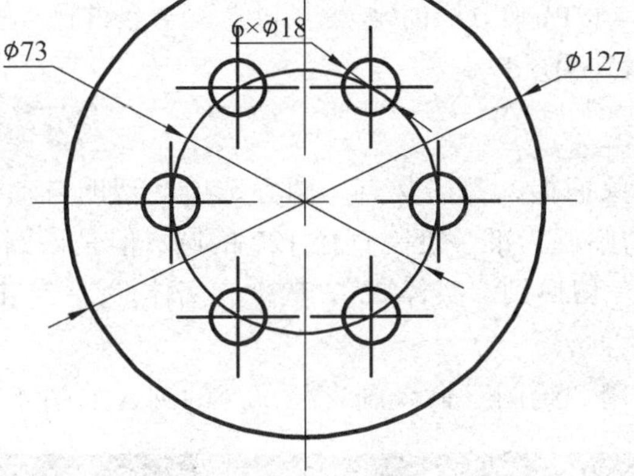

图 4.3.8　样图

（1）根据题目要求仔细观察样图，可以把样图中的线条类型分为三种，创建三个图层，分别命名为“实体层”“辅助线层”和“标注层”。依据工程制图的线型使用规则，确定实体层用细实线进行绘制，使用默认线条颜色黑色；“辅助线层”应使用点画线进行绘制，可设置成红色方便跟实体线条进行区分；“标注层”使用蓝色的细实线进行绘制。

打开“图层特性管理器”单击进行图层新建，并按上面的说明创建以上三个图层，如图 4.3.9 所示。

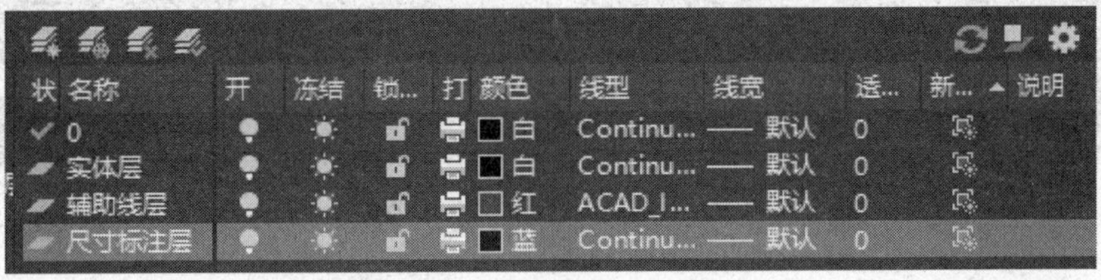

图 4.3.9　创建图层

（2）图层创建完成并设置了相应特性，接下来根据样图，先把“辅助线层”置为当前，绘制中间互相垂直的辅助线和直径为 73 的圆，如图 4.3.10 所示。

图 4.3.10　绘制辅助线

命令: LINE
指定第一个点:
指定下一点或 [放弃(U)]:
指定下一点或 [放弃(U)]:
命令: _circle
指定圆的圆心或 [三点(3P)/两点(2P)/切点、切点、半径(T)]: <打开对象捕捉>
指定圆的半径或 [直径(D)]: d
指定圆的直径: 73

在绘制过程中打开对象捕捉，开启交点、圆心选项，帮助自动捕捉到相应的点。

（3）以直径 73 的圆的圆心为准，绘制直径 127 的圆，但是该圆是实体层的线条，因此要切换图层，从“辅助线层”切换到“实体层”，选中“实体层”，单击窗口上方的“置为当前”按钮，如图 4.3.11 所示。

然后返回到绘图区使用“绘圆”命令画直径 127 的圆，如图 4.3.12 所示。

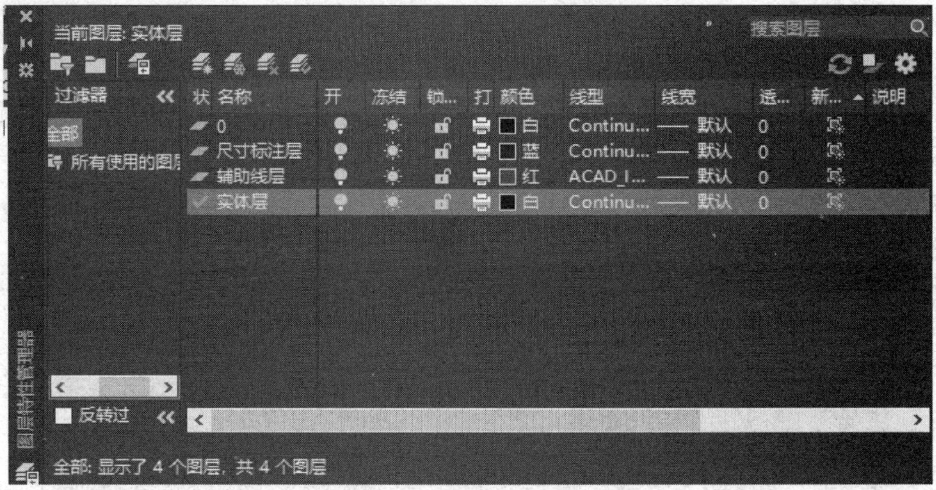

图 4.3.11　切换图层至实体层

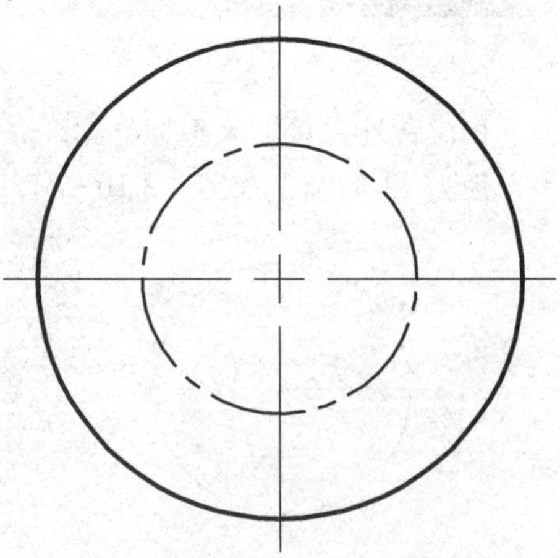

图 4.3.12　绘制外圆

命令: _circle
指定圆的圆心或 [三点(3P)/两点(2P)/切点、切点、半径(T)]:
指定圆的半径或 [直径(D)] <36.5000>: d
指定圆的直径 <73.0000>: 127

（4）直径 73 的圆上有 6 个直径 18 的圆，结合前文学习过的绘图和编辑命令，我们发现使用阵列来做小圆快速便捷。因为小圆也是实体层的对象，所以继续在该图层绘制，不需要切换图层，如图 4.3.13 所示。

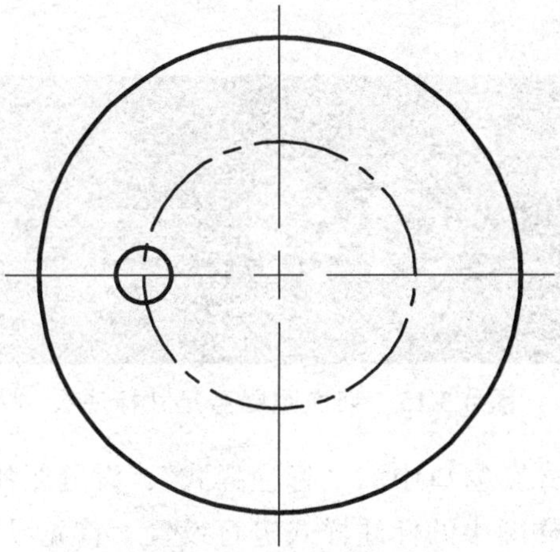

图 4.3.13 绘制小圆

命令: _circle
指定圆的圆心或 [三点(3P)/两点(2P)/切点、切点、半径(T)]:
指定圆的半径或 [直径(D)] <9.0000>: d
指定圆的直径 <18.0000>: 18

先在直径 73 的圆和水平辅助线直径的交点位置做一个直径 18 的圆。然后以这个小圆为对象创建环形阵列，阵列数是 6，中心点是大圆的圆心，如图 4.3.14 所示。

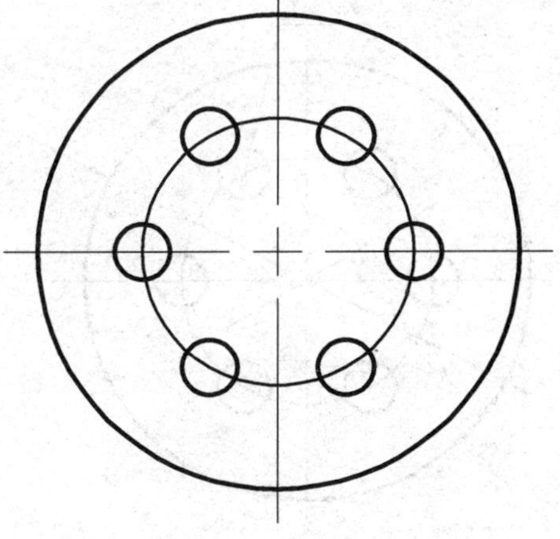

图 4.3.14 阵列小圆

命令: _arraypolar

选择对象: 找到 1 个

选择对象:

类型 = 极轴 关联 = 是

指定阵列的中心点或 [基点(B)/旋转轴(A)]:

选择夹点以编辑阵列或 [关联(AS)/基点(B)/项目(I)/项目间角度(A)/填充角度(F)/行(ROW)/层(L)/旋转项目(ROT)/退出(X)] <退出>:

（5）实体图绘制完成后，下一步标注尺寸，将图层从“实体层”切换到“尺寸标注层”，如图 4.3.15 所示。

图 4.3.15 切换图层至尺寸标注层

返回绘图区，选择“格式”窗口中的“标注样式”，设置要使用的尺寸标注样式。

尺寸标注样式主要根据样图中的标注样式进行设置，首先设置箭头样式和大小，系统默认的箭头大小是 2.5，非常小，手动修改为 10；修改尺寸标注中标注文字的大小，在“文字”选项卡中把文字高度改为 10，文字对齐方式改为“水平”，因为系统默认的文字对齐方式是与尺寸线对齐，跟样图中的不符，改为“水平”即跟样图完全一致。

命令: _TEXTEDIT

当前设置: 编辑模式 = Multiple

选择注释对象或 [放弃(U)/模式(M)]:

最后，使用“标注”下拉列表中的“直径”，对几个圆进行直径标注（见图 4.3.16），该样例图即绘制完成。

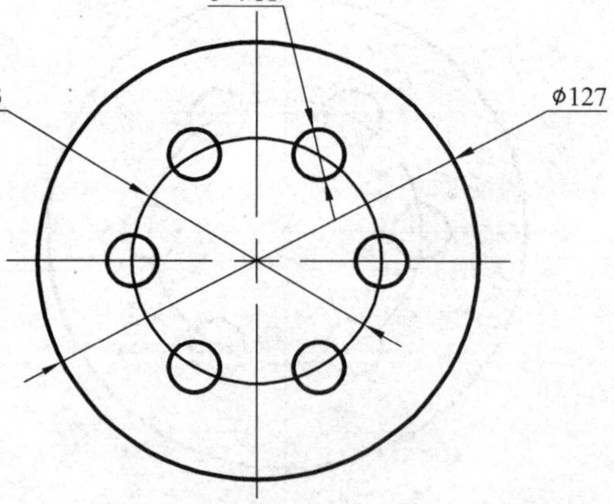

图 4.3.16 尺寸标注

本模块小结

本模块主要介绍了 AutoCAD 2023 中提供的编辑命令、尺寸标注和图层的具体设置及使用方法。通过软件中丰富的编辑命令，结合绘图命令，用户可以绘制出各种不同类型的图形对象；通过对尺寸标注的标注样式设置及标注方法的使用，帮助用户完成对绘制出的图形对象进行线性标注、对齐标注、半径标注、直径标注、角度标注等，方便识图人员对图纸进行准确识读；通过对图层概念的描述、图层的创建和使用的介绍，让用户理解什么是图层，使用图层绘图可以大大提升我们的作图效率。

拓展与实训

绘图题

（1）使用点的定数等分、延伸、修剪等命令绘制图 4.4.1。

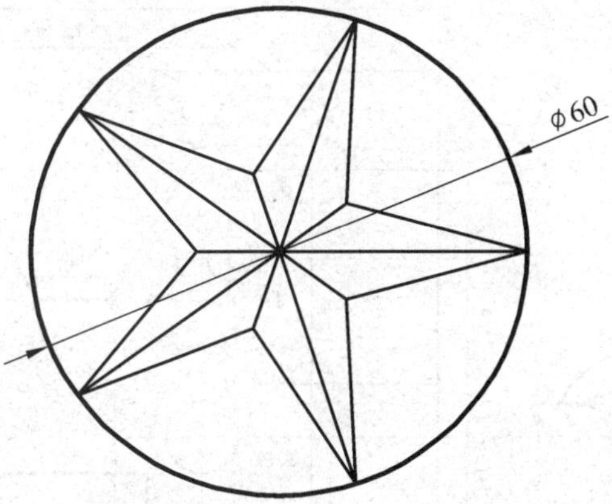

图 4.4.1

（2）使用绘圆和阵列命令绘制图 4.4.2。

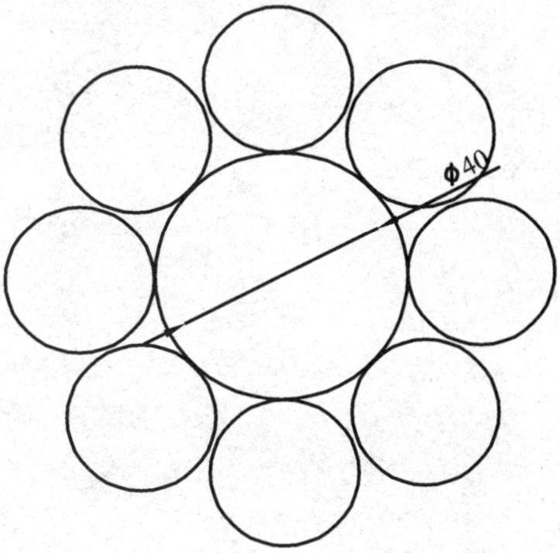

图 4.4.2

（3）选择合适的绘图及编辑命令完成图 4.4.3 的绘制。

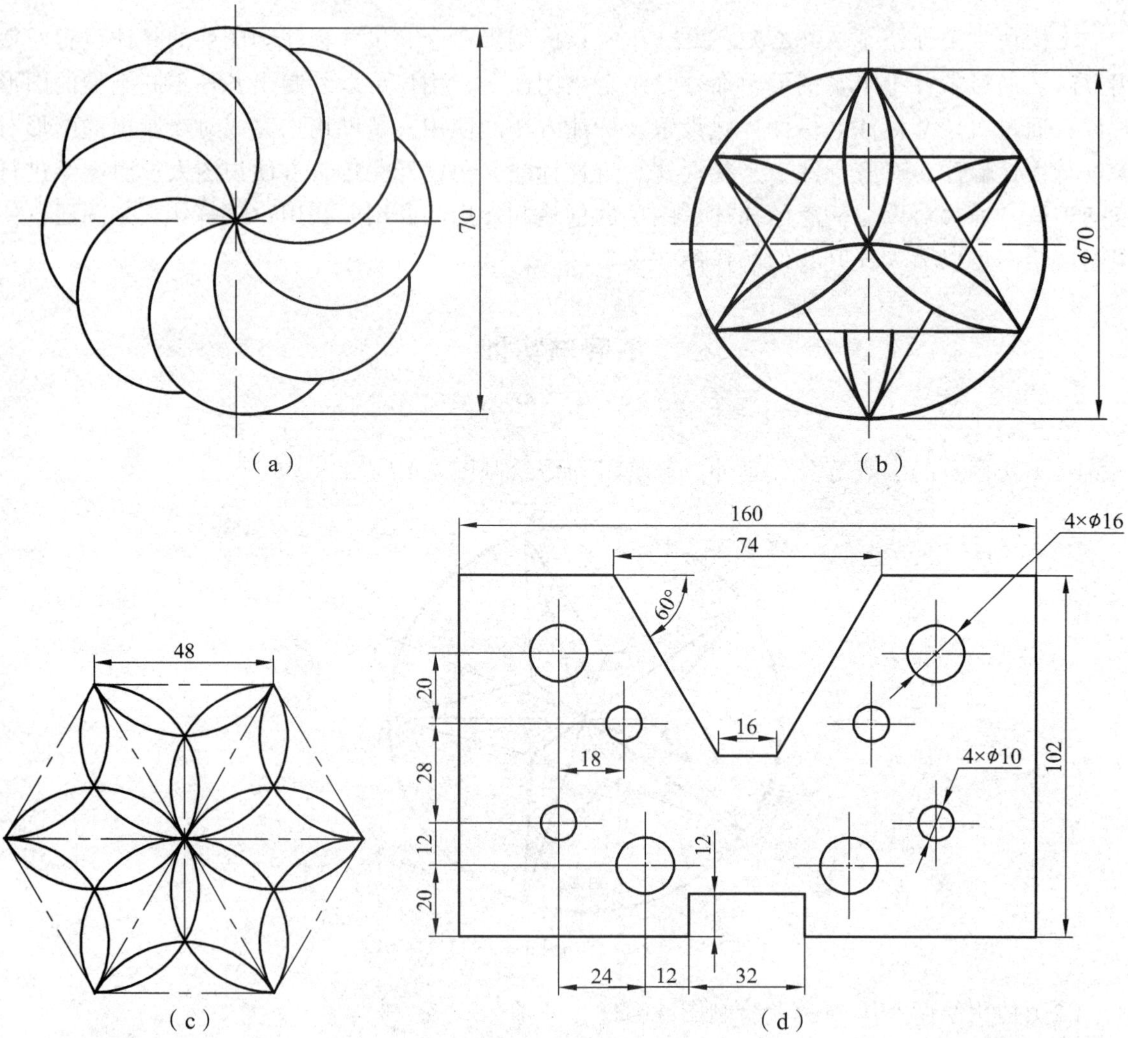

图 4.4.3

模块 5　图形显示与输出打印

在使用 AutoCAD 2023 进行绘图时，用户可以根据需要对图形对象进行任意地缩小、放大或移动等操作，也能够从不同的方位或不同的角度去查看显示图形。AutoCAD 2023 中还包含多种图形观察工具，比如可以使用鸟瞰视图对图形进行缩放和平移、视口创建和视图处理等命令，对图形对象进行显示控制，从而提高绘图效率，满足绘图需求。

不管是通信工程图纸、机械工程图纸，还是建筑工程图纸，制图的最终目的都是将图纸用到实际工程项目当中，也就是将图纸进行打印输出并指导施工，但 AutoCAD 2023 的图纸打印和 Microsoft word 的输出打印是不同的，它需要设置一些自定义选项，因此本模块主要介绍图形视图的使用及图纸的输出打印。

5.1　图形显示

所谓图形显示，主要指视图设置，包括对视图进行特定倍数的放大、位置及方向的调整，视图的具体显示模式等。

5.1.1　图形的缩放和平移

改变视图最常用的方法就是通过平移或缩放命令，在绘图区对图形进行放大、缩小或移动等操作，或改变其观察位置。

1）图形缩放

AutoCAD 2023 提供了交互式的平移和缩放可能，它可以对图形对象进行实时缩放，即通过竖直向上或向下移动光标来实现对图形的放大或缩小。

（1）执行方式。

命令行：ZOOM。

菜单栏：单击菜单栏中的“视图”选项卡，在下拉列表中选“缩放”，单击“实时”。

（2）操作步骤。

```
命令:_ZOOM
指定窗口的角点，输入比例因子（nX 或 nXP），或者
[全部(A)/中心(C)/动态(D)/范围(E)/上一个(P)/比例(S)/窗口(W)/对象(O)] <实时>:
```

使用该命令进行放大或缩小时，原图形对象的大小并未发生改变，只是把图形对象拉近了，改变了视角效果，它在世界坐标系或用户坐标系中的位置及坐标值都不发生改变。

（3）命令说明。

执行该命令后，系统将自动调用并执行实时缩放操作。所谓实时缩放，就是通过鼠标的上下移动交替进行放大或缩小。要退出缩放命令，可直接按键盘上的“Enter”键或“Esc”键。

① 比例因子：设置放大或缩小的倍数值，当输入值是小于 1 的数时，是对图形对象进行缩小操作；当输入值为大于 1 的数时，则对图形对象进行放大。

② 全部（A）：显示全部对象，使用该命令可以自动对图形进行缩放，以显示所有可见的图形对象或图形限制。不管图形有多大，都可以在当前视口中查看整个图形。

③ 中心（C）：确定一个中心点，定义一个新的显示窗口。需要指定中心点及具体高度或比例，新的中心点就是视图的中心点，输入的高度就是视图的高度。输入比例数值越大，图形越大。

④ 动态（D）：对图形对象进行动态缩放，使用矩形视图框进行缩放或平移。视图框的大小可以更改，或在图形中移动，通过移动视图框或调整大小将视图充满整个视口。

⑤ 范围（E）：显示所有对象的最大范围，即把图形缩放至整个显示范围。图形范围由图形所在的区域构成，剩余的空白区域将被忽略。应用这个选项，图形中所有的对象都尽可能地被放大。

⑥ 上一个（P）：相当于“撤销”命令，即返回到上一步操作，当前视口所有的缩放、移动等命令引起的变化，系统都会保存，每个视口最多可保存 10 个视图，因此连续使用“上一个”命令可以恢复到最多前 10 个视图。

⑦ 比例（S）：设置比例系数，使每张视图都与图纸空间单位成比例。使用该选项，每个视图设置单独的比例。

⑧ 窗口（W）：通过确定矩形的两个对角点来指定缩放区域，对角点可以直接在屏幕上拾取，也可以输入坐标，指定窗口的中心点将成为新的显示屏幕的中心点。

⑨ 对象（O）：缩放以尽可能地显示一个或多个选定的对象并使其位于视图的中心。

这里的图形缩放类似于照相机拍照，虽然可以调整对象距离照相机的远近，但是对象的实际尺寸并没发生变化。也可使用鼠标滚轮直接对图形对象进行放大或缩小，滚轮向上滚是放大，向下滚是缩小。

在“编辑工具栏”中也有“缩放”命令，两个缩放命令是完全不同的。编辑栏的缩放命令是“Scale”，它对图形进行缩放后，原图形对象的大小是改变了的，缩放后的真实图形完全是缩放前图形的 *n* 倍；不像“zoom”命令，不改变原图形对象的大小。

2）图形平移

AutoCAD 2023 通过实时平移可以直接单击并移动光标使图形对象放置到新的位置。

（1）执行方式。

命令行：PAN。

菜单栏：单击菜单栏中的“视图”选项卡，在下拉列表中选择“平移”。

快捷菜单：在 AutoCAD 2023 绘图窗口中右击，在弹出的快捷菜单中选择“平移”。

（2）操作步骤。

命令：_PAN

按 Esc 或 Enter 键退出，或单击右键显示快捷菜单。

当在命令区输入该命令后，绘图区域的十字光标会变成 ，可以在窗口中移动。当按住鼠标左键选择图形对象时会变成 ，然后对图形对象进行拖拽把它移动到对应的位置上，再松开鼠标左键，则停止平移，按“Enter”键结束当前的命令。

如果在“视图”选项卡中，选择“平移”，其下拉列表中显示有“实时”“点”“左”“右”“上”“下”六个选项可供选择（见图 5.1.1），具体含义如下：

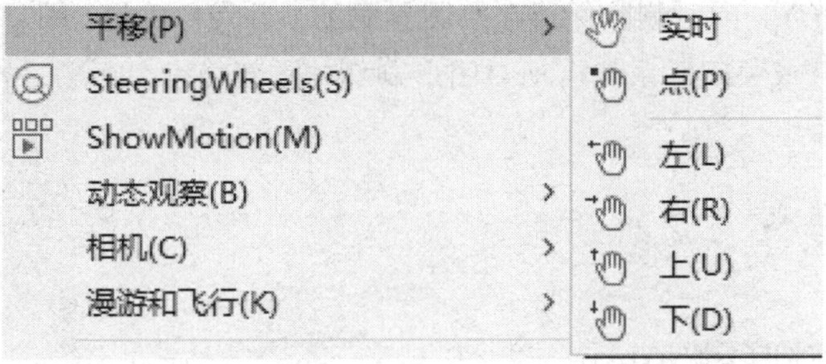

图 5.1.1 “平移”下拉列表

（1）实时：是系统默认选项，也是最常用的选项，直接通过鼠标的拖动操作来实现图形对象的移动。

（2）点（P）：指定位移量，也就是确定图形移动的水平和垂直距离是多少，可以通过输入坐标的方式或屏幕拾取点的方式来确定位移。

（3）左（L）：执行该命令后，屏幕左侧的图形进入显示窗口。

（4）右（R）：执行该命令后，屏幕右侧的图形进入显示窗口。

（5）上（U）：执行该命令后，屏幕顶部的图形进入显示窗口。

（6）下（D）：执行该命令后，屏幕底部的图形进入显示窗口。

平移命令预先定义了一部分不同的移动方向供用户进行调用，也可通过鼠标拖动直接进行平移。

5.1.2 图形的重画和重生成

图形的重画和重生成都能实现视图的重显。在 AutoCAD 2023 中，使用“重画”命令，系统将在显示内存中更新屏幕，消除临时标记，更新用户使用的当前视区。

1）图形的重画

（1）执行方式。

命令行：REDRAW/REDRAWALL。

菜单栏：单击菜单栏中的“视图”选项卡，在下拉列表中选择“重画”，如图 5.1.2 所示。

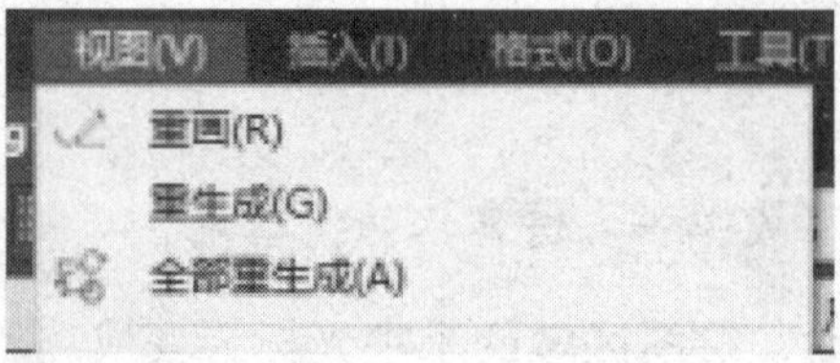

图 5.1.2 “视图”选项卡

（2）命令说明。

在绘图过程中，经常会出现绘制出来的圆有棱角或直线有间隔，或者删除的图形对象没有被完全删除，还留有一些痕迹。这时，使用“重画”命令，就可以刷新当前视口的显示，让图形对象变得更光滑，同时删除保留在绘图界面的某些点的痕迹。图形对象中栅格被关闭，或者某一图层被打开或关闭后系统自动对图形刷新并重新显示，而栅格密度的大小则会影响图形刷新的速度。

2）图形的重生成

（1）执行方式。

命令行：REGEN/REGENALL。

菜单栏：单击菜单栏中的“视图”选项卡，在下拉列表中选择“重生成/全部重生成”。

（2）命令说明。

AutoCAD 2023 中的重生成命令主要用于图形中的点标记，刷新或者更新图形数据库中的图形对象的屏幕坐标，使图形数据得到精确的显示。“Regen”命令仅处理当前视图，而“Regenall”命令可以处理窗口上的全部视图。

使用重生成命令是重新生成屏幕图像，系统从磁盘中调用当前图形对象的数据，它比“重画”命令执行的速度更慢，更新屏幕花费的时间较长。

5.1.3 平铺视口和多窗口排列

设置视口的显示方式，可以对视口进行平铺，也可以进行多窗口排列。

1）平铺视口

（1）执行方式。

命令行：VPORTS。

菜单栏：单击菜单栏中的“视图”选项卡，在下拉列表中选择“视口”。

（2）操作步骤。

平铺视口是将屏幕分割成若干个矩形视口，在不同视口中显示不同角度不同显示模式的视图。CAD 中的视口可以进行平铺，但不能重叠或者相邻，只能有一个视口是处于激活的状态。同时，在此视口被激活时，也只能对其进行编辑。

在“视口”下拉列表（见图 5.1.3）中选择“新建视口”。

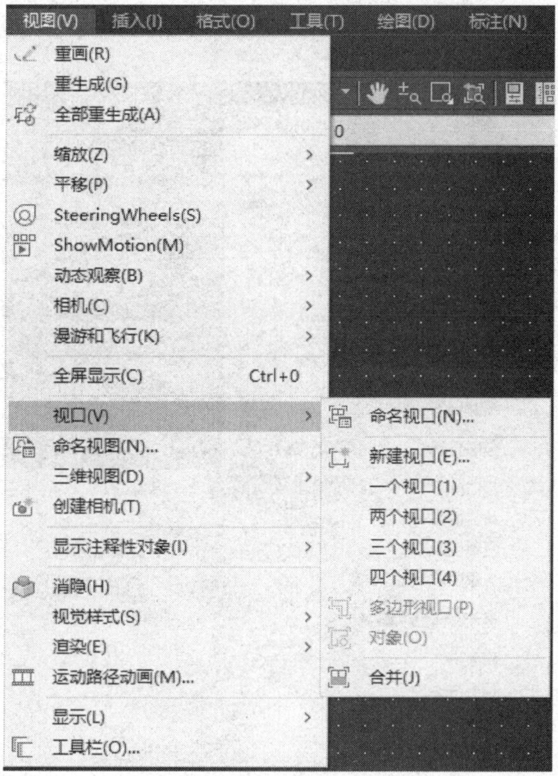

图 5.1.3 “视口”下拉列表

在“新建视口”窗口中根据实际需求创建新的视口，并给新视口进行命名，如图 5.1.4 所示。然后单击“视口”选项，在下拉列表中对当前视口进行分割，如图 5.1.5 所示；接下来再次在“视口”中选择，单击“合并”按钮，选择一个作为主视口，再选择另一个视口，对视图进行合并，如图 5.1.6 所示。

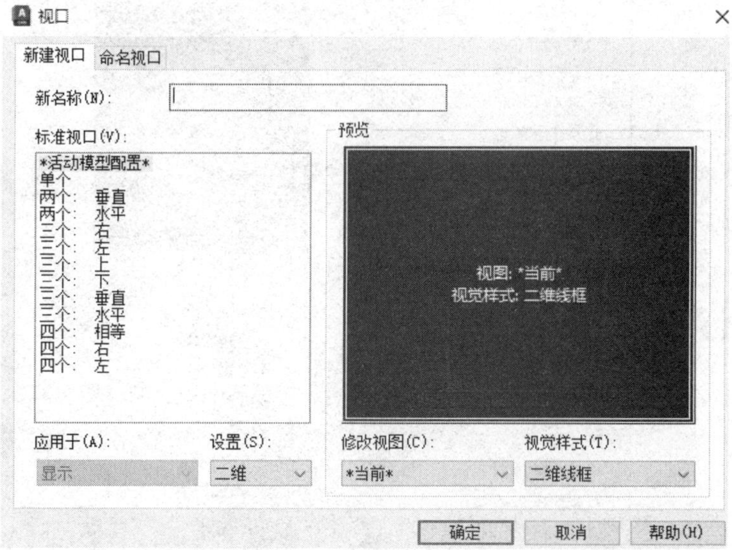

图 5.1.4 “新建视口”窗口

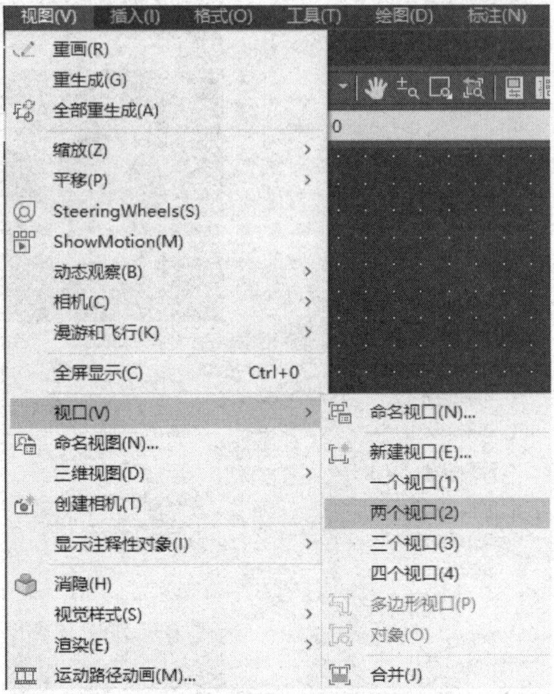

图 5.1.5　分割视口

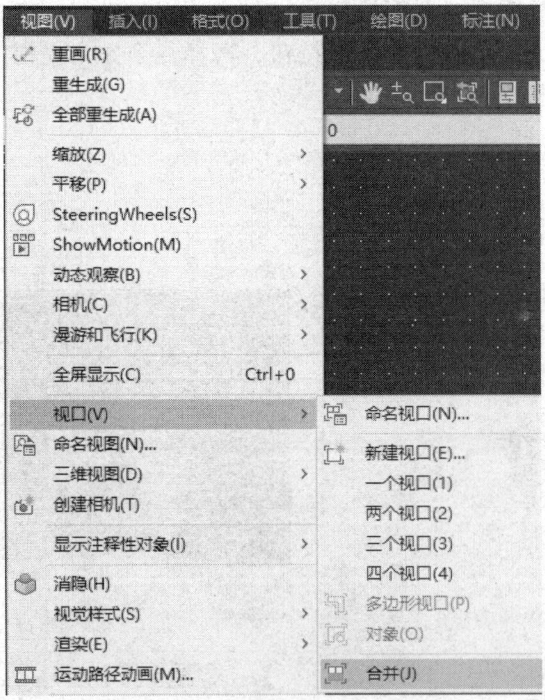

图 5.1.6　合并视口

2）多窗口排列

（1）执行方式。

命令行：SYSWINDOWS。

菜单栏：单击菜单栏中的“窗口”选项卡，在下拉列表中选择相应的排列方式即可。

（2）操作步骤。

多窗口排列主要包括有层叠、水平和垂直平铺、排列图标等方式，如图 5.1.7 所示。

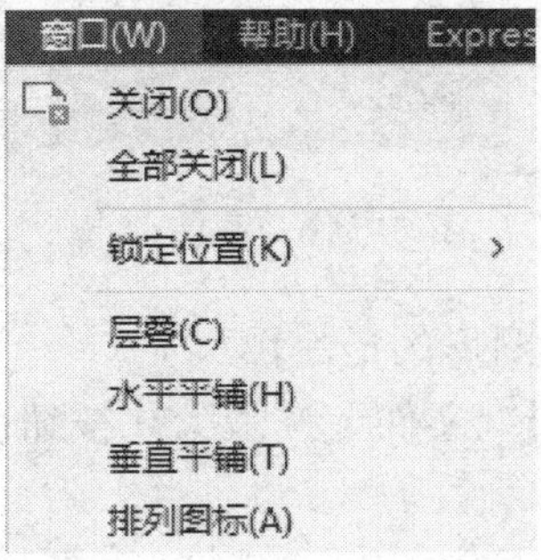

图 5.1.7 “窗口”列表

① 层叠（C）：将多个窗口垂直或水平堆叠在一起，让一个窗口位于另一个窗口的顶部或侧面，如图 5.1.8 所示。这种排列方式适用于需要集中关注一个窗口内容，但仍然希望快速访问其他窗口的情况，同时可保留所有窗口的标题栏可见。

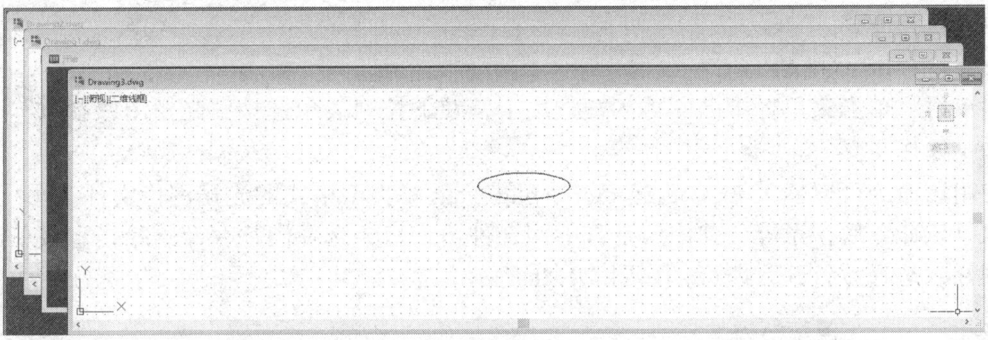

图 5.1.8 层叠

② 水平平铺（H）：对打开的窗口进行水平排列，不重叠，如图 5.1.9 所示。

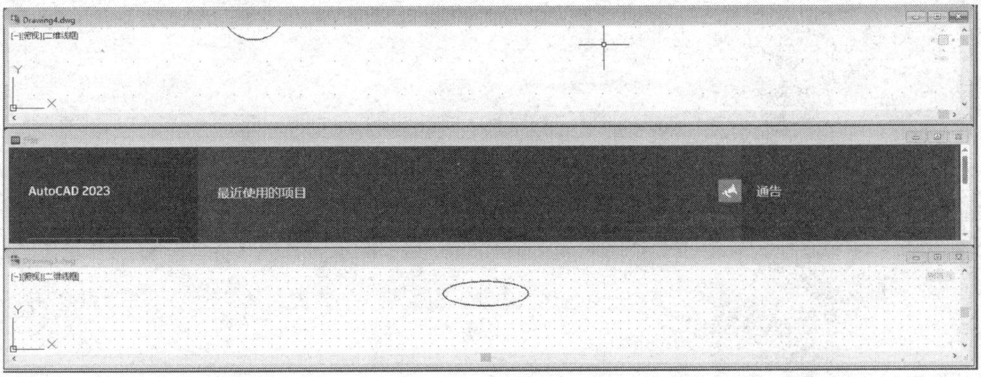

图 5.1.9 水平平铺

③ 垂直平铺（T）：对打开的窗口进行竖向排列，不重叠，如图 5.1.10 所示。

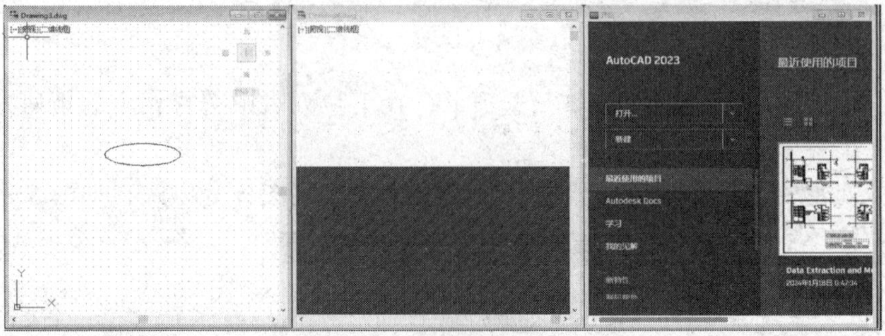

图 5.1.10　垂直平铺

④ 排列图标（A）：排列打开图形的最小图标。

想要恢复原状，在任意一张图纸文件上按最大化按钮就可以了。

5.1.4　图像设置

在 AutoCAD 2023 中，不仅可以直接在绘图区域绘制图纸，也可以插入图像，用数码相机、航拍或扫描仪所生成的图片都称为光栅图像，它是由像素点所构成的，因此也称为“位图或点阵图”。

1）图像插入

（1）执行方式。

命令行：IMAGEATTAC。

菜单栏：单击菜单栏中的“插入”选项卡，在下拉列表中选择“光栅图像参照”。

（2）操作步骤。

使用该命令可以插入 jpg、gif、bmp、png、tag 等类型格式的光栅图像文件。

执行该命令后，系统会弹出“选择参照文件”窗口，选择图片存储路径，直接单击要插入的图片，选择“打开”即可，如图 5.1.11 所示。

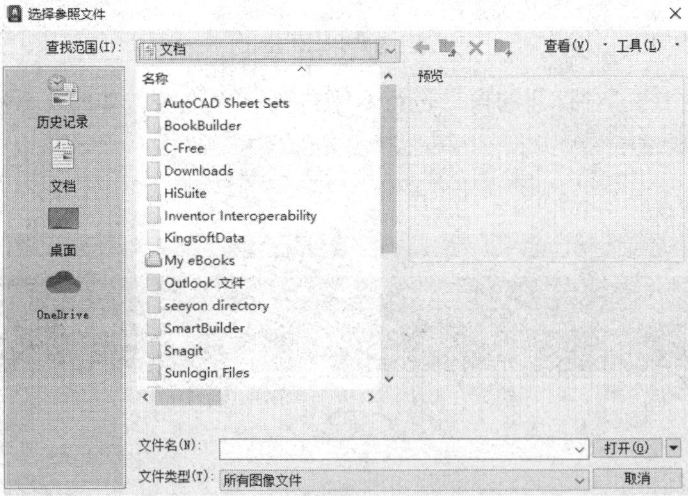

图 5.1.11　“选择参照文件”窗口

系统自动弹出“附着图像”窗口（见图 5.1.12），通过该窗口设置图像插入点和缩放比例，以及是否需要进行旋转等设置，然后在绘图区域任意拾取一点，该图像就插入完成了。

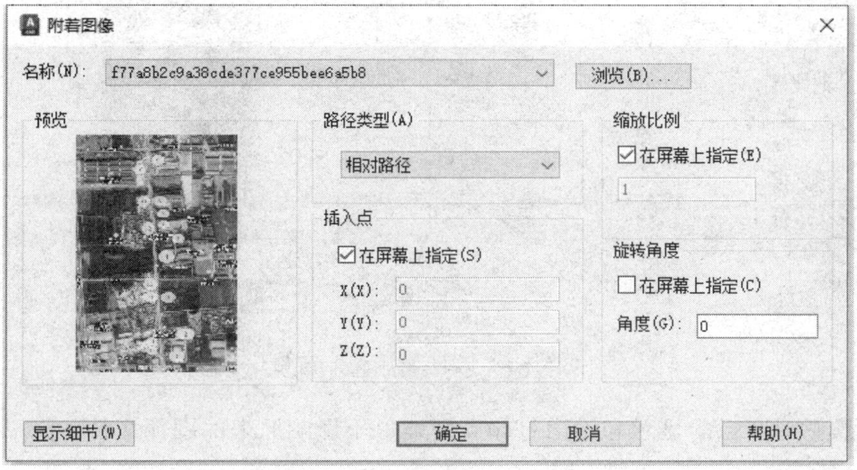

图 5.1.12 “附着图像”窗口

在设置缩放比例的时候要注意图像比例不能太大，否则将出现马赛克一样的像素点，只有高质量分辨率的图像才能放得很大。

2）图像调整

对于已经插入的图像，我们可以对其进行调整，包括质量、透明度、边框都可以进行设置，如图 5.1.13 所示。

图 5.1.13 图像列表

（1）执行方式。

命令行：IMAGEADJUS。

菜单栏：单击菜单栏中的“修改”选项卡，在下拉列表中选择“对象”，再单击“图像”，选择“调整”。

（2）操作步骤。

执行该命令后，即弹出“图像调整”窗口（见图 5.1.14），通过调整选定图像的亮度、对比度和淡入度的设置来控制图像的显示。

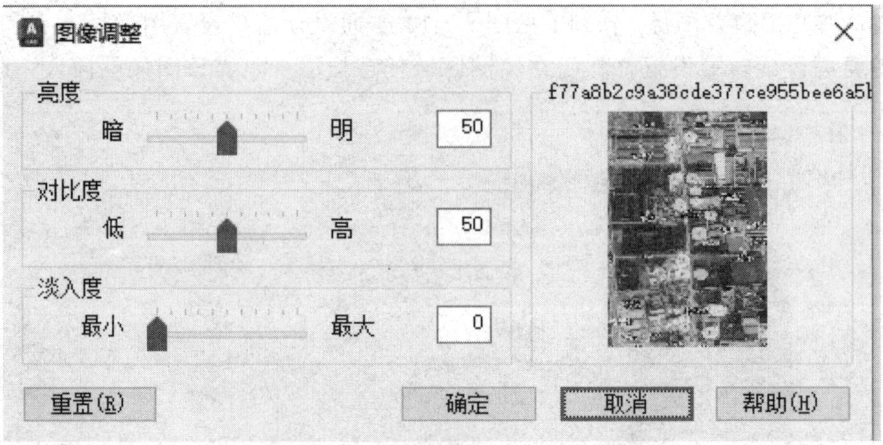

图 5.1.14 “图像调整”窗口

图像调整只对图像的显示和输出打印有影响，不影响原来的图像文件。

3）图像质量

（1）执行方式。

命令行：IMAGEQUALITY。

菜单栏：单击菜单栏中的“修改”选项卡，在下拉列表中选择“对象”，再单击“图像”，选择“质量”。

（2）操作步骤。

命令: _imagequality
输入图像质量设置 [高(H)/草稿(D)] <高>:

执行该命令后，在绘图区域会弹出选择框，有“高”和“草稿”两个选项，如图 5.1.15 所示。用户可直接在屏幕上单击选择要使用的质量标准。

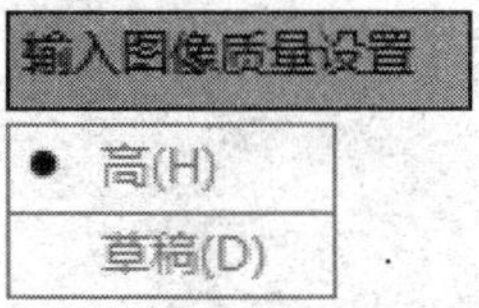

图 5.1.15 图像质量设置

图像质量主要用来控制图像显示的质量，它直接影响到图像显示性能。图像质量越高软件性能就会越低，反之亦然。此设置改变后不必重新生成，此命令的改变影响图形对象中所有图像的显示，在输出打印时都是使用高质量的显示。

4）图像透明度

（1）执行方式。

命令行：TRANSPARENCY。

菜单栏：单击菜单栏中的“修改”选项卡，在下拉列表中选择“对象”，再单击“图像”，选择“透明度”。

（2）操作步骤。

控制图像的背景像素是否透明，打开透明度模式，图像下的对象可见；关闭透明度模式，图像下的对象不可见。

命令: _transparency
选择图像:找到 1 个
选择图像:
输入透明模式 [开(ON)/关(OFF)] <OFF>:

执行该命令后，在绘图区域会弹出选择框，有“开”和“关”两个选项，如图 5.1.16 所示。用户可直接在屏幕上单击选择要使用的质量标准。

图 5.1.16 “透明模式”开关窗口

5）图像边框

（1）执行方式。

命令行：IMAGEFRAME。

菜单栏：单击菜单栏中的“修改”选项卡，在下拉列表中选择“对象”，再单击“图像”，选择“边框”。

（2）操作步骤。

命令: _imageframe
输入 IMAGEFRAME 的新值 <1>:

该命令控制是否显示和打印图像和贴图图像边框。一般光栅图像的选择是通过单击图像边框选择的，为防止意外选择图像，可以把图像边框关闭。用户可根据不同的需求选择不同的图像边框显示方法，具体取值和功能描述见表 5.1.1。

表 5.1.1 “Imageframe”参数取值及功能描述

“Imageframe”参数值	功能描述
0	不显示也不打印图像边框，不可对图形对象进行选择
1	显示并打印图像边框，以便用户选择图像
2	显示但不打印边框

6）图形剪裁

（1）执行方式。

命令行：IMAGECLIP。

菜单栏：单击菜单栏中的“修改”选项卡，在下拉列表中选择“剪裁”，再单击“图像”。

（2）操作步骤。

该命令是给选取的图形对象创建一个新的剪裁边界，但是必须在跟原图形对象平行的平面中进行边界的指定。

具体步骤如下：

命令: _imageclip

选择要剪裁的图像:

输入图像剪裁选项 [开(ON)/关(OFF)/删除(D)/新建边界(N)] <新建边界>: N（创建新边界）

外部模式 - 边界外的对象将被隐藏。

指定剪裁边界或选择反向选项:

[选择多段线(S)/多边形(P)/矩形(R)/反向剪裁(I)] <矩形>: P（新建一个多边形为边界）

指定第一点:

指定下一点或 [放弃(U)]:

指定下一点或 [放弃(U)]:

指定下一点或 [闭合(C)/放弃(U)]:

指定下一点或 [闭合(C)/放弃(U)]:

执行前后的图像对比如图 5.1.17 所示。

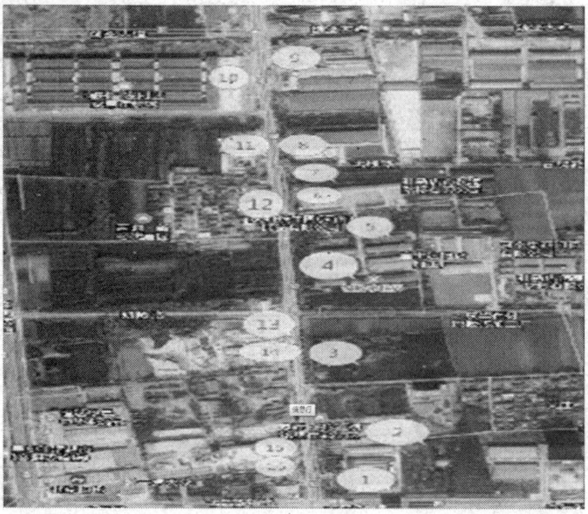

（a）剪裁前

（b）剪裁后

图 5.1.17　图形剪裁

7）图形显示顺序

在绘图时，一般是根据绘图的先后顺序来决定显示顺序的，但是在绘制某些图形对象的时候可能需要对绘图顺序进行调整，如对象之间进行相互覆盖，把一个图形移到另一个图形之下，保证在输出打印的时候能够正确显示图形对象之间的关系。

（1）执行方式。

命令行：DRAWORDER。

菜单栏：单击菜单栏中的“工具”选项卡，选择“绘图次序”，在下拉列表中选择相应的位置顺序即可。

（2）操作步骤。

执行上述命令后，弹出的下拉列表如图 5.1.18 所示。

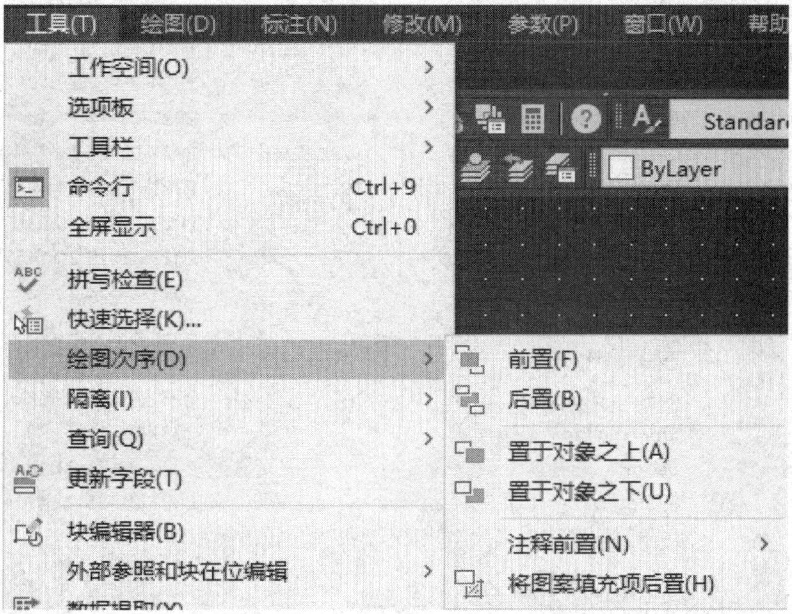

图 5.1.18 “绘图次序”下拉列表

在下拉列表中选择要把某一图形对象置于另一图形对象的哪个顺序，然后选择要移动的对象即可，执行结果如图 5.1.19 所示。

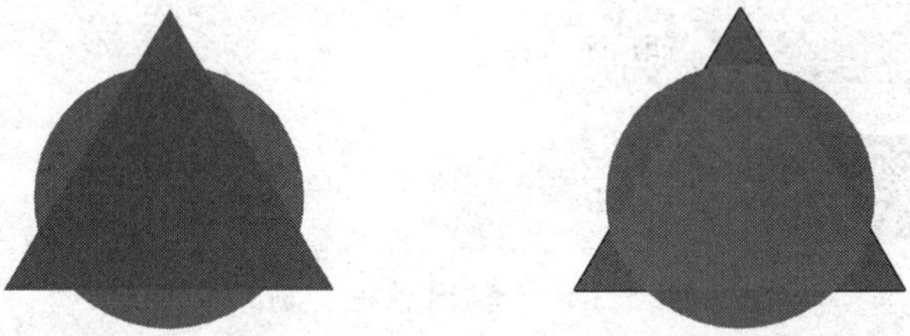

图 5.1.19 图形显示顺序更改

5.2 输出打印

5.2.1 图纸转换

对绘制好的图纸进行输出打印，首先要转换图纸类型，把它转换成能与其他软件相兼容的格式，如.vmf、.bmp 等。

1）执行方式

命令行：EXPORT。

菜单栏：单击菜单栏中的“文件”选项卡，在下拉列表中选择“输出”。

2）操作步骤

执行该命令后，系统弹出“输出数据”窗口，如图 5.2.1 所示。

图 5.2.1 “输出数据”窗口

在“文件类型”下拉列表中 AutoCAD 2023 提供了多种图形转换类型，都是常用工作类型文件，选取要转换成的文件格式，单击保存即可。输出后的图形跟在 CAD 软件里绘图区显示的图形是完全一致的。但是有些类型在转换之后会改变比较大，对于这类图形，CAD 不能把它重新转化成可编辑的图形格式。如将.bmp 文件读入后，CAD 是不能对图形进行修改的，只能作为光栅图像使用。

5.2.2 打印参数设置

在图纸绘制完成后，为了方便施工，都需要把图纸打印出来，在打印的时候，要设置一些打印参数，如选择打印机、指定打印区域和样式、打印比例、图形方向等，都是在“打印”窗口完成设置的。

1）执行方式

命令行：PLOT。

菜单栏：单击菜单栏中的“文件”选项卡，在下拉列表中选择“打印”。

2）操作步骤

执行该命令后，系统自动弹出打印窗口，对各选项进行设置，如图 5.2.2 所示。

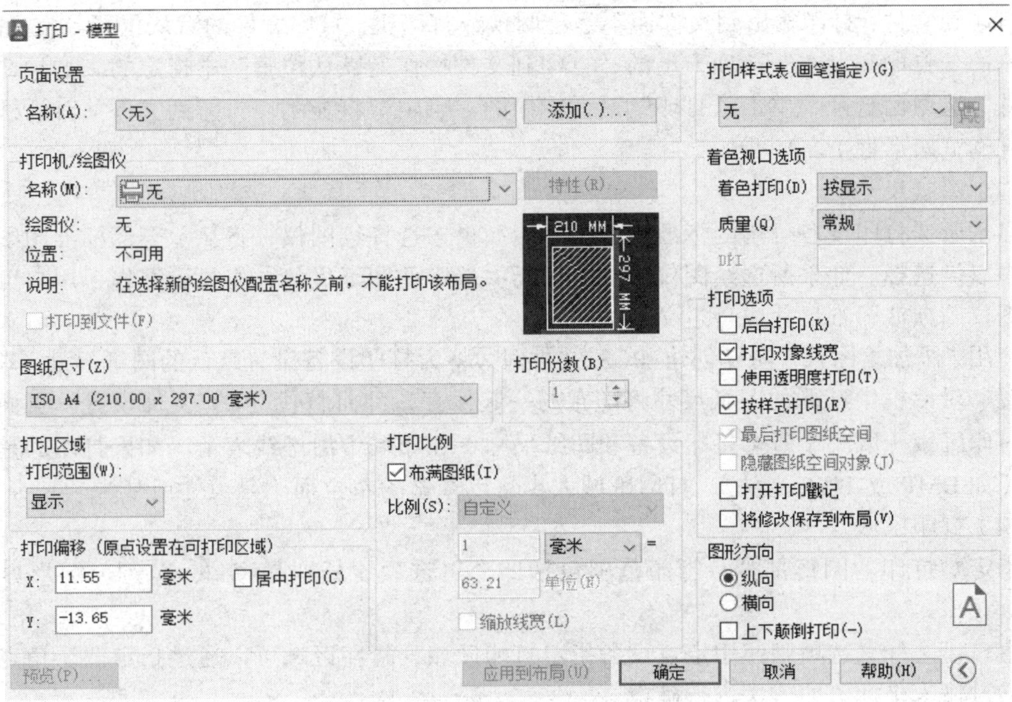

图 5.2.2 “打印”窗口

3）命令说明

（1）页面设置。

列出图形中已命名或已保存的页面设置。可以将图形中保存的命名页面设置作为当前页面设置，也可以在“打印”对话框中单击“添加”，基于当前设置创建一个新的命名页面设置。

“名称”栏显示当前页面设置的名称；“添加”栏显示“添加页面设置”对话框，从中可以将“打印”对话框中的当前设置保存到命名页面设置。可以通过“页面设置管理器”修改此页面设置。

（2）打印机/绘图仪。

指定打印布局时使用已配置的打印设备。如果选定绘图仪不支持布局中选定的图纸尺寸，将显示警告，用户可以选择绘图仪的默认图纸尺寸或自定义图纸尺寸。

名称：列出可用的系统打印机或 PC3 文件，可以从中进行选择，以打印当前布局。设备名称前面的图标识别其为 PC3 文件还是系统打印机，代表 PC3 图标文件，代表系统打印机。

特性：显示绘图仪配置编辑器（PC3 编辑器），从中可以查看或修改当前绘图仪的配置、端口、设备和介质设置。如果使用绘图仪配置编辑器更改 PC3 文件，将显示“修改打印机配置文件”对话框。

绘图仪：显示当前所选页面设置中指定的打印设备。

位置：显示当前所选页面设置中指定的输出设备的物理位置。

说明：显示当前所选页面设置中指定的输出设备的说明文字。可以在绘图仪配置编辑器中编辑此文字。

打印到文件：打印输出到文件而不是绘图仪或打印机。打印文件的默认位置是在“选项”对话框的“打印和发布”选项卡上的“打印到文件操作的默认位置”中指定的。如果“打印到文件”选项已打开，单击“打印”对话框中的“确定”将显示“打印到文件”对话框（标准文件浏览对话框）。

（3）图纸尺寸。

显示所选打印设备可用的标准图纸尺寸。如果未选择绘图仪，将显示全部标准图纸尺寸的列表以供选择。如果所选绘图仪不支持布局中选定的图纸尺寸，将显示警告，用户可以选择绘图仪的默认图纸尺寸或自定义图纸尺寸。

使用“添加绘图仪”向导创建 PC3 文件时，将为打印设备设置默认的图纸尺寸。在“页面设置”对话框中选择的图纸尺寸将随布局一起保存，并将替代 PC3 文件设置。页面的实际可打印区域（取决于所选打印设备和图纸尺寸）在布局中由虚线表示。如果打印的是光栅图像（如 BMP 或 TIFF 文件），打印区域大小将以像素为单位而不是英寸或毫米。

（4）打印区域。

指定要打印的图形部分。打印范围包括四个可选项，分别是窗口、范围、图形界限和显示。

窗口：选择该选项则使用定点设备指定打印区域，打印区域可以通过指定两个角点的方法或通过输入坐标值的方法进行确定。

范围：打印包含了某个对象的图形，即所选范围内所有的图形都被打印。

图形界限：打印固定图纸尺寸中的所有内容，使用“模型”选项卡时，表示把栅格界限内的绘图区域都进行打印。

显示：打印当前视口中的视图，或者是布局中当前图纸中的视图。

（5）打印偏移。

设置打印区域相对于原点的偏移，或相对于图形边界的偏移。通过输入“X”“Y”的具体数值确定其偏移值。“居中打印”指在图纸上根据自动计数出来的偏移值居中打印，但“打印区域”为“布局”时，“居中打印”选项是不可用的。

（6）打印比例。

确定图形单位和打印单位之间的相对尺寸，系统默认缩放比例为 1∶1。使用“模型”选项卡打印时，系统默认使用“布满图纸”选项。

布满图纸：指打印出来的图形在图纸尺寸中铺满。

缩放线宽：设置打印对象的线宽，并按照线宽进行打印，不用考虑打印比例的问题。

（7）打印样式表。

设置并编辑打印样式表，如果没有合适的打印样式表，可以直接创建一个新的打印样式表。

（8）着色视口选项。

指定着色以及渲染视口的打印方式，并确定视口质量和每英寸点数（DPI）。不论使用哪一种方式进行着色打印，均不考虑其在屏幕上的显示方式。DPI 的设置是当前打印设备的最大分辨率，只有在“质量”框选择“自定义”才可以对 DPI 进行编辑。

（9）打印选项。

可以选择在后台打印、打印对象线宽、使用透明度打印、按样式打印或最后打印图纸空间等方式进行打印。

（10）图形方向。

指定图形在图纸上的方向，包括纵向、横向和上下颠倒打印三个选项。

（11）预览。

用户可以使用预览功能对要打印的图纸提前进行查看，观察其打印出来的效果，方便及时发现图纸问题并进行修改。确定预览图没问题，直接在界面上单击鼠标右键，在下拉列表中选择“打印”就可直接在打印机上打印出该图纸；或者退出预览界面，直接在“打印”窗口单击“确定”即可。

经过上面的打印设置，用户就可以正确地打印出需要的图纸，对于打印所设置的各项内容也可以保存下来，为后续的图纸打印提供服务，不用每次都重新设置。用户通过打印页面最上方的页面设置，添加新的打印样式，并给它命令，就保存下当前所做的所有设置，下次直接在名称栏选择新样式的名称即可使用。

本模块小结

本模块主要介绍 AutoCAD 2023 中如何进行图形显示及图像的插入设置，以及图纸输出打印的具体设置内容及含义，帮助用户对绘制的图形及插入的图像进行精准设置，保证其能够完整准确地输出打印，提高工作效率。

模块 6　通信工程设计与制图

在承接一项工程项目后，并不是直接根据项目施工区域进行制图的，而是要先进行实地勘测和设计，根据勘测的结果及客户需求理清设计思路，然后才能使用制图软件进行作图。因此，勘测和设计是工程建设过程中非常重要的环节。在进行了项目勘测后，根据测量结果做工程设计，设计过程中依据国家和行业规范绘制出来的体现设计需求和意图的，由各种图形对象所构成的整体就是工程图纸，而图纸绘制的过程，就称为工程制图。如果项目工程是通信类项目，如通信系统工程、通信线路工程、通信管道工程、通信设备安装工程等，那么绘制这些工程图纸的过程就称为通信工程制图。

本模块主要介绍通信工程设计的概念及主要内容、通信工程制图的有关概念和不同通信工程项目图纸的绘制。

6.1　通信工程设计基础

我国的通信行业发展迅猛，通信市场规模也在逐步扩大，通信工程项目更是种类繁多，包括通信系统工程设计、通信设备安装调试、通信线路架设、附属设施施工等。通信工程的建设一般包括规划、设计、准备、施工和竣工投产五个阶段。

工程设计是指根据已作出的有效的项目可行性研究报告对将要建设的工程项目的环境、资源、经济、技术等方面做出更加深入、更加细致的分析，并且编写出设计文件，绘制出设计图纸的工作。对要建设工程的设备选型、生产工艺流程、建筑群的组合以及建筑物外形和内部空间分布等方面提出明确、合理、详细的描述，并在图纸上体现出来，在编制文件中表述出来，以便施工人员进行施工建设，这就叫作通信工程设计。

通信工程设计是项目建设的社会效益和经济效益的体现，是技术先进性、可行性的有效传达，是通信工程项目建设的基础。通信工程设计就是依据项目建设要求及相关规范，结合相关实际实践经验，将科学技术成果、现行的行业技术标准、工程设计人员的创造性及智慧融为一体的全过程，它能够全面、合理、准确地指导通信工程建设和施工。

6.1.1　设计阶段划分

根据工程项目的性质、规模不同，可以对工程设计进行阶段划分。普通项目可以分为初步设计和施工图设计两个阶段进行，称为“两阶段设计”；较复杂的项目，如大型工程项目、特殊工程项目等可以分为“初步设计”“技术设计”“施工图设计”三个阶段，称为“三阶段设计”。小型的建设项目，并且技术较为简单成熟的，或可以直接套用标准设计的工程可以做“一阶段设计”，即直接进行施工图设计。

1）初步设计

初步设计是根据已经获得批准的可行性研究报告和相关的设计规范、标准，通过现场勘测取得的设计基础资料编制而来的。初步设计是以确定项目设计方案、确定设备选型和编制工程总预算为目的。初步设计过程中要通过技术、经济分析，并进行多个方案比较论证来选择合适的设计方案，使用较高的技术措施，未采用的方案和技术要简要说明情况并给出理由，这些都要编写到文件中去。

每个建设项目都应编制总体部分的总体设计文件（即综合册）和各单项工程设计文件。在初步设计阶段，其内容深度要求应满足以下条件：

总体设计文件内容包括设计总说明及附录、各单项设计总图、总概算编制说明及概算总表。

各单项工程设计文件一般由文字说明、图纸和概预算三部分组成。同时，在初步设计阶段还应另写一册，提出技术规范书、分交方案，说明工程要求的技术条件及有关数据等。其中，引进设备的工程技术规范书应使用中、外文编写。

2）技术设计

技术设计是根据已批准的初步设计，对设计中较复杂的项目、遗留问题或特殊需要，通过更详细的设计和计算，进一步研究并阐明其可靠性、合理性，准确地解决各个主要技术问题。在技术设计阶段应编制修正概算。

3）施工图设计

施工图设计指根据需要，如建筑、安装和非标准设备制作的要求，把初步设计确定的设计准则，以及设计方案进一步细化，要求能够详尽、具体地把初步设计的技术方案体现出来，最终确定项目实施方案、项目中设备选型、需求数量等，绘制出详细施工图，并编制概预算。

施工图的设计深度要满足设备、材料、设备安装工艺和施工的要求，设计文件要根据初步设计文件和主要设备订货合同进行编制，主要包括图纸、文字说明和预算三部分。

在施工图的设计文件中要求绘制详细施工图，标出建筑物、房屋、设备的具体尺寸，说明安装设备的配置关系、施工工艺，提供设备、材料明细表，编制施工图预算。

各单项工程施工图设计应简要说明该工程初步设计方案的主要内容并对修改部分进行论述，标明相关批准文件的日期、文号等，提供详细的工程量列表，测量出标准线路，绘制出建筑安装施工图纸、设备安装施工图纸、工程项目各部分详图和零部件明细表等。施工图设计是施工的依据，是初步设计的完善和补充。

6.1.2 通信工程设计的基本原则

通信工程设计的基本原则是为用户提供高质量、高可靠性、高效率的通信服务，在设计过程中，必须遵循以下原则：

（1）通信工程设计要合理利用资源，保护环境，依据国家建设方针和通信技术经济发展政策。

（2）通信工程设计要全面考虑各种综合因素，包括用户需求、技术可行性、环境条件等，满足施工、生产和使用的需求。

（3）通信系统设计要考虑可靠性，保证通信的稳定性和连续性，同时要考虑故障恢复、容灾备份等方案的设计，兼顾近远期发展需求，合理利用已有网络设备，保证通信项目的社会效益和经济效益，尽量降低成本。

（4）通信工程设计中使用的产品设备，要符合国家标准和行业标准，正在试验的产品，未经合格鉴定的产品或设备不允许在工程中使用。

（5）通信工程设计必须采用适合我国现状且在国内外都比较成熟的技术，执行科技进步方针。

6.1.3 通信工程设计的技术要点

通信工程项目种类繁多，不同类型的工程项目在设计时，它们的技术要点是不一样的，下面介绍一些关键的技术要点。

（1）网络拓扑设计：设计师要根据具体情况具体分析，选择合适的网络拓扑结构，合理的网络拓扑结构对提高通信系统性能及可靠性非常有帮助,还要注意进行细致的规划及优化。

（2）设备选型：要根据项目实际需求，以及项目技术要求进行设备选型，包括服务器、交换机和路由器等设备。设备选择合适，就可以提高系统性能并且还能降低成本。

（3）安全设计：通信系统的安全在实际生活中尤为重要，需通过相应的措施，如数据加密、防火墙、身份验证等来保护用户数据的安全性，以及用户隐私。

6.1.4 工程设计的主要技术条件

通常工程设计的技术条件主要指进行设计所需要的基础资料，以及相关数据，包括矿藏条件（矿藏资源的储量、品质、性能、成分及相关地质资料）、区域地质和工程地质条件、设备条件、水源及水文条件、废弃物处理和要求、职工生活区安置方案及要求、政策性规定等其他技术条件。

6.1.5 通信工程设计的主要内容

通信工程设计是工程师根据工程所在地的环境因素和社会要求，结合相关行业设计规范及使用设备性能，在建设方案和设计图纸中体现用户对工程项目的需求及潜在要求，并依照实施的过程。

通信工程设计包含多种工程项目：光缆传输线路设计、电缆传输线路设计、设备安装设计等。光电缆传输线路设计还包括线路路由的选择、光电缆的信号选择、光电缆的防护措施、光电缆的敷设方式、中继站设计等；设备安装设计包括项目设计中要使用设备的选型要求，终端站、转接站的设备安装等。

设计工作的流程如下：

（1）设计委托书的送达。

（2）分析专家评估报告、可行性研究报告。

（3）进行工程项目的现场勘查。

（4）完成初步设计。

（5）完成施工图设计。

（6）项目工程概预算的编制。

（7）设计文件的编制出版。

（8）设计文件会审。

（9）对施工现场进行技术指导。

项目设计文件是工程建设、指导施工的主要依据，主要包括设计说明、工程投资概预算和设计图纸三个部分。

6.2 通信建设工程的分类

建设项目是按一个总体设计目标进行任务建设，它们在经济上进行统一核算，行政上有独立的组织形式，在现有资源条件下，在计划时间内，保质保量完成任务，并实现统一管理的建设单位。

在一个总体设计中分批分期建设的工程主体、附属配套工程、综合利用工程等都可以作为一个建设项目，如图 6.2.1 所示。不属于一个总体设计的工程是不能归算成一个建设项目的，同一个总体设计内的项目工程也不能按地区施工单位分成几个建设项目。一个建设项目可以包含多个单项工程项目。

单项工程指具有独立的设计文件，建设后能够独立发挥生产能力或效益的工程，单项工程是建设项目的组成部分。

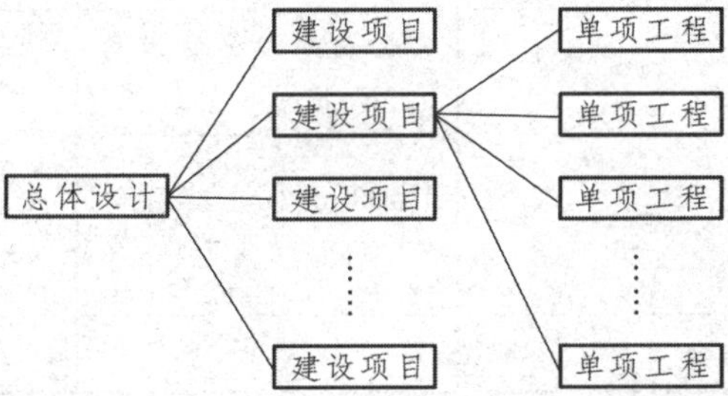

图 6.2.1 总体设计划分

6.2.1 按建设工程划分

通信建设工程分别按照建设项目、单项工程划分为一类工程、二类工程、三类工程和四类工程，这四类工程的具体要求如下：

（1）符合下列条件之一者为一类工程。

① 大、中型项目或投资在 5 000 万元以上的通信工程项目。

② 省际通信工程项目。

③ 投资在 2 000 万元以上的部定通信工程项目。

（2）符合下列条件之一者为二类工程。

① 投资在 2 000 万元以下的部定通信工程项目。

② 省内通信干线工程项目。

③ 投资在 2 000 万元以上的省定通信工程项目。

（3）符合下列条件之一者为三类工程。

① 投资在 2 000 万元以下的省定通信工程项目。

② 投资在 500 万元以上的通信工程项目。

③ 地市局工程项目。

（4）符合下列条件之一者为四类工程。

① 县局工程项目。

② 其他小型项目。

6.2.2 按单项工程划分

通信线路工程类别见表 6.2.1。

表 6.2.1 通信线路工程类别

序号	项目名称	一类工程	二类工程	三类工程	四类工程
1	长途干线	省际	省内	本地网	—
2	海缆	50 km 以上	50 km 以下	—	—
3	市话线路	—	中继光缆或 2 万门以上市话主干线路	局间中继电缆线路或 2 万门以下市话主干线路	市话配线工程或 4 000 门以下线路工程
4	有线电视网	—	省会及地市级城市有线电视网线路工程	县以下有线电视网线路工程	—
5	建筑楼宇综合布线工程	—	1 000 m^2 以上建筑物综合布线工程	5 000 m^2 以上建筑物综合布线工程	5 000 m^2 以下建筑物综合布线工程
6	通信管道工程	—	48 孔以上	24 孔以上	24 孔以下

通信设备按照工程类别的划分见表 6.2.2。

表 6.2.2 通信设备安装工程类别

序号	项目名称	一类工程	二类工程	三类工程	四类工程
1	市话交换	4 万门以上	4 万门以下，1 万门以上	1 万门以下，4 000 门以上	4 000 门以下
2	长途交换	2 500 路端以上	2 500 路端以下	500 路端以下	—
3	通信干线传输及终端	省际	省内	本地网	—
4	移动通信及无线寻呼	省会局移动通信	地市局移动通信	无线寻呼设备工程	—
5	卫星地球站	C 频段天线直径 10 m 以上及 Ku 频段天线直径 5 m 以上	C 频段天线直径 10 m 以下及 Ku 频段天线直径 5 m 以下		—

续表

序号	项目名称	一类工程	二类工程	三类工程	四类工程
6	天线铁塔		铁塔高度 100 m 以上	铁塔高度 100 m 以下	—
7	数据网、分组交换网等非话务业务	省际	省会局以下		—
8	电源	一类工程配套电源	二类工程配套电源	三类工程配套电源	三类工程配套电源

注：1. 新业务发展按相对应的等级套用。

2. 本标准中×××以上不包括它本身，如果是×××以下则包括它本身。

3. 天线铁塔、市话线路、有线电视网、建筑楼宇综合布线工程、通信管道工程无一类工程收费的专业。

4. 卫星地球站、数据网、分组交换网等专业无三、四类工程，丙、丁级设计单位和三、四级施工企业不得承担此类工程任务，其他专业依此原则办理。

6.2.3　通信建设工程项目分类

通信建设工程项目可按不同的专业进行划分，分成 6 大建设项目，分别是长途通信光电缆工程、微波通信干线工程、地球站通信工程、移动通信工程、长途电信枢纽工程、市话通信工程。每个建设项目又可分成多个单项工程，见表 6.2.3。

表 6.2.3　通信建设工程项目分类

建设项目	单项工程	备注
长途通信光（电）缆工程	省段光（电）缆分路段线路工程（包括线路、巡房等）	进局及中继光（电）缆工程按每个城市作为一个单项工程；同一项目中较大的水底光（电）缆工程按每处作为一个单项工程
	终端站、分路站、转接站、数字复用设备及光（电）设备安装工程	
	光（电）缆分路段中继站设备安装工程	
	终端站、分路站、转接站、中继站电源设备安装工程(包括专用高压供电线路工程）	
	进局光（电）缆、中继光（电）缆线路工程（包括通信管道）	
	水底光（电）缆工程（包括水线房建筑及设备安装）	
	分路站、转接站房屋建筑工程(包括机房、附属生产房屋、线务段、生活房屋、进站段通信管道）	
微波通信干线工程	省段微波站微波设备安装工程（包括天线、馈线等）	微波二级干线可按站划分单项工程
	省段微波站复用终端设备安装工程	
	省段微波站电源设备安装工程(包括专用高压供电线路工程）	
地球站通信工程	地球站设备安装工程（包括天线、馈线）	中继传输线路工程如采用微波线路，可参照微波干线工程增列单项工程；如采用有线线路，可参照市话线路工程增列单项工程
	复用终端设备安装工程	
	电源设备安装工程（包括专用高压供电线路工程）	
	中继传输设备安装工程	
移动通信工程	移动交换局（控制中心）设备安装工程	
	基站设备安装工程	
	基站、交换局电源设备安装工程	
	中继传输线路工程	

续表

建设项目	单项工程	备注
长途电信枢纽工程	长途自动交换设备安装工程	传真机室设备安装工程视工程量大小可单独作为单项工程或并入人工设备安装单项工程中。同一建设项目中收、发信台分地建设时，电源、天线、馈线、遥控线、房屋、专用高压供电线路、台外道路等均可分别作为单项工程
	长途人工交换设备安装工程	
	人工电报设备安装工程（包括传真机）	
	微波、载波设备（包括天线、馈线）或数字复用设备安装工程	
	会议电话设备安装工程	
	通信电源设备安装工程	
	无线电终端设备安装工程	
	长途进局线路工程	
	通信管道工程	
	中继线路工程（包括终端设备）	
	弱电系统设备安装工程（包括小交换机、时钟、监控设备等）	
	专用高压供电线路工程	
	数据设备安装工程	
市话通信工程	分局交换设备安装工程	市话网络设计可纳入总体部分的综合册，不作为单项工程；专用高压供电线路工程的设计文件由承包设计单位编制，概预算及技术要求纳入电源单项工程中，不另列单项工程
	分局电源设备安装工程（包括专用高压供电线路工程）	
	分局用户线路工程（包括主干及配线电缆、交换及配线设备集线器、杆路等）	
	通信管道工程	
	中继线路工程	
	中继线路数字设备安装工程	

注：1. 一点多址工程不划分单项工程。
2. 表中未包括的通信建设工程项目由设计单位划分单项工程。

6.3 通信工程制图实例

6.3.1 通信线路工程图的绘制

1）通信光缆基础

通信光缆是由光纤、高分子材料、金属-塑料复合带以及金属加强件等共同构成的光信息传输介质。

我们可以从不同的角度对光缆来进行分类：按线路敷设方式，光缆可划分为架空光缆、管道光缆、直埋光缆、隧道光缆和水底光缆；按缆芯结构，光缆可划分为层绞式光缆、中心管式光缆和骨架式光缆；按光缆中光纤状态，光缆可划分为松套光纤光缆、半松半紧光纤光缆和紧套光纤光缆；按网络层次，光缆可划分为长途光缆、市内光缆和接入网光缆；按光缆使用环境和场合，光缆可划分为室外光缆、室内光缆及特种光缆。

2）光缆线路工程勘测设计

（1）光缆工程方案查勘的主要任务有以下四点：

拟定光缆通信系统及光缆的规格型号等。

拟定工程大路由、走向及重点地段的路由方案。

拟定端站、转接站、中继站及无人站的设站方案、规模及配套工程等。

提出本工程的技术、经济指标和工程投资方案，并提出本工程实施可行性意见。

（2）光缆线路工程方案查勘的内容主要有以下三个方面：

向工程沿线相关部门收集资料。

工程方案查勘的资料整理。

（3）光缆线路工程路由选择总体要求：

① 长途光缆线路路由的选择，应以工程设计任务书和干线通信网规划为依据，遵循“路由稳定可靠、走向合理、便于施工维护及抢修”的原则，进行多方案技术、经济比较。

② 选择路由时，尽量兼顾国家、军队、地方的利益，多勘察、多调查，综合考虑，尽可能使其投资少、见效快。

③ 选择光缆路由，应以现有的地形、地物、建筑设施和既定的建设规划为主要依据，并考虑有关部门的发展要求。应选择线路路由最短、弯曲较少的路由。

④ 光缆线路路由应尽量远离干线铁路、机场、车站、码头等重要设施和相关的重大军事目标。

⑤ 光缆线路路由在符合路由走向的前提下，可沿公路（包括高等级公路、等级公路、非等级公路）或乡村大道敷设，但应避开路旁的地上或地下设施和道路计划扩建地段，距公路的垂直距离不宜小于 50 m。

⑥ 光缆线路应选择在地质稳固、地势平坦的地段，避开湖泊、沼泽、排涝蓄洪地带，尽可能少穿越水塘、沟渠。穿越山区时，应选择在地势起伏小、土石方工作量较少的地方，避开陡峭、沟壑、滑坡、泥石流以及冲刷严重的地方。

⑦ 光缆线路穿越河流，应选择在河床稳定、冲刷深度较浅的地方，并兼顾大的路由走向，不宜偏离太远，必要时可采用光缆飞线架设方式。对特大河流可选择在桥上架设，但要考虑到战备时布设水底光缆的转换方式。

⑧ 光缆线路路由应远离水库，在其上游通过。当必须在水库的下游通过时应考虑水库发生事故，危及光缆安全时的保护措施。光缆不应在坝上或坝基上敷设。

⑨ 光缆线路不宜穿过大的工业基地、矿区、城镇、开发区、村庄。当不能避开时，应采用修建管道等措施加以保护。

⑩ 光缆路由不应通过森林、果园等经济林带，当必须穿越时，应当考虑经济作物根系对光缆的破坏性。

⑪ 光缆线路应尽量远离高压线，避开高压线杆塔及变电站和杆塔的接地装置，穿越时尽可能与高压线垂直，当条件限制时最小交越角不得小于 45°。

⑫ 光缆线路尽量少与其他管线交越，必须交越时应在管线下方 0.5 m 以下加钢管保护。当敷设管线埋深大于 2 m 时，光缆也可以从其上方适当位置通过，交越处应加钢管保护。

⑬ 光缆线路不宜选择存在鼠害、腐蚀和雷击的地段，不能避开时应考虑采用保护措施。

⑭ 光缆在接头处的预留长度应包括光缆接续长度，光纤在接头盒内的盘留长度以及光缆施工接续时所需要的长度等。光缆接头处每侧预留长度依据敷设方式不同而不同，一般来说，管道工程为 6 ~ 10 m，直埋式工程为 7 ~ 10 m 以及架空工程为 6 ~ 10 m。

3）通信线路工程图绘制

通信线路工程施工图在绘制过程中要保持线路图的整体性、协调性和统一性。具体绘制步骤如下：

（1）仔细看好草图，注意所绘制的草图间的衔接是否合适，指北针方向是否正确；新建杆路要搞清楚规格，比如杆高、芯数；利旧电杆要弄清楚是利用原有杆路新设吊线还是使用附挂。

（2）使用统一的标注进行绘图，包括字体的大小、尺寸标注的大小、线型颜色等的统一。

（3）布置杆路，确定并设置好工程类别及吊线绘制位置，还要确定电杆的种类、高度、地貌、吊线的地貌、规格等。

（4）核对路由是否符合现场查勘情况，注意路和杆线之间距离的比例。

（5）角杆拉线，角杆拉线要在角平分线上，当杆路路由方向的夹角小于 45°时应按照角杆拉线。

（6）截图，指北针要随着路由一起旋转，同时在截每张图纸时，尽量让其铺满图框。

（7）添加参照物时，其大小要设置合适，在图纸中的位置要准确；注意参照物中的文字角度要符合设计院的要求。

（8）添加杆号。取两基站站名的前一个字母做杆号的添加，若为原有杆号则加括号，如新街口—夫子庙，杆号为 PXF01，是原有杆号，则表示方法为（PXF01）。

（9）添加人字拉、四方拉、终结拉线。大部分情况，每 8 挡做一个人字拉，在平原 32 挡做四方拉，注明“做双向假终结”，杆路路由方向的夹角一般大于等于 45°时应按照终结拉线。

（10）添加接地。在吊线终结的地方做直埋式接地，每千米处进行接地处理，再有拉线的地方也要增加拉线接地，其他情况采用直埋式拉线。

（11）添加杆面程式、角度、工作量表、光缆图、接图符、图名和图号。

（12）其他障碍物的处理。在杆路和管道的衔接处，要做好钢管引上；同时做好进出基站的处理，在新建情况下要注明“站内预留 × × × 米”“吊线松挂”“拉攀固定”；特殊障碍处理，在过特殊道路时应增加杆高，杆路在过河超过 120 m 时做辅助吊线。

6.3.2 通信管道工程图的绘制

1）通信管道工程设计

通信管道是指通信专用管道和市政综合性管道中的通信专用管孔，是光缆、电缆等通信线路的重要载体。跟其他敷设方式相比，管道方式有隐蔽安全、容量较大、维护方便等优点，可以满足美化市容的要求，但通信管道一般沿城镇主要街道和高级公路建设，建设难度大、周期长、工程投资大。

通信管道一般由管道和人（手）孔组成，由若干管材组成的管道段构筑了光电缆的主要通道，而人（手）孔则为这个通道变向、分歧以及线缆穿放、接续和引上提供了必要条件，由这些线段和节点构成的结构体，形成了一个复杂的通信管道网络。

按照管道在通信管网中所处的位置和布放电缆的需要可分为进出户管道、主干管道、中继管道、分支管道和用户管道五大类。目前，工程中常用的管材由水泥管、钢管和塑料管。塑料管又分为双壁波纹管、栅格管、梅花管和硅芯管。

通信管道规划设计原则：

（1）通信管道与通道规划应以城市发展规划和通信建设总体规划为依据，管道规划要从服务整个城市的通信电缆线路系统来考虑，在总体的系统分布上要满足今后发展需要。其中，包括管道系统的合理分布，各条路由之间的相互支援，与城市建设总体规划的配合和电缆线路系统的相互衔接等，都应在管道规划中有所体现和阐明，充分表达管道网系统在技术和经济上的合理性。

（2）通信管道与通道应根据各使用单位发展需要，按照统建共用的原则，总体规划。

（3）通信管道的总体规划包括主干管道、支线管道、驻地网管道等规划和建设方案，除考虑使用外，还应考虑形成管道网络、实施可能性和经济性。管道系统是埋在地下的永久性建筑。因此，在管道规划中必须有长远观点。由于修建管道较为困难，不宜扩建，所以其满足年限较长，一般为20年，国外规定20~50年，必须慎重考虑路由和容量，不能频繁扩建和改移。

（4）对于新建、改建的建筑物，楼外预埋通信管道应与建筑物的建设同时进行，并应与共用通信管道相连接。

（5）城市的桥梁、隧道、高级公路等建筑应同步建设通信管道或者预留通信管道的位置，必要时，应进行管道特殊设计。

（6）在终期管孔容量较大的宽阔道路上，当规划道路红线之间的距离等于或大于 40 m 时，应在道路两侧修建通信管道或通道；当小于40 m时，通信管道应建在用户较多的一侧，并预留过街管道，或根据具体情况建设。

（7）通信管道与通道的建设宜与相关市政地下管线同步建设。

2）通信管道工程图绘制

（1）仔细看好草图，向工程负责人问清管孔程式。

（2）在绘图中要注意工程的统一性，使用相同的标准。

（3）布置管道路由，让工程负责人员核对路由是否符合现场查勘情况。

（4）添加参照物。

（5）截图、加接头符号。

（6）编人（手）孔孔号。

（7）加管道断面、顶管、定向钻定型图。

（8）画建筑方式图。

（9）加主要工作量表。

（10）加图名、图号。

6.3.3 机房设备安装图的绘制

依据通信系统建设原则、功能原则做好分工界面图。通信作为一个系统，各专业之间需要通过联系才能实现配合功能，各专业之间有相应衔接链路。

1）机房工艺和布局要求

（1）总体要求。

① 局站址应有安全环境，不应选择在易燃易爆建筑物和堆积场附近。

② 局站址应选择在平坦地段，应避开断层，土坡边缘，故河道和有可能塌方、滑坡和有开采价值的地下矿藏和古迹遗址的地方。

③ 局站址不应选在易受洪水淹灌的地区。如无法避开，可选在基地高程高于要求的计算洪水水位 0.5 m 以上的地方。

④ 局站址应有好的卫生环境，不宜选择在生产过程中散发有毒害气体、毒害物质，粉尘的工矿企业附近。

⑤ 局站址应有安静的环境，不宜选择在城市广场、闹市地区、影剧院、汽车站火车站等发生较大振动和较强噪声的工企业附近，必要时还应采取隔音、消声措施，降低噪声干扰。

⑥ 局站址的占用面积要满足业务发展需要，不占用或少占用农田。

⑦ 高级长途中心局可与市话交换局，室内传输中心合建，但不得与邮政生产机房合建，原则上不与行政办公楼合建。

⑧ 低级长途中心局，宜与市话汇接局合建，近期也可与高级长途中心合设。

⑨ 机房原则：不应有圆形、三角形机房，但现在机房选址比较困难，一般都租用或直接购买机房，最大利用机房面积。

（2）机房工艺要求。

机房空间、地面、墙面、屋顶、机房门窗、机房照明、机房耐火等级、机房温湿度、走线方式、防雷与接地、市电引入防雷与接地、机房节能环保满足规范要求。

（3）机房布局要求。

① 近、远期统一规划，统筹安排。设备布置应根据近、远期规划统一安排，做到近、远期结合，以近期为主。除标明本期设备外，还需标出扩容设备位置。

② 机房利用率最大化。设备合理布局应有利于提高机房面积和公用设备的利用率。

③ 布线规范。设备布置应使设备之间的布线路由合理整齐，尽可能地减少交叉和往返，使布线距离最短。

④ 便于操作与维护。设备布置应便于操作、维护、施工和扩容。操作维护量大的设备如配线架应尽量安装在距门口较近的地方。

⑤ 整齐性、美观性。设备布置应考虑整个机房的整齐和美观。面积较大（20 m^2 以上）的机房应考虑留一条维护走道。

⑥ 设备在摆放时要考虑线缆的走向，相互配合，同类型的设备尽量地放在一起。

⑦ 深度设计要求：系统间的配合原则，接口是否一致，包括接口的类型、数量是否匹配。

⑧ 运营商选择设备。遵循成熟性、经济性、可扩容性、简易维护操作性等原则。

⑨ 机房的类型及征地面积要求。新建机房的位置一般建在塔的旁边、塔下、楼顶上；TD 接入机房面积一般要求在 12 ~ 25 m^2，有长方形、近似正方形、塔内正方形三种类型；在楼顶和塔下建机房时，一般情况下采用铁皮机房；周期短，不需养护，但成本较高，建成后即可投入使用，一般在 3 天左右。注意在塔下建房时，必须等到铁塔建完后，才能建设机房。建砖房时，周期较长，一般在 15 天左右，但成本相对铁皮机房低。

征地面积要求如下：

单管塔和塔边房，征地面积为：$10\ m \times 6\ m = 60\ m^2$。

角钢塔和塔边房，征地面积为：$15\ m \times 10\ m = 150\ m^2$。

单管塔和塔下房，征地面积为：$10\ m \times 10\ m = 100\ m^2$。

2）机房勘察设计

（1）勘测准备。

落实勘察具体的日期和相关联络人。制订可行的勘察计划，包括勘察路线、日程安排及相关联系人。确认前期规划方案，包括机房配置、设备配置和天线类型等。

了解本期工程设备的基本特性，包括设备供应商、基站、天馈系统、电源设备以及蓄电池等。对已有机房的勘察，应在勘察前打印出现有基站图纸，以便进行现场核实，节省勘测的时间。配备必要的勘察工具，包括GPS、皮尺、指北针、钢卷尺、数码相机、测距仪、测高仪以及便携式计算机等。

（2）勘测草图绘制。

机房平面图（原有机房和新建机房）、天馈线安装示意图、建筑立面图、天线安装位置、馈线路由图、铁塔位置、抱杆位置、记录天面勘察内容。应反映防雷接地情况。勘测时，尽量地把所有相关的情况信息记录下来，如记录不够详细，拍照存档。

（3）勘测步骤。

机房勘察步骤如下：

记录所选站址建筑物的地址信息，所属信息等；记录机房的基本信息，包括建筑物总楼层、机房所在楼层，结合室外天面草图画出建筑内机房所在位置的侧视图，画出机房平面图草图；机房内设备勘测，确定走线架、馈线窗位置；了解市电引入情况或机房内交直流供电情况，做详细记录，拍照存档；了解传输情况，传输方式、容量、路由、DDF端子使用情况等；确定机房防雷接地情况，必要时对机房局部特别情况拍照。

（4）天馈勘察步骤如下。

确定基站经纬度、天线安装位置；方位角和下倾角、馈线走线路由、室外防雷情况；绘制天馈安装草图；拍摄基站所在地全貌；绘制室外草图，包括塔桅与机房位置，馈线路由、主要障碍物、共址塔桅的相对位置等；尽可能真实地记录基站周围环境及铁塔、机房位置、主要障碍物，以备日后分析研究所需。

3）机房设备安装图绘制

（1）根据获取的资料确定机房是原有的还是新建的。

（2）要求图纸的字高、标注、线宽相统一，图纸总体要清晰美观。

（3）画平面图应先画出机房的总体结构，如门窗、墙壁等并添加尺寸标注，墙的厚度设置为240 mm或300 mm。

（4）画出机房内设备的大小尺寸及位置，利旧综合配线架（ODF）架要画出它的位置并进行标注，如需新增综合配线架，要了解新增综合配线架的尺寸，并标注安装设置。

（5）在图中主设备上加尺寸标注，图纸中必须有主设备尺寸以及主设备到墙的尺寸。

（6）平面图中必须有指北针、图例、说明等，并标有“×××层机房”字样。

（7）机房平面图中必须加设备配置表。

（8）图纸中如有馈孔，要将馈孔加进去。

（9）要在图纸外插入标准图衔，并根据要求在图衔中加注设计阶段、单位比例、图名、日期、图号等。

（10）敷设光缆，应画出光缆的走向，从进线洞至综合配线架（ODF）的光缆线路路由。

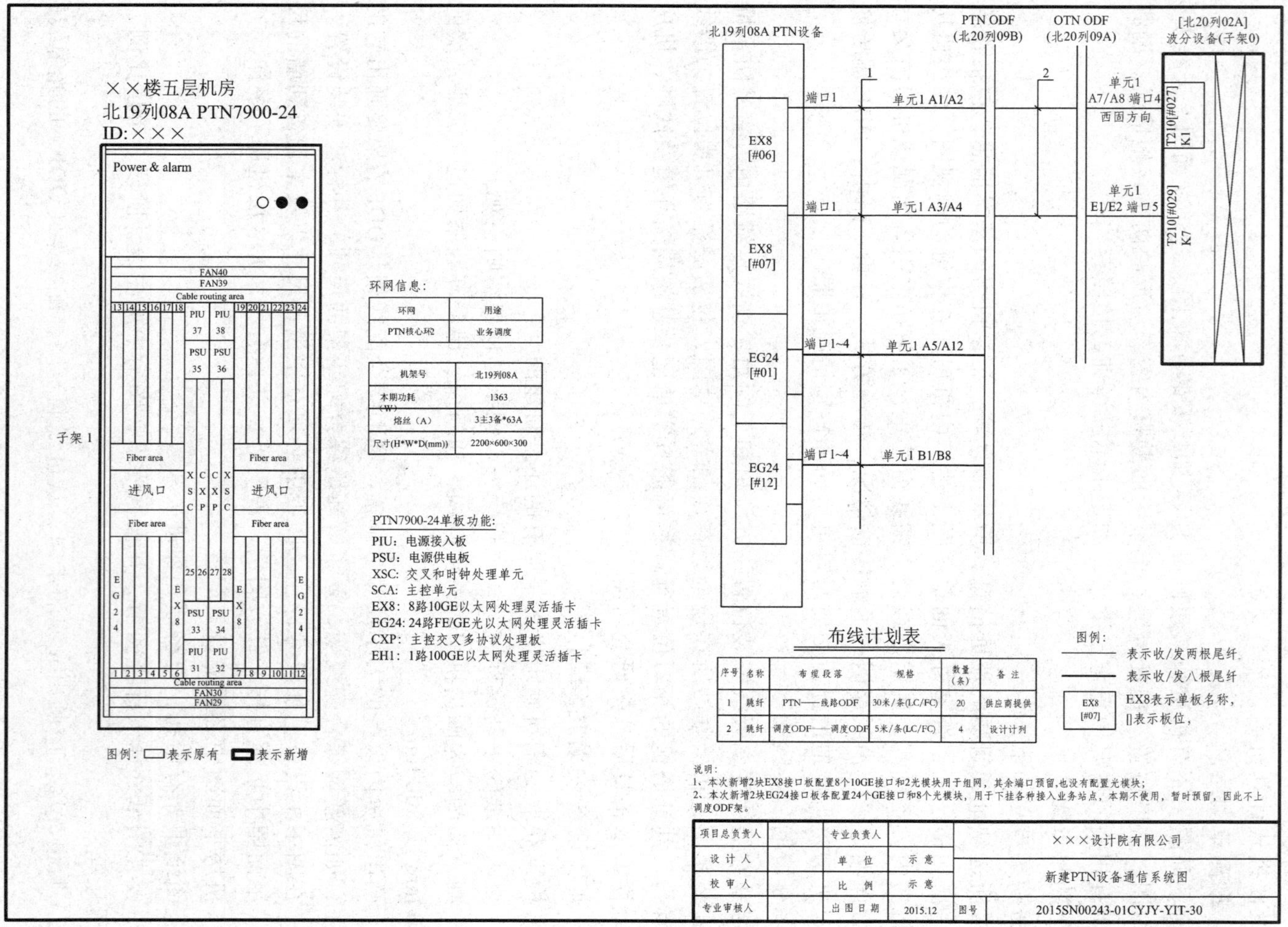

环网信息：

环网	用途
PTN核心环2	业务调度

机架号	北19列08A
本期功耗（W）	1363
熔丝（A）	3主3备*63A
尺寸(H*W*D(mm))	2200×600×300

PTN7900-24单板功能：

PIU：电源接入板
PSU：电源供电板
XSC：交叉和时钟处理单元
SCA：主控单元
EX8：8路10GE以太网处理灵活插卡
EG24：24路FE/GE光以太网处理灵活插卡
CXP：主控交叉多协议处理板
EH1：1路100GE以太网处理灵活插卡

布线计划表

序号	名称	布放段落	规格	数量（条）	备注
1	跳纤	PTN——线路ODF	30米/条(LC/FC)	20	供应商提供
2	跳纤	调度ODF——调度ODF	5米/条(LC/FC)	4	设计计列

说明：
1、本次新增2块EX8接口板配置8个10GE接口和2光模块用于组网，其余端口预留,也没有配置光模块；
2、本次新增2块EG24接口板各配置24个GE接口和8个光模块，用于下挂各种接入业务站点，本期不使用，暂时预留，因此不上调度ODF架。

项目总负责人		专业负责人		×××设计院有限公司
设计人		单位	示意	新建PTN设备通信系统图
校审人		比例	示意	
专业审核人		出图日期	2015.12	图号 2015SN00243-01CYJY-YIT-30

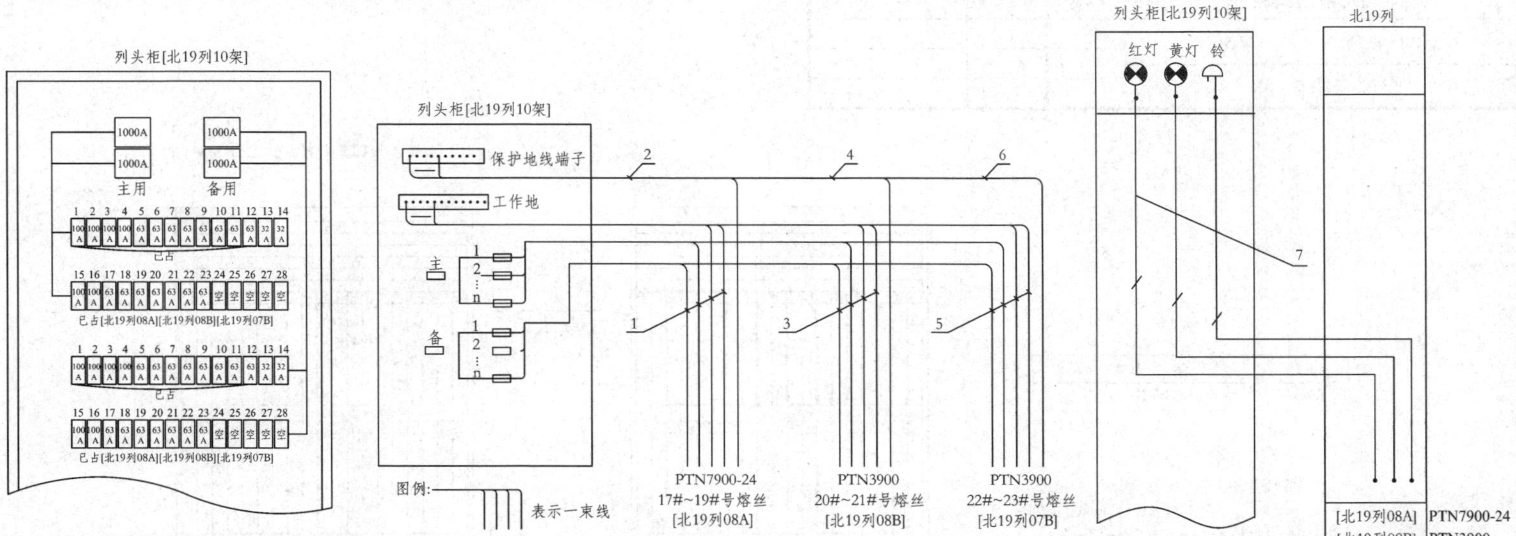

注:1.列头柜图中括号内数字为平面图中设备序号;

2.列头柜图中粗线熔丝为本项目使用熔丝位置;

3.图中主、备用17#~23#端子，需要将原来的熔丝更换为63A。

图例:

告警灯:红灯为紧急告警;
黄灯为非紧急告警

表示告警铃

布线计划表

序号	用途	规格型号	单位	条数	单条长度(米)	数量(米)	备注
1	列头柜—[北19列08A]设备(-48V主备)	RVVZ 1X25mm^2	米	12	5	60	供应商提供
2	列头柜—[北19列08A]设备(保护地线)	RVVZ 1X25mm^2	米	1	5	5	供应商提供
3	列头柜—[北19列08B]设备(-48V主备)	RVVZ 1X25mm^2	米	8	5	40	供应商提供
4	列头柜—[北19列08B]设备(保护地线)	RVVZ 1X25mm^2	米	1	5	5	供应商提供
5	列头柜—[北19列07B]设备(-48V主备)	RVVZ 1X25mm^2	米	8	5	40	供应商提供
6	列头柜—[北19列07B]设备(保护地线)	RVVZ 1X25mm^2	米	1	5	5	供应商提供
7	列头柜—本期新增设备机柜(告警线)		米	3	5	15	供应商提供
8	机房地排—[北20列09B]ODF架(保护地线)	RVVZ 1X25mm^2	米	1	15	15	设计计列

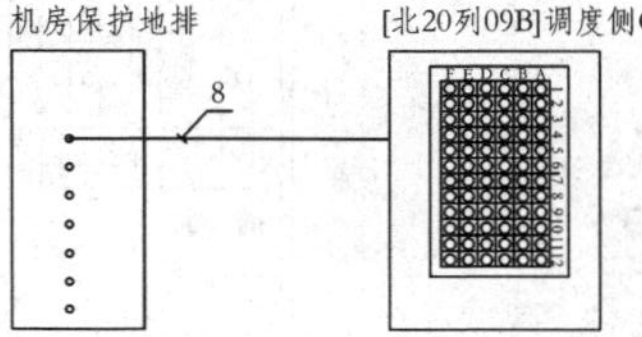

材料表

序号	规格型号	单位	数量	备注
1	熔丝(63A)	个	14	设计计列
2	DT-25	个	36	
3	RVVZ 1×25mm	米	15	

项目总负责人		专业负责人		×××设计院有限公司	
设计人		单位	示意	机房电源系统及端子图（PTN）	
校审人		比例	示意		
专业审核人		出图日期	2015.12	图号	2015SN00243-01CYJY-YIT-35

五楼机房
[北15列08A]机架OSN6800/8800
ID:3169/3082/3076

五楼机房
[北15列08B]机架OSN6800/8800
ID:3169/3082

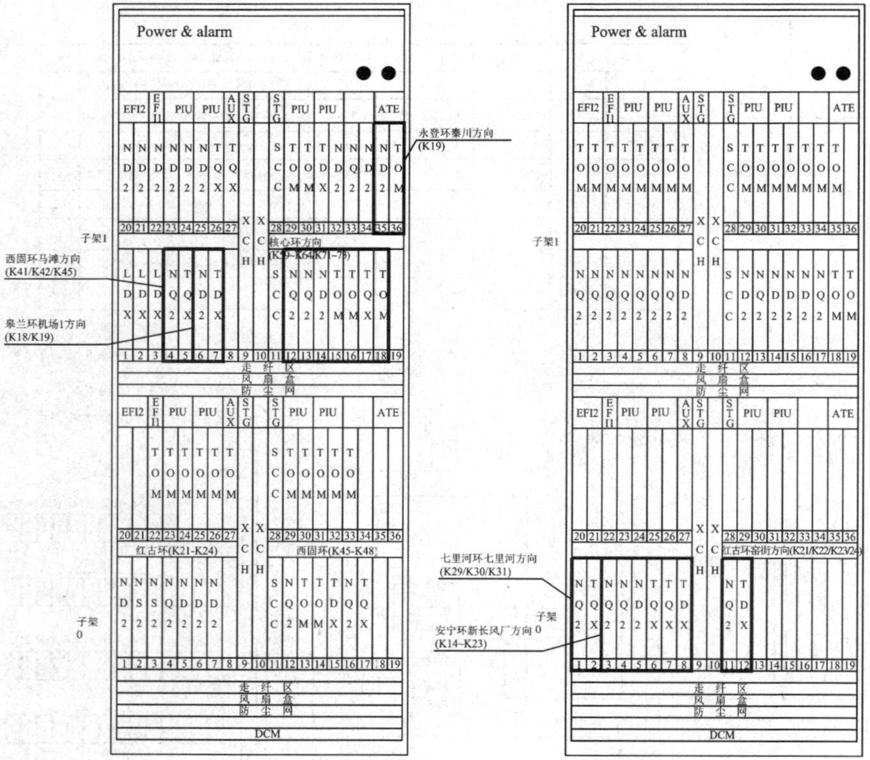

图例：▭ 表示原有 ▭ 表示新增

单板功能:

- NS3: 40Gbit/s线路处理板
- TDX: 二路10G速率支路业务处理板
- TQS: 四路STM-16支路业务处理板
- TQX: 四路10G业务处理板
- TOM: 八路任意速率支路业务处理板
- ND2: 双路10G线路业务处理板
- VA4: 4通道电可调光衰减板
- MCA: 光谱分析模块
- OAU101: 光功率放大板(+4dBm)
- OBU1C03: 光功率放大板(-19dBm/+4dBm，23dB增益)
- OBU1C01: 光功率放大板(-20dBm/+0dBm，20dB增益)
- XCS: 集中交叉板
- FIU: 光纤线路接口单元
- SC2: 双路光监控信道单元
- SCC: 系统控制与公务单元
- D40(E): 40波(偶数)分波板
- M40V(E): 40波(偶数)自动可调光衰减合波板
- D40(O): 40波(奇数)分波板
- M40V(O): 40波(奇数)自动可调光衰减合波板

本次扩容设备信息:

机架号	[北15列08A架]	[北15列08B架]
本期功耗（W）	853.2	801.4

项目总负责人		专业负责人		×××设计院有限公司	
设 计 人		单 位	示 意	机房电源系统及端子图（PTN）	
校 审 人		比 例	示 意		
专业审核人		出图日期	2015.12	图号	2015SN00243-01CYJY-YIT-35

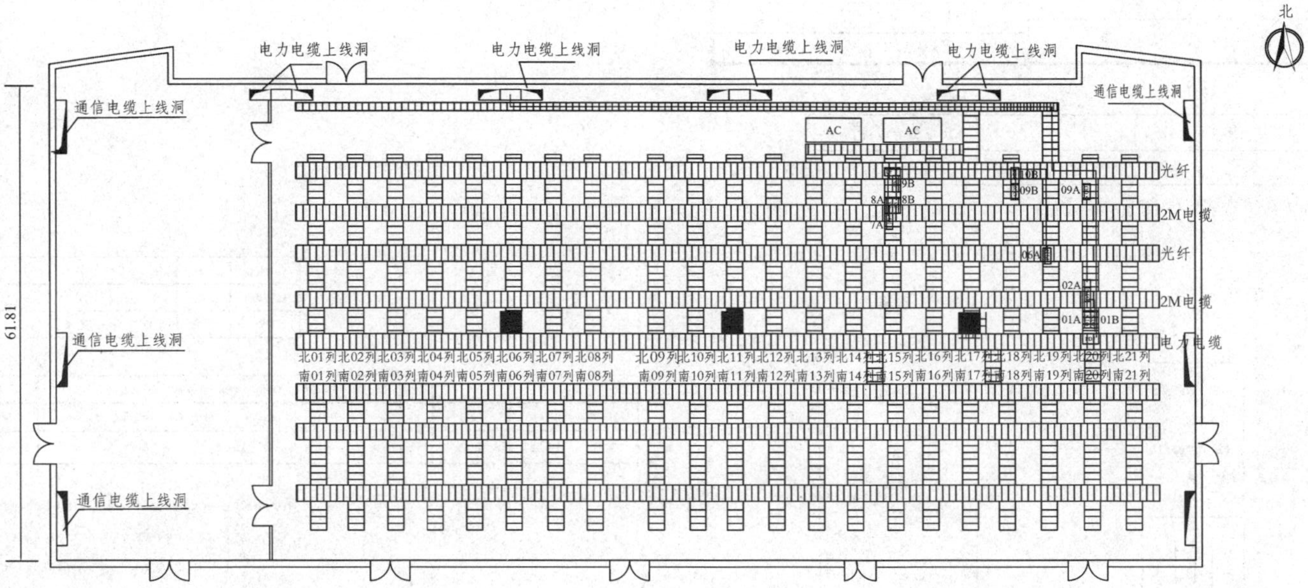

图例：
—— 光跳线
—— 电力电缆

项目总负责人		专业负责人		×××设计院有限公司	
设计人		单位	mm	机房走线路由图	
校审人		比例	1:150		
专业审核人		出图日期	2015.05	图号	2015SN00243-01CYJY-YIT-35

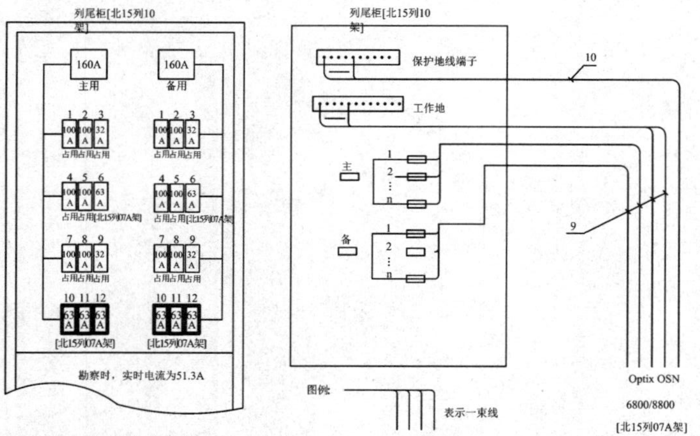

注:1.列尾柜图中括号内数字为平面图中设备序号;

2.列尾柜图中粗线熔丝为本项目使用熔丝位置;

3.图中6#\10#\11#\12#端子，需要将原32A/16A端子更换为63A;

布线计划表

序号	用 途	规 格 型 号	单位	条数	单条长度(米)	数量(米)	备 注
1	列尾柜－[北15列07A]设备(-48V主备)	RVVZ 1X25mm^2	米	8	10	80	供应商提供
2	列尾柜－[北15列07A]设备(保护地线)	RVVZ 1X25mm^2	米	1	10	10	供应商提供

材料表

序号	规 格 型 号	单 位	数 量	备注
1	DT-25	个	9	设计计列
2	63A熔丝(飞灵)	个	8	设计计列

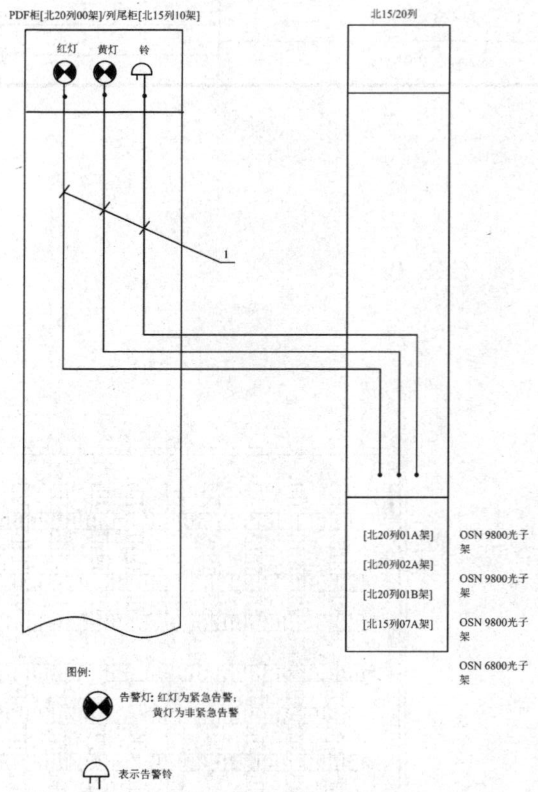

材 料 表

序号	用 途	规格程式	单位	数量	备 注
1	机架告警信号线		米	35	供应商提供

项目总负责人		专业负责人		×××设计院有限公司
设 计 人		单 位	示意	机房电源系统图
校 审 人		比 例	示意	
专业审核人		出 图 日 期	2015.05	图号 2015SN00243-01CYJY-YIT-25

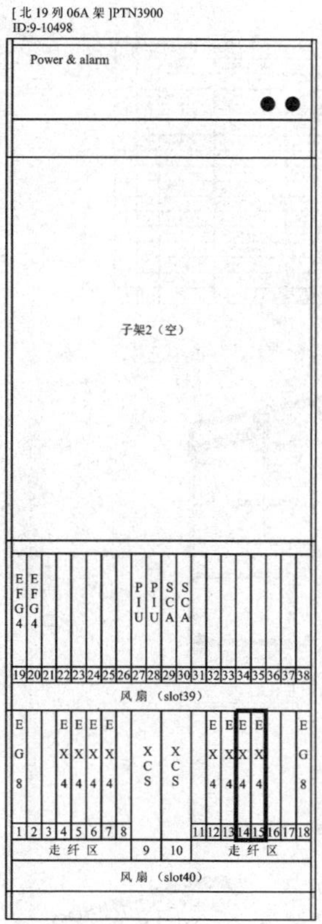

图例：□ 表示原有 ▭ 表示新增

环网信息：

环网	用途
LTE核心环	核心L3-2节点

机架号	[北19列06A架]
本期功耗（W）	

PTN3900 单板功能：

PIU：电源板

XCS：交叉和时钟处理单元

SCA：主控单元

EX4：4路10GE以太网处理灵活插卡

EG8：8路FE/GE光以太网处理灵活插卡

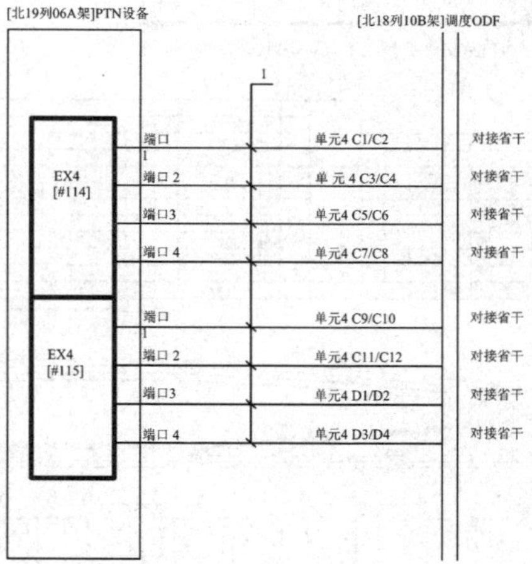

布线计划表

序号	名称	布缆段落	规格	数量（条）	备注
1	跳纤	PTN——调度ODF	10米/条(LC/FC)	16	供应商提供
2	跳纤	PTN——线路ODF	10米/条(LC/FC)	0	设计计列

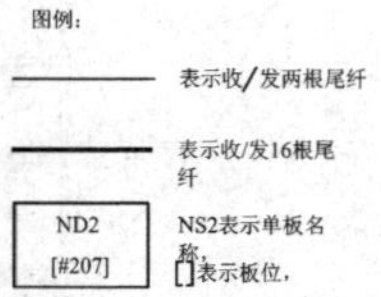

说明：

1、本次新增EX4板全部配置10KM光模块，用于与省干对接；

2、由于省干当前尚未分配端口，故本次只成端与调度ODF侧

项目总负责人		专业负责人		×××设计院有限公司
设 计 人		单 位		机房PTN设备面板及通信系统图
校 审 人		比 例		
专业审核人		出图日期	2015.05	图号

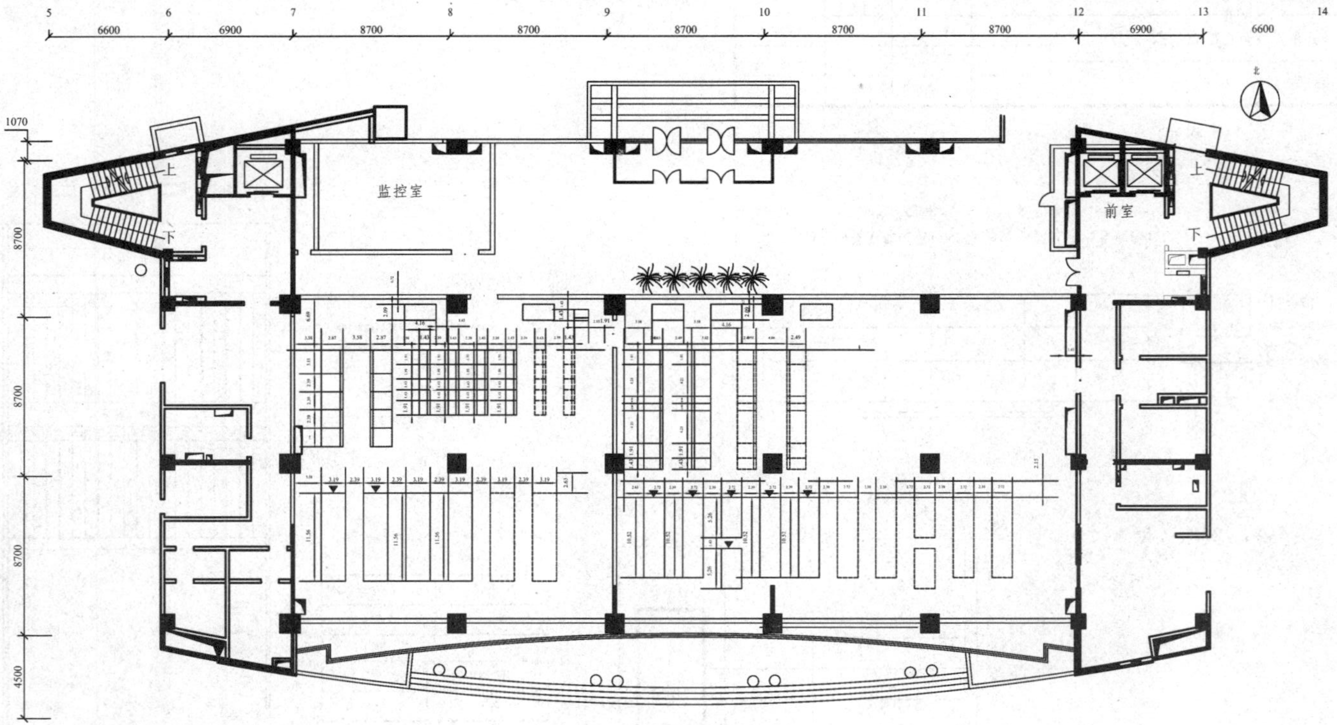

电源设备配置表

系统	序号	设备名称	标准名称	设备规格	单位	数量	机架尺寸(mm)	厂家	备注
楼层配电系统	1	ATS配电柜	1FDL1#-IN	2500A/4P ATS	架	1	2200(H)*1300(W)*1200(D)	艾默生	现有设备
	2	输出配电柜1	1FDL1#-OUT1	定制，500A/380V	架	1	2200(H)*1000(W)*1200(D)		
	3	输出配电柜2	1FDL1#-OUT2	定制，500A/380V	架	1	2200(H)*1000(W)*1200(D)		
	4	输出配电柜3	1FDL1#-OUT3	定制，2500A/380V	组	1	2200(H)*1000(W)*1200(D)		
	5	输出配电柜4	1FDL1#-OUT4	定制，2500A/380V	架	1	2200(H)*1000(W)*1200(D)		
1#电源系统	6	交流配电屏	1FZL1#-AC	PD380/400AFH-2	架	1	2000(H)*800(W)*600(D)	艾默生	目前负荷：206A/-54V
	7	整流屏	1FZL1#-ZL1/2	RACK2000	架	2	2000(H)*600(W)*600(D)		
	8	低阻直流屏	1FZL1#-DC1/2	PD48/2500DF	架	2	2000(H)*800(W)*600(D)		
	9	蓄电池组	1FZL1#-BAT1/2	3000AH/组	组	2	1145(H)*4838(W)*1336(D)	双登	
2#UPS系统	21	UPS输入屏	1FUPS2#-IN	定制，800A/380V	架	1	2000(H)*800(W)*995(D)	科士达	现有设备
	22	UPS主机	1FUPS2#-ZJ1/2	300KVA	架	2	1950(H)*800(W)*995(D)		
	23	UPS输出屏	1FUPS2#-OUT	定制，630A/380V	架	1	1950(H)*1600(W)*995(D)		
	24	电池开关柜	1FUPS2#-DCG	定制，800A	架	1	1950(H)*600(W)*995(D)		
	25	电缆上线柜	1FUPS2#-SXG	厂家标配	架	1	2000(H)*400(W)*995(D)		
	26	UPS蓄电池	1FUPS2#-BAT1-8	200AH	组	8	1460(H)*4400(W)*1140(D)	南都	
	27	UPS蓄电池	1FUPS2#-BAT9-10	200AH	组	2	1460(H)*2200(W)*1140(D)		

系统	序号	设备名称	标准名称	设备规格	单位	数量	机架尺寸(mm)	厂家	备注
1#UPS系统	14	UPS输入	IFUPS1#-IN	定制，800A/380V	架	1	2000(H)*800(W)*995(D)	科士达	现有设备
	15	屏 UPS主	IFUPS1#-ZJ1/2	300KVA	架	2	1950(H)*800(W)*995(D)		
	16	机 UPS输	IFUPS1#-OUT	定制，630A/380V	架	1	1950(H)*1600(W)*995(D)		
	17	出屏 电池	IFUPS1#-DCG	定制，800A	架	1	1950(H)*600(W)*995(D)		
	18	开关柜 电	IFUPS1#-SXG	厂家标配	架	1	2000(H)*400(W)*995(D)		
	19	缆上线柜	IFUPS1#-BAT1-8	200AH	组	8	1460(H)*4400(W)*1140(D)	南都	
	20	UPS蓄电	IFUPS1#-BAT9-10	200AH	组	2	1460(H)*2200(W)*1140(D)		
2#电源系统	10	池 UPS蓄	IFZL1#-AC	PD380/400AFH-2	架	1	2000(H)*800(W)*600(D)	艾默生	现有设备
	11	电池 交流	IFZL2#-ZL1/2	RACK2000	架	2	2000(H)*600(W)*600(D)		
	12	配电屏 整	IFZL2#-DC1/2	PD48/2500DF	架	2	2000(H)*800(W)*600(D)		
	13		IFZL2#-BAT1/2	3000AH/组	组	2	1145(H)*4838(W)*1336(D)	双登	

流屏
低阻直流
屏 蓄电池
组

系统	序号	设备名称	标准名称	设备规格	单位	数量	机架尺寸(mm)	厂家	备注
空调系统	28	空调配电屏	1FKT	400A/380V	架	1	2000(H)*800(W)*600(D)	艾默生	现有设备
3#电源系统	29	交流配电屏	1FZL3#-AC		架	1	2000(H)*800(W)*600(D)	艾默生	本次使用
	30	整流屏	1FZL3#-ZL1/2	RACK2000	架	2	2000(H)*600(W)*600(D)		
	31	低阻直流屏	1FZL3#-DC1/2	PD48/2500DF	架	2	2000(H)*800(W)*600(D)		
	32	蓄电池组	1FZL3#-BAT1/2	3000AH/组	组	2	1145(H)*4838(W)*1336(D)	双登	
4#电源系统	33	交流配电屏	1FZL4#-AC	PD380/400AFH-2	架	1	2000(H)*800(W)*600(D)	艾默生	现有设备
	34	整流屏	1FZL4#-ZL1/2	RACK2000	架	2	2000(H)*600(W)*600(D)		
	35	低阻直流屏	1FZL4#-DC1/2	PD48/2500DF	架	2	2000(H)*800(W)*600(D)		
	36	蓄电池组	1FZL4#-BAT1/2	3000AH/组	组	2	1145(H)*4838(W)*1336(D)	双登	

说明：本次在五楼机房北20列新增PDF一架，电源由5#开关电源直流屏引接,5#开关电源尚未到货。

图例：□ 原有设备　▭ 设备正面　▨ 本次占用设备

项目总负责人		专业负责人		×××设计院有限公司
设计人		单位		电源平面布置图
校审人		比例		
专业审核人		出图日期	2015.05	图号 2015SN00243-01CYJY-YIT-06

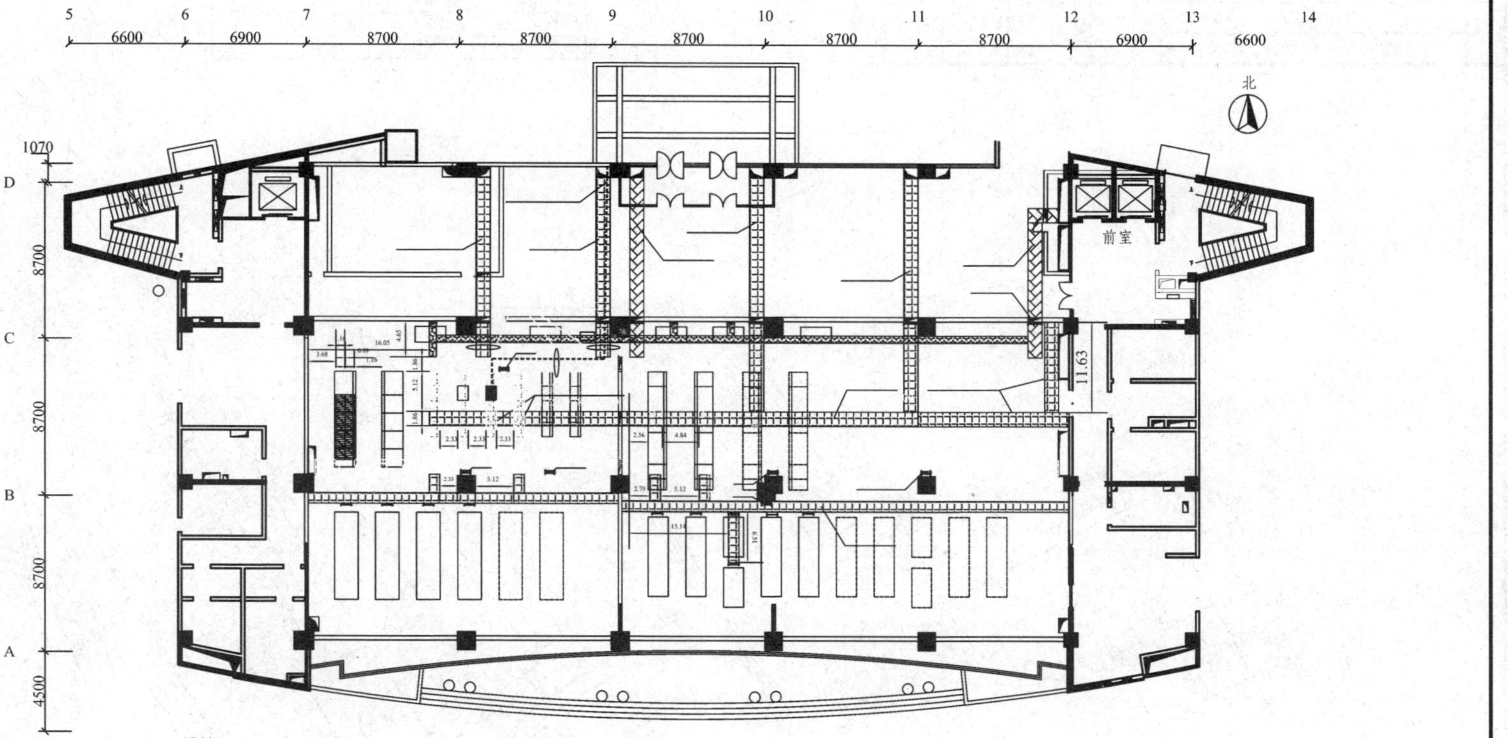

图例：

名称	分类	填充类型	走线架类型	宽度(mm)	高度（mm）
	三层走线架		三层：上层直流走线架	800	3100
			中层交流走线架	800	2800
			下层直流走线架	800	2500
B	双层走线架		双层：上层交流走线架	800	2800
			下层直流走线架	800	2500
C	交流走线架		单层：交流走线架	500*2	2800
D	直流走线架		单层：直流走线架	800/600	2500/3100/3600
E	交流走线架		单层：交流走线架	800	3600
	垂直爬梯		垂直爬梯	800/600/400	
	接地铜排		接地铜排		
	机架		本次占用机架		
	线缆		电源线走线路由		

项目总负责人		专业负责人		×××设计院有限公司
设计人		单位	mm	
校审人		比例	1:150	×××电源线走线路由图
专业审核人		出图日期	2015.05	图号 2015SN00243-01CYJY-YIT-07

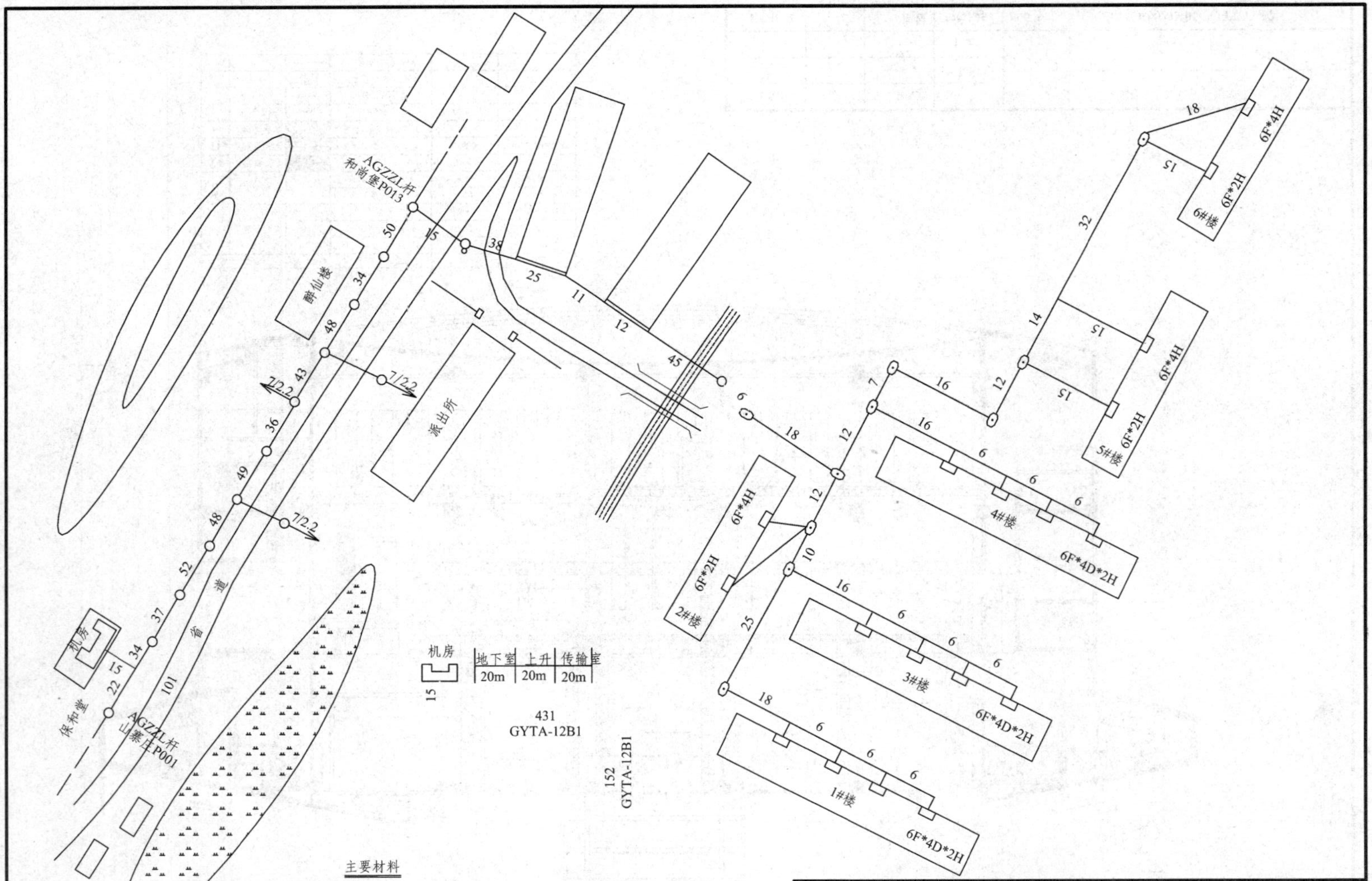

主要材料

序号	材料名称	规格程式	单位	数量
1	光缆	GYTA-6B1	千米	0.680
2	尾纤	SC-SC/2M双头	条	6
3	小区光交	96芯	座	1

项目总负责		审　定		×××设计有限公司
单项负责人		室 审 核		
设　计		专业审核		FTTH工程光电缆路由图
制　图		出图日期		
单　位		比 例		图 号

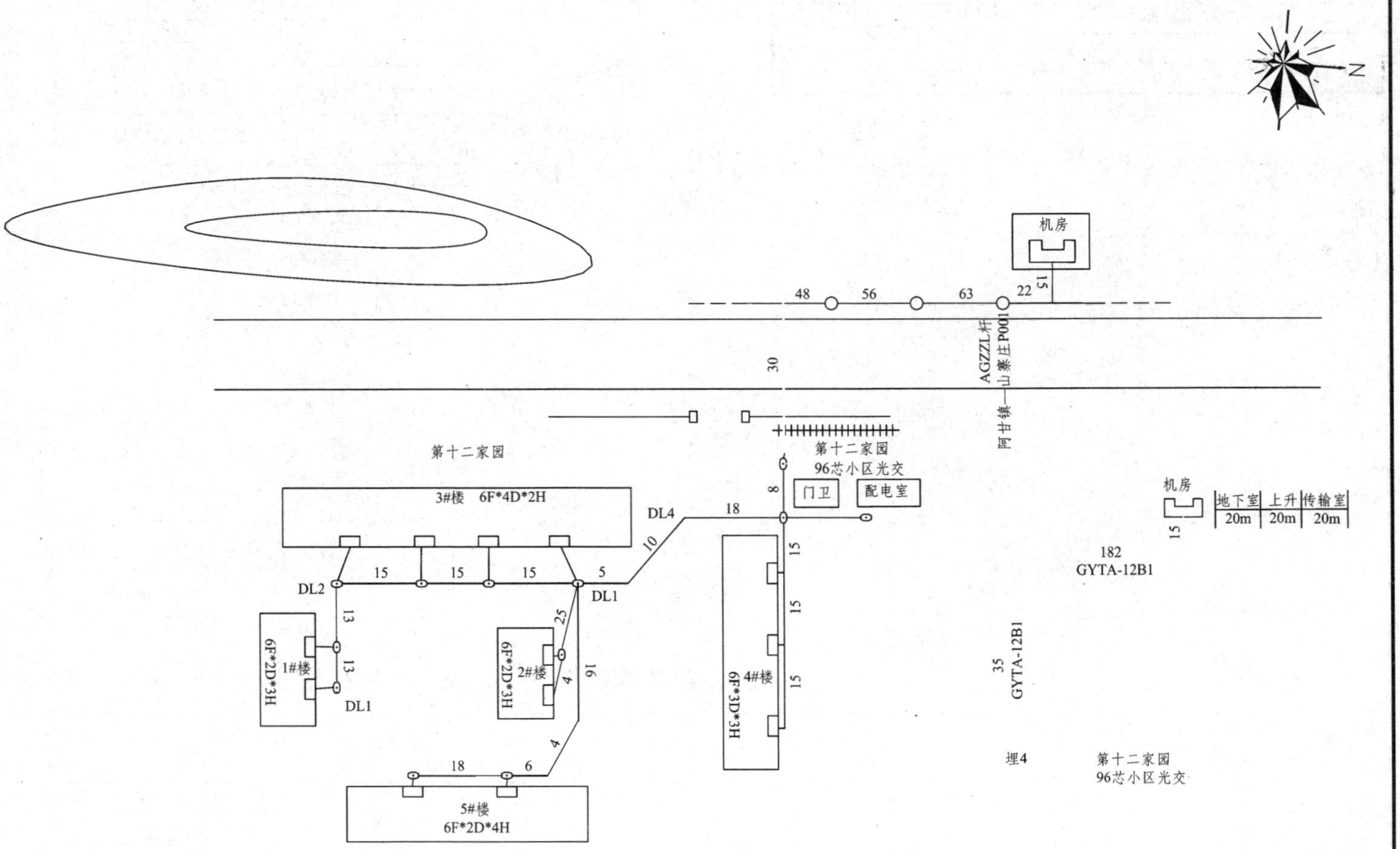

主要材料

序号	材料名称	规格程式	单位	数量
1	光缆	GYTA-12B1	千米	0.300
2	尾纤	SC-SC/2M双头	条	6
3	小区光交	96芯	座	1

项目总负责		审　定		×××设计有限公司
单项负责人		室 审 核		
设　计		专业审核		新建FTTH工程光电缆路由图
制　图		出图日期		
单　位		比 例		图 号

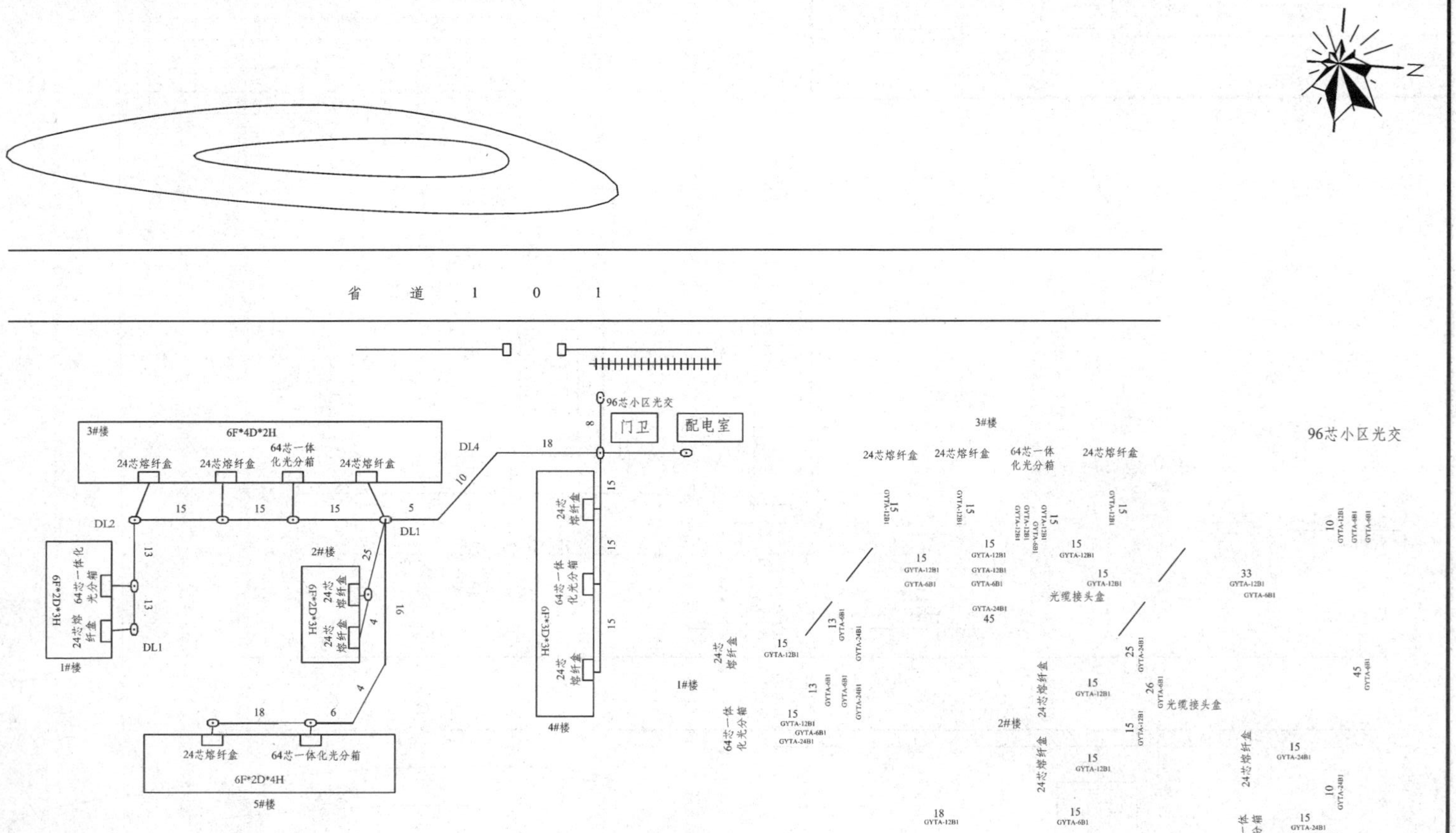

主要材料

序号	材料名称	规格程式	单位	数量
1	光缆	GYTA-6B1	千米	0.345
2	光缆	GYTA-12B1	千米	0.410
3	光缆	GYTA-24B1	千米	0.230
4	光缆接头盒	12芯	个	1
5	光缆接头盒	24芯	个	1
6	一体化光缆分线箱	64芯	座	4
7	光缆熔纤盒（直熔型）	24芯	座	9

注：64芯一体化光缆分线箱（含1：64分光器）、24芯光缆熔纤盒（直熔型）均安装于个单元4F，并采取壁挂安装，安装高度不低于1.5m。

项目总负责		审　定		×××设计有限公司
单项负责人		室审核		
设　计		专业审核		新建FTTH工程配线光缆路由图
制　图		出图日期		
单　位		比　例		图　号

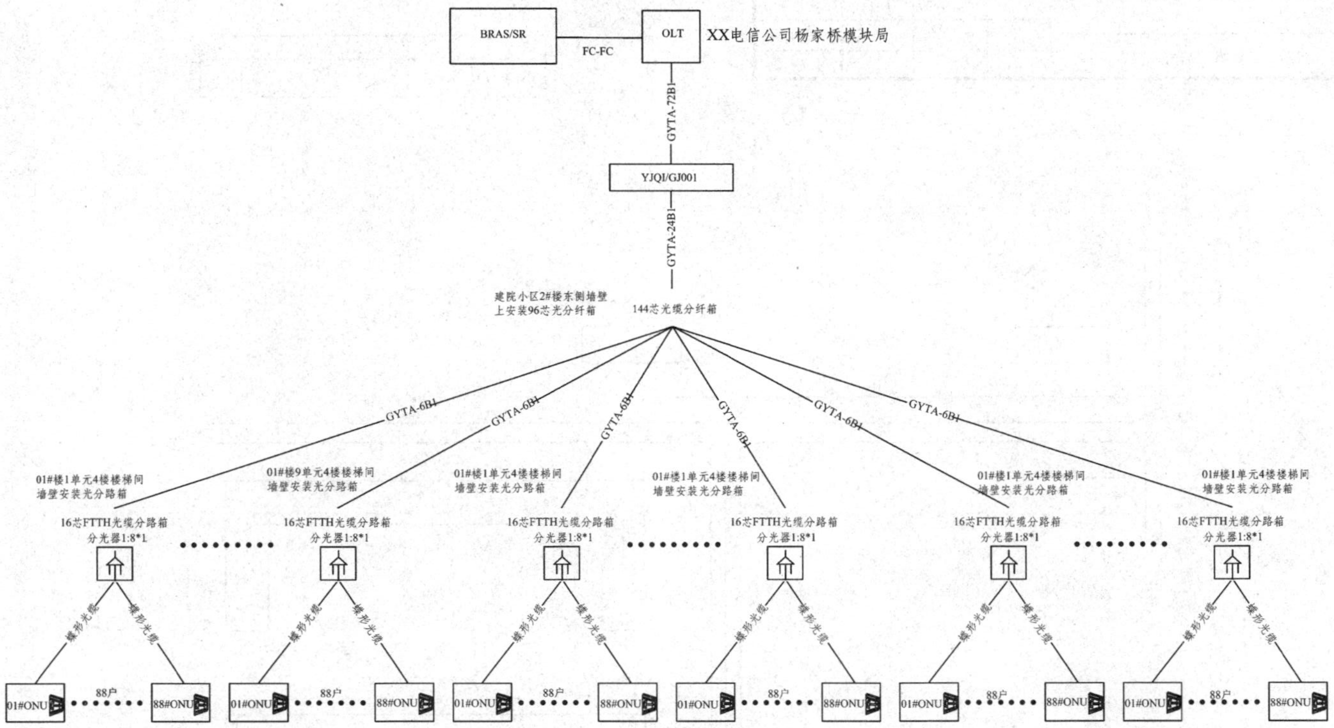

总经理		总　工		×××通信技术有限公司			
室主任		审　核					
单项负责人		设　计					
制　图		出图日期	2012.02	新建FTTH工程网络系统拓扑图			
单位、比例	示意/m	设计阶段		共 00 页		图　号	

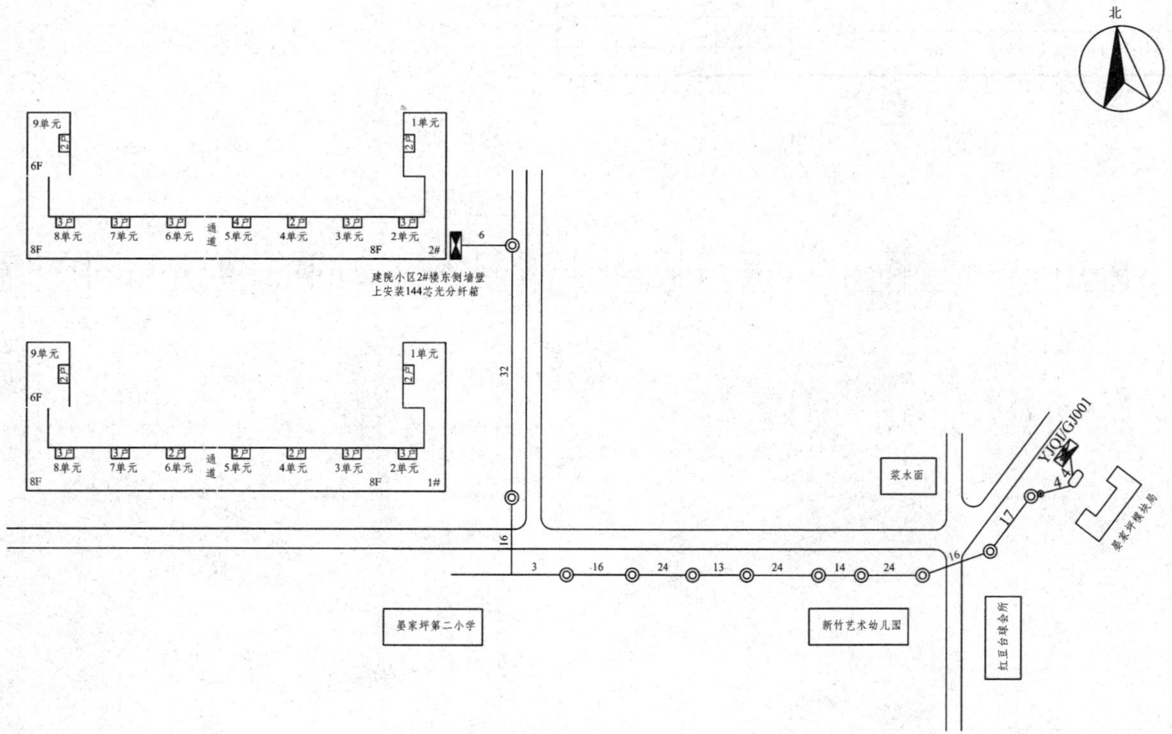

项目主要工作量统计表:

序号	项　　目	单位	数量
01	施工测量（架空）	百米	2.13

总经理		总　工		×××通信技术有限公司	
室主任		审　核			
单项负责人		设　计		小区FTTH新建工程小区光交路由图	
制　图		出图日期	2012.02		
单位、比例	示意/m	设计阶段		共 00 页	图　号

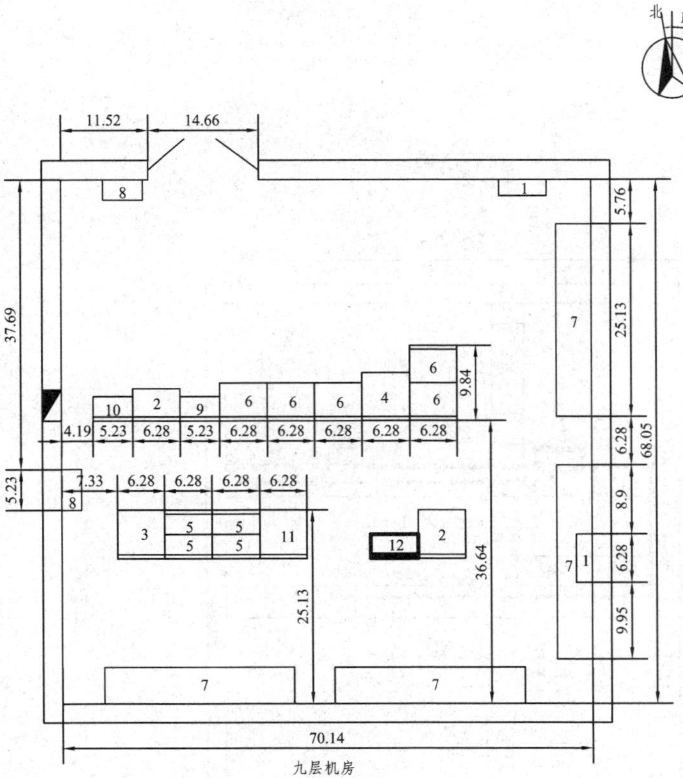

九层机房
（机房净高3000mm）

设备表					
序号	设备名称	设备尺寸(宽*深*高)	单位	数量	备注
1	交流配电箱	600*200*600	台	1	原有设备
2	综合开关电源	600*2000*600	架	2	原有设备
3	综合柜	600*600*2000	架	1	原有设备
4	TD主设备	600*600*1600	架	1	原有，TDB18AE(直流)
5	ODF架	6000*300*2000	架	4	原有设备
6	基站收发信机	600*470*1700	架	5	原有设备
7	电池(500AH)	2400*450*500	组	2	原有设备,单层双列
8	空调室内机	500*250*1600	台	1	原有设备
9	直流分配屏	500*300*1600	台	1	原有设备
10	19英寸架	500*300*1800	台	1	原有设备
11	BBU机柜	600*500*1600	架	1	原有设备
12	MA5680T	600*300*2000	架	1	新增设备

图例：新增设备　原有设备　预留设备

注：1.本期工程新增华为MA5680T标准化OLT传输设备1端；
2.本期工程OLT机柜保护地线由本机房内保护地排引接；
3.本期工程OLT设备保护地线由机柜保护地引接。

项目总负责人		专业负责人		×××设计院有限公司
设计人		单位	mm	机房设备平面布置图
校审人		比例	1:50	
专业审核人		出图日期	2015.4	图号 01

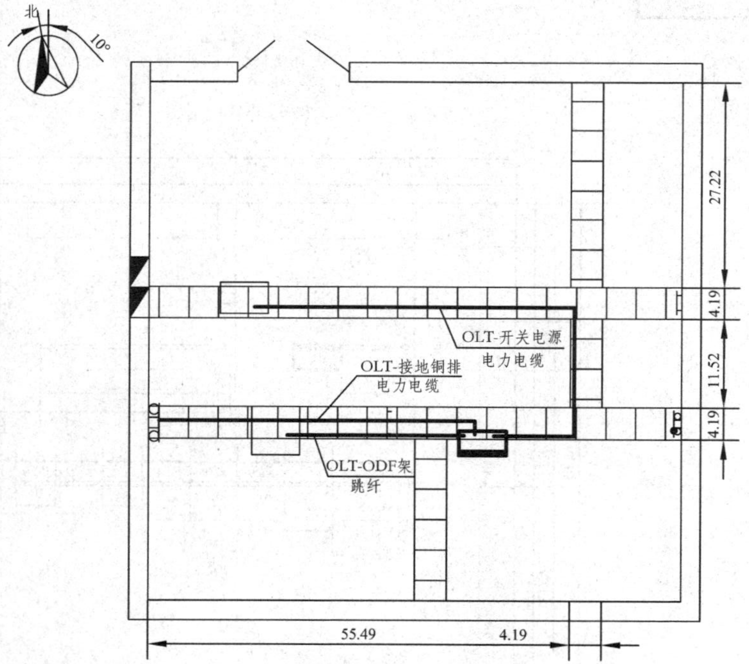

九层机房
（机房净高3000mm）

图例：

表示电源线　　表示新增地排

表示尾纤　　表示新增走线架

项目总负责人		专业负责人		×××设计院有限公司	
设计人		单位	mm	八一宾馆机房走线路由图	
校审人		比例	1:50		
专业审核人		出图日期	2015.4	图号	01

华为OLT MA5680T

机架号	12
本期功耗（W）	260
典型功耗（W）	1522
主备熔丝（A）	2*32A
设备尺寸（mm）	600x300x2000

MA5680T板卡

PRTE: 电源板
SCU: 超级控制单元板
GICF: 4路GE光接口以太网上联板
X2CS: 2路10GE光接口以太网上联板
GPBC: 4路GPON接口板
GPBD: 8路GPON接口板

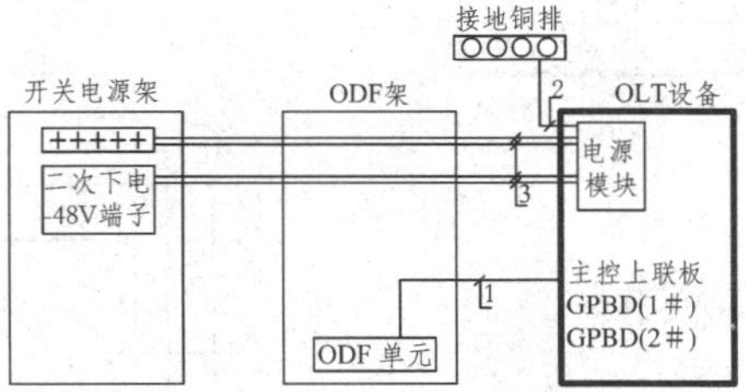

布线计划表

电缆序号	线缆名称	规格型号	电缆条数(条)	单条长度(米)	总长度(米)	开关电源	华为OLT MA5680T	杂项架ODF	保护地排	备注
1	跳纤LC（单模）	标准规格LC-FC	4	10			—	•		供应商提供
2	传输设备保护地线	RVVZ 1*25mm^2	1	6	6		—	—	•	供应商提供
3	传输设备电源电缆	RVVZ 1*25mm^2	4	9	36	•—	—			供应商提供

材料表

序号	规格型号	单位	数量	备注
1	DT-25	个	6	设计计列
2	空开(32A)	个	1	设计计列

注：本次工程需将PS48600-3A/2900-X2电源柜中一个10A空开换成32A(二次下电)。

开关电源柜示意图

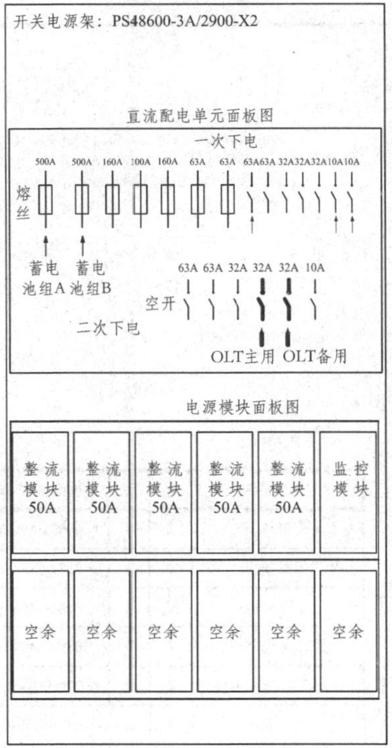

项目总负责人		专业负责人		×××设计院有限公司
设计人		单位	mm	机房设备面板及布线计划表
校审人		比例	1:50	
专业审核人		出图日期	2015.4	图号 2013SN00169-01YXWY-GS-02004

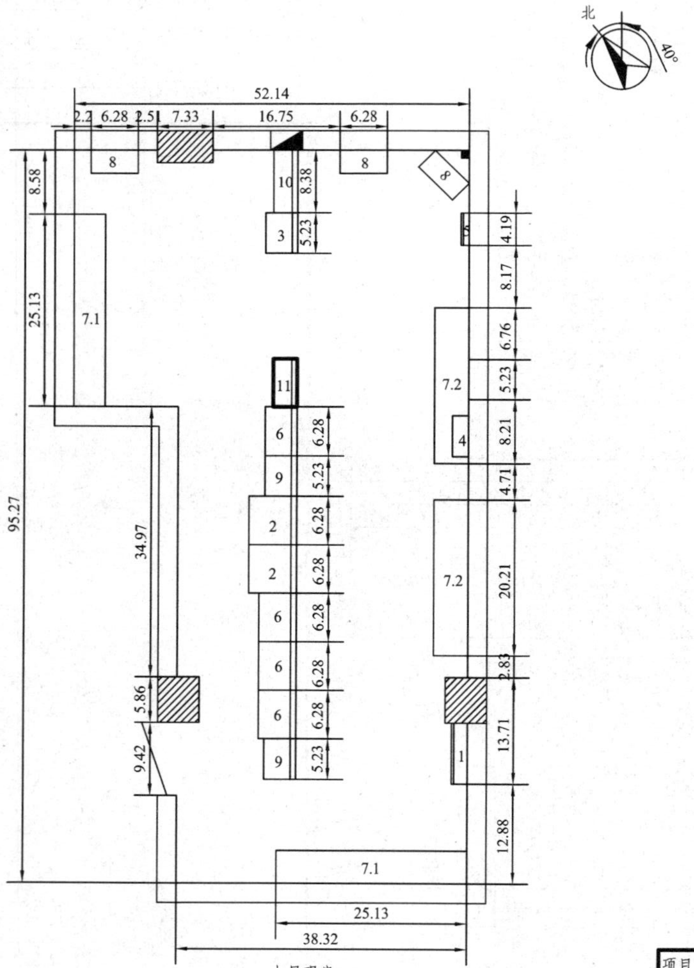

九层现房
（机房净高2800）

设备表					
序号	设备名称	设备尺寸(宽*深*高)	单位	数量	备注
1	交流配电箱	550*300*640	台	1	原有设备
2	综合开关电源	600*600*1600	架	2	原有设备
3	杂项架	400*500*2200	架	1	原有设备
4	TD主设备	482*177*483	架	1	原有，TDB18AE(直流)
5	防雷箱	100*400*450	架	1	原有设备
6	基站收发信机	470*600*1700	架	4	原有设备
7.1	电池架(500AH)	2400*400*400	组	2	原有设备,单层双列
7.2	电池架(500AH)	1950*450*680	组	2	原有设备,单层双列
8	空调室内机	300*600*1800	台	3	原有设备
9	直流分配屏	300*300*1800	台	2	原有设备
10	ODF架	800*400*2000	台	1	原有设备
11	MA5680T	600*300*2000	架	1	新增设备

图例：新增设备　原有设备　预留设备

注：1. 本期工程新增华为MA5680T标准化OLT传输设备1端；
2. 本期工程OLT机柜保护地线由本机房内保护地排引接；
3. 本期工程OLT设备保护地线由机柜保护地引接。

项目总负责人		专业负责人		×××设计院有限公司	
设计人		单位	mm	八中机房设备平面布置图	
校审人		比例	1:50		
专业审核人		出图日期	2015.4	图号	01

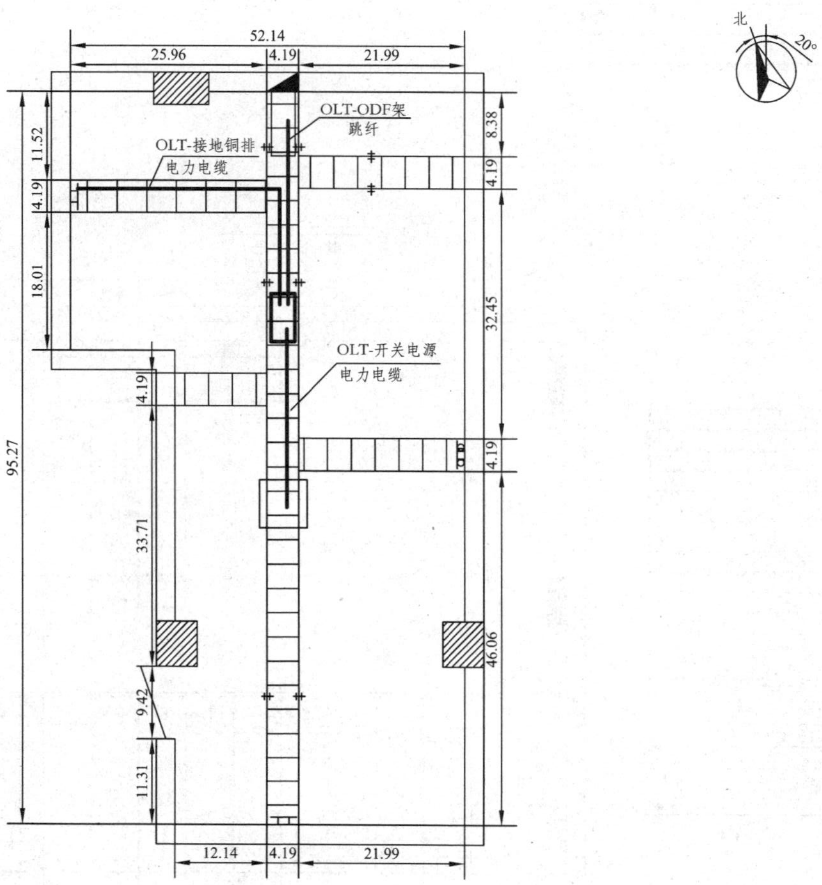

九层现房
（机房净高2800）

图例：

—— 表示电源线　　表示新增地排

—— 表示尾纤　　表示新增走线架

项目总负责人		专业负责人		×××设计院有限公司
设 计 人		单　位	mm	八中机房走线路由图
校 审 人		比　例	1:50	
专业审核人		出图日期	2015.4	图号　01

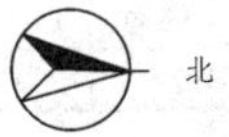

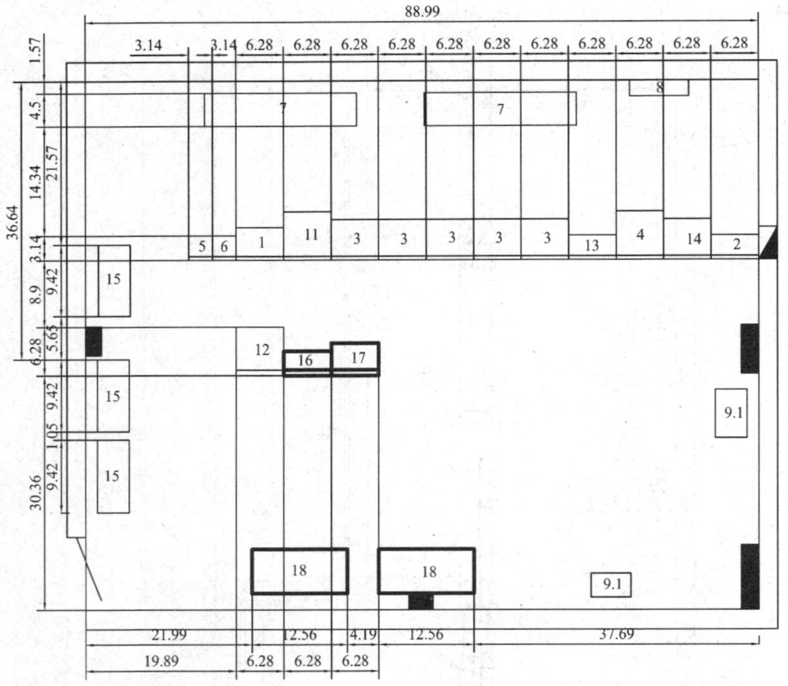

保险大厦9楼机房平面图

设备表

序号	设备名称	设备尺寸(宽*深*高)mm	单位	数量	备注
1	开关电源	600*400*1600	架	1	原有设备
2	杂项架	600*300*2200	架	1	原有设备
3	机柜（无线2G）	600*500*1850	架	5	原有设备
4	机柜（无线TD）	600*600*1600	架	1	原有设备
5	ODF架	300*300*2000	架	1	原有设备
6	ODF架	300*300*1800	架	1	原有设备
7	蓄电池	1920*430*570	组	2	原有设备
8	交流配电箱	750*200*500	台	1	原有设备
9	空调	600*400*1900	台	1	原有设备
10	空调	500*300*700	台	1	原有设备
11	直流分配柜	500*400*1620	架	1	原有设备
12	直流分配柜	600*600*1600	架	1	原有设备
13	综合传输柜	600*300*2200	架	1	原有设备
14	杂项架	600*500*800	架	1	原有设备
15	气体灭火控制箱	900*400*800	台	3	原有设备
16	MA5680T	600*300*2200	架	1	本次新增
17	开关电源柜	600*400*1600	架	1	本次新增
18	电池组（500Ah、双层双列）	1200*550*1100	组	2	本次新增

图例：新增设备　原有设备　预留设备

注：1. 本期工程新增华为MA5680T标准化OLT传输设备1端；
2. 本期工程OLT机柜保护地线由本机房内保护地排引接。
3. 本工程电池组安装需土建专业评估机房承重。
4. 新增传输设备供电由新增直流系统提供。
5. 本次新增机架需要对上加固2处，对地进行加固。

项目总负责人		专业负责人		×××设计院有限公司	
设计人		单位	mm	保险大厦基站机房设备平面布置图	
校审人		比例	1:50		
专业审核人		出图日期	2015.4	图号	01

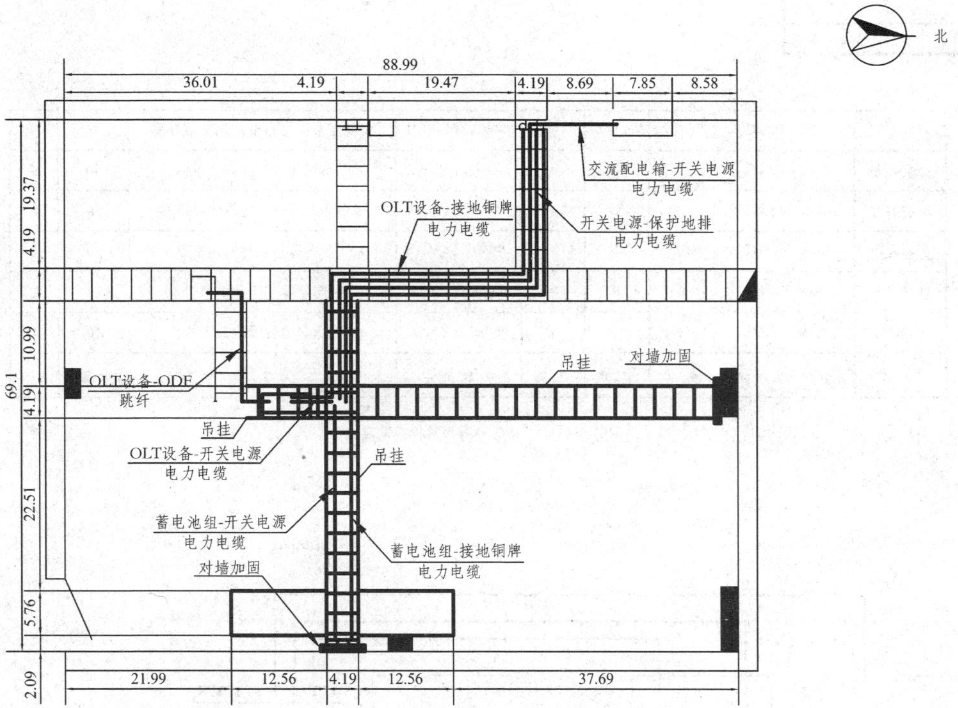

图例：——表示电源线　表示新增地排

——表示尾纤　表示新增走线架

材料表

序号	材料名称	单位	数量	备注
1	CT走线架（400mm）	米	11	设计计列
2	吊挂	副	3	设计计列
3	爬梯	米	2	设计计列
4	对墙加固	处	2	设计计列

项目总负责人		专业负责人		×××设计院有限公司	
设计人		单位	mm	保险大厦基站机房走线路由图	
校审人		比例	1:50		
专业审核人		出图日期	2015.4	图号	02

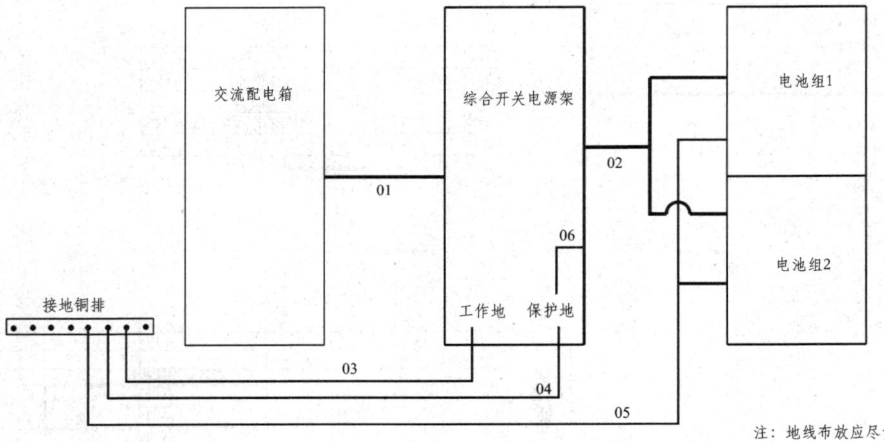

注：地线布放应尽量短直.

材料表

序号	规格型号	单位	数量	备注
1	RVVZ 4*25mm^2	米	12	设计计列
2	RVVZ 1*70mm^2	米	56	设计计列
3	RVVZ 1*35mm^2	米	25	设计计列
4	DT-25	个	8	设计计列
5	DT-70	个	12	设计计列
6	DT-35	个	6	设计计列

新增直流系统布线计划表

序号	线缆编号	项目	电缆规格	单位	条数	数量	铜接线端子及数量	备注
1	01	交流配电箱至开关电源	RVVZ 4*25mm^2	米	1	12	DT-25 8个	设计计列
2	02	开关电源至电池组	RVVZ 1*70mm^2	米	4	36	DT-70 8个	设计计列
3	03	接地铜排到综合开关电源柜工作地	RVVZ 1*70mm^2	米	1	10	DT-70 2个	设计计列
4	04	保护地铜排至综合开关电源柜	RVVZ 1*70mm^2	米	1	10	DT-70 2个	设计计列
5	05	保护地铜排至电池组	RVVZ 1*35mm^2	米	2	24	DT-35 4个	设计计列
6	06	综合开关电源柜保护地排至柜体	RVVZ 1*35mm^2	米	1	1	DT-35 2个	设计计列

项目总负责人		专业负责人		×××设计院有限公司	
设计人		单位	示意	保险大厦基站机房新建电源设备连接示意图	
校审人		比例	示意		
专业审核人		出图日期	2015.4	图号	03

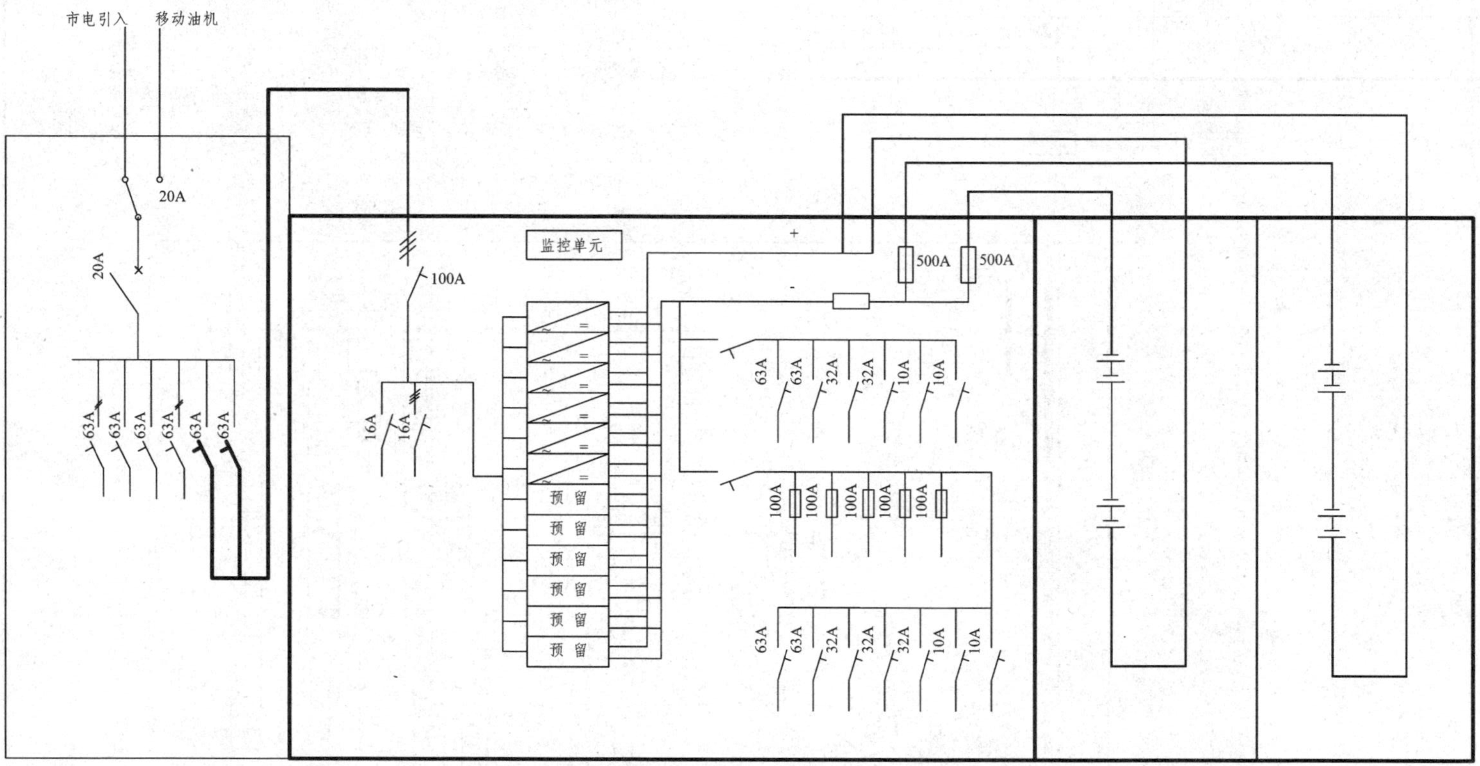

交流配电箱	综合开关电源架	阀控式蓄电池组（2组）
100A	PS48600-3B/2900(50A*6)	GFM-500AH 48V

图例:

表示未占用　表示已占用　表示本次占用

项目总负责人		审 核 人		×××设计院有限公司	
单项负责人		单　位	mm	保险大厦基站机房新建电源-48V直流供电系统图	
设 计 人		比　例	示意		
校 审 人		日　期	2013.1	图号	04

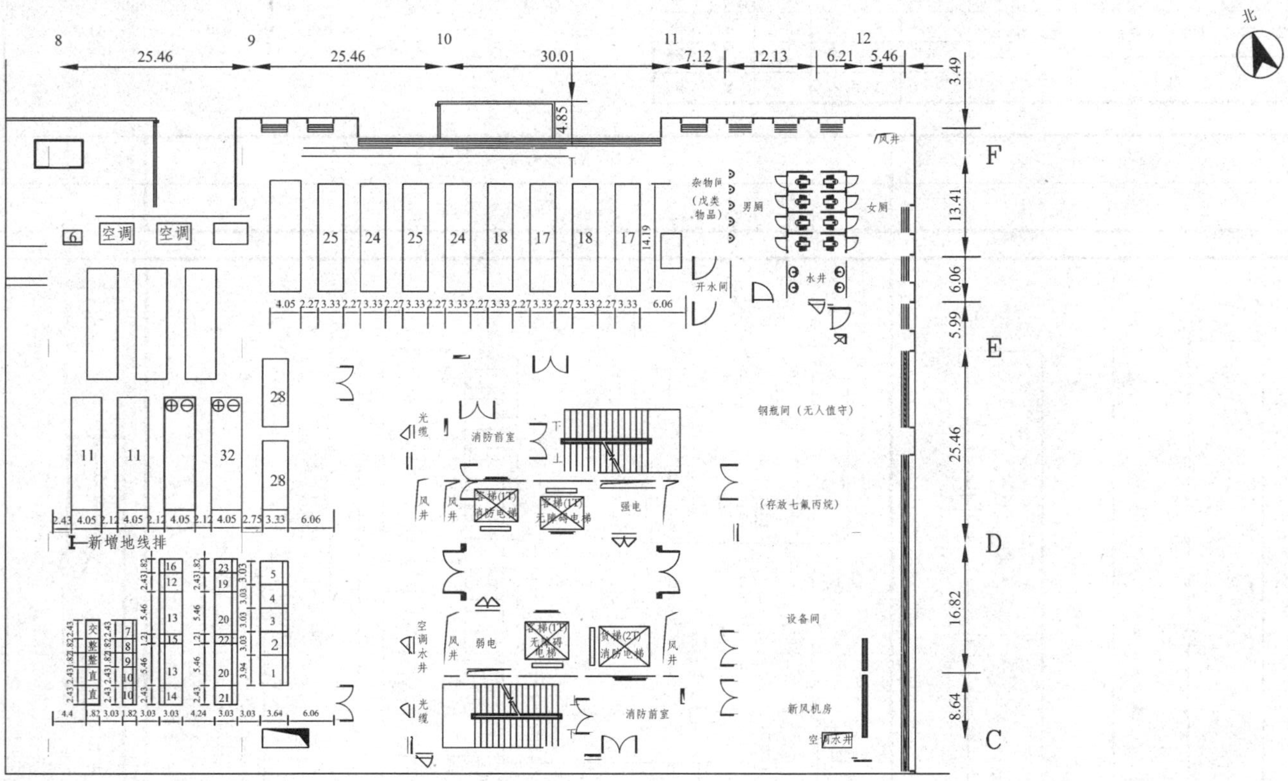

说明：

1、本图所示为兰州分公司定西南路生产楼2F新增开关电源1套交流屏1架、整流屏2架、直流屏2架、48V 3000AH蓄电池组2组），新增垂直走线架（800宽）1条、新增地排1个。

2、本期工程新增蓄电池组安装方式为“双层双列”，上层为一组，下层为一组。

3、本期新增开关电源系统交流屏市电分别从楼层配电系统输出配电柜3 2路400A端子引入。

4、本期工程新增动环监控1套，待设备安装完成后由相关厂家完成。

图例：本工程新增设备 本工程相关设备 规划设备

总负责人		三 审		×××设计院有限公司
单项负责人		二 审		
单位 比例		一 审		电力机房设备平面布置图
出图日期		设 计		
工程名称	XX南路生产楼电源系统扩容工程		图 号	

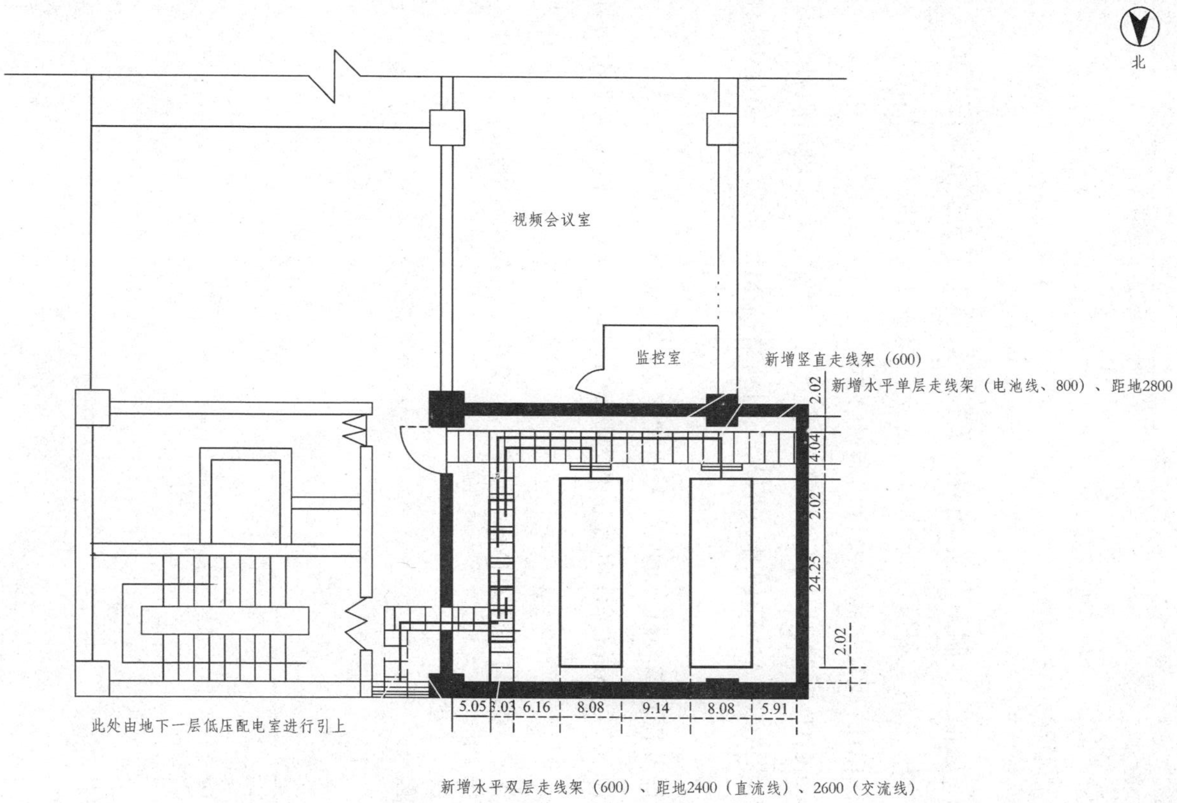

图例：本工程新增设备 本工程相关设备 规划设备

说明：

1、如上图所示,本期工程在天水生产楼7F机房进行新增一套开关电源系统（交流屏1架、整流屏2架、直流屏2架、48V 3000AH蓄电池组2组）。蓄电池、开关电源摆放位置如图所示。

2、本期工程需新增走线架一批、接地铜排1块。

3、电源线沿室内新增墙洞由地下一层低压配电室进行引上。施工时可根据现场情况进行调整。

4、在施工中如遇到问题或困难时，请及时与建设单位和设计单位联系。

总负责人		三 审		×××设计院有限公司
单项负责人		二 审		
单位 比例		一 审		电源系统安装平面图
出图日期		设 计		
工程名称			图 号	

参考文献

[1] 于正永，张悦，华山. 通信工程制图及实训[M]. 大连：大连理工大学出版社，2017.

[2] 解相吾，李波，解文博. 通信工程设计制图[M]. 北京：电子工业出版社，2010.

[3] 杜文龙. 通信工程制图[M]. 北京：高等教育出版社，2017.

[4] 天工在线. 中文版 AutoCAD 2023 从入门到精通[M]. 北京：中国水利水电出版社，2023.

[5] 陈超，陈玲芳，姜姣兰. AutoCAD 2019 中文版从入门到精通[M]. 北京：人民邮电出版社，2019.

[6] 于正永. 通信工程设计及概预算[M]. 大连：大连理工大学出版社，2014.

[7] 吴秀华，孙凤玲，韩刚，等. AutoCAD 电气工程绘图教程[M]. 北京：机械工业出版社，2016.

[8] 杨光，杜庆波. 通信工程制图与概预算[M]. 西安：西安电子科技大学出版社，2015.

